Neben Glucose das wichtigste kleine Molekül sämtlicher Zellen und Organismen: Energiereiches ATP, das auf drei verschiedenen Wegen auf Kosten physikalischer und chemischer Energie gebildet wird und für unzählige Lebensprozesse unentbehrlich ist. Ohne ATP keine Biomasse, keine RNA, keine DNA! Lesen Sie weiter in Kapitel 6.

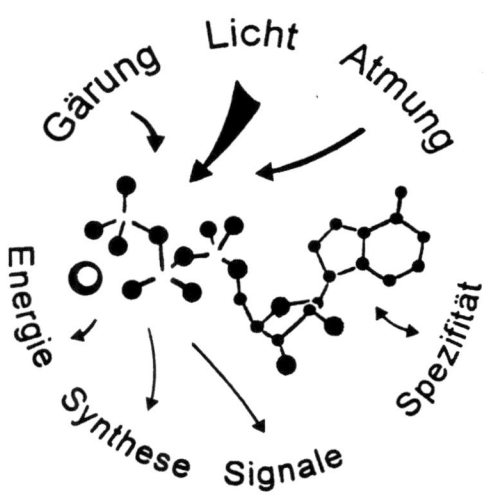

*Teubner Studienbücher Chemie*

**Hartmut Follmann**

# Biochemie

# Teubner Studienbücher Chemie

Herausgegeben von

Prof. Dr. rer. nat. Christoph Eischenbroich, Marburg
Prof. Dr. rer. nat. Dr. h. c. Friedrich Hensel, Marburg
Prof. Dr. phil. Henning Hopf, Braunschweig

Die Studienbücher der Reihe Chemie sollen in Form einzelner Bausteine grundlegende und weiterführende Themen aus allen Gebieten der Chemie umfassen. Sie streben nicht die Breite eines Lehrbuchs oder einer umfangreichen Monographie an, sondern sollen den Studenten der Chemie – aber auch den bereits im Berufsleben stehenden Chemiker – kompetent in aktuelle und sich in rascher Entwicklung befindende Gebiete der Chemie einführen. Die Bücher sind zum Gebrauch neben der Vorlesung, aber auch – anstelle von Vorlesungen geeignet. Es wird angestrebt, im Laufe der Zeit alle Bereiche der Chemie in derartigen Lehrbüchern vorzustellen. Die Reihe richtet sich auch an Studenten anderer Naturwissenschaften, die an einer exemplarischen Darstellung der Chemie interessiert sind.

Hartmut Follmann

# Biochemie

## Grundlagen und Experimente

B. G. Teubner  Stuttgart · Leipzig · Wiesbaden

Die Deutsche Bibliothek – CIP-Einheitsaufnahme
Ein Titeldatensatz für diese Publikation ist bei
Der Deutschen Bibliothek erhältlich.

**Prof. Dr. phil. Hartmut Follmann**
Geboren 1936 in Kassel, Studium in Marburg, Promotion in Organischer Chemie bei K. Dimroth 1964, Postdoc-Tätigkeit bei H. P. C. Hogenkamp (Dept. of Biochemistry, University of Iowa, Iowa City, USA) bis 1970, Habilitation für Biochemie 1972, Professor für Biochemie an der Philipps-Universität Marburg seit 1973, an der Universität Gesamthochschule Kassel seit 1988. Gastprofessuren an der University of California, Berkeley, und der University of Minnesota, Minneapolis (1979, 1981), Arbeitsgebiete: Ribo- und Desoxyribonucleotide, Dicysteinproteine, Enzymologie.

1. Auflage April 2001

Alle Rechte vorbehalten
© B. G. Teubner GmbH, Stuttgart/Leipzig/Wiesbaden, 2001

Der Verlag Teubner ist ein Unternehmen der Fachverlagsgruppe BertelsmannSpringer.

www.teubner.de

Das Werk einschließlich aller seiner Teile ist urheberrechtlich geschützt. Jede Verwertung außerhalb der engen Grenzen des Urheberrechtsgesetzes ist ohne Zustimmung des Verlags unzulässig und strafbar. Das gilt insbesondere für Vervielfältigungen, Übersetzungen, Mikroverfilmungen und die Einspeicherung und Verarbeitung in elektronischen Systemen.

Die Wiedergabe von Gebrauchsnamen, Handelsnamen, Warenbezeichnungen usw. in diesem Werk berechtigt auch ohne besondere Kennzeichnung nicht zu der Annahme, dass solche Namen im Sinne der Warenzeichen- und Markenschutz-Gesetzgebung als frei zu betrachten wären und daher von jedermann benutzt werden dürften.

Gedruckt auf säurefreiem und chlorfrei gebleichtem Papier.

Umschlaggestaltung: Ulrike Weigel, www.CorporateDesignGroup.de

ISBN-13:978-3-519-00333-5      e-ISBN-13:978-3-322-80030-5
DOI: 10.1007/978-3-322-80030-5

# Biochemie – Grundlagen und Experimente

"When the genomes are finally sequenced, biochemistry and enzymology will be called upon to validate the gene products and account for the post-translational modifications and interactions that are at the basis of their cellular function. As F.G.Hopkins, father of British biochemistry said of the biochemist,

*His may not be the last word in the description of Life.*
*But without his help the last word will never be said.* "

Arthur Kornberg (1997; Nobelpreis 1959 für die Entdeckung des Enzyms DNA-Polymerase)

In der Tat: Biochemie ist *die* zentrale und unentbehrliche Grundlage zum Verständnis von Lebensvorgängen. Dieses Buch ist für alle gedacht, die in Studiengängen der Biologie und Chemie sowie benachbarter Fachrichtungen frühzeitig Wissen und Einblick in die Denk- und Arbeitsweise der Biochemie gewinnen wollen und die Gelegenheit haben – nicht an allen Hochschulen selbstverständlich, aber immer mehr als sinnvoll erkannt – schon im Grundstudium einen biochemischen Kurs oder Praktikum absolvieren zu können. Mit Arbeitsanleitungen auch zu komplexeren Themen, der Beschreibung präparativer und analytischer Methoden der Biochemie, Tabellen und anderen nützlichen Informationen kann das Buch aber in Fortgeschrittenen-Praktika und bei späteren Arbeiten im Forschungslabor ebenso gute Dienste leisten.

Biochemie ist die Wissenschaft von den chemischen und physikalisch-chemischen Zuständen und Reaktionen, die "unter physiologischen Bedingungen" in einzelnen Zellen, Zellpopulationen, pflanzlichen und tierischen Geweben und ganzen Organismen sowie in der Wechselwirkung zwischen Lebewesen und ihrer unbelebten, anorganischen Umwelt herrschen. Das ist eine faszinierende, aber keine leichte Materie: Kein aktuelles Biochemie-Lehrbuch kommt mit weniger als 1000 Seiten Umfang aus, und alle Kapitel sind vernetzt! Ist der Einstieg in diese Wissenschaft überhaupt schrittweise möglich und zu erleichtern?

Zunächst hilft es, von Anbeginn zu akzeptieren, dass die außerordentlich hohe Komplexität lebender Systeme letzten Endes nur sinnvoll analysiert und verstanden werden kann, wenn ihre *molekularen* Grundlagen und Ursachen auf allen Ebenen berücksichtigt werden, angefangen vom chemisch vorherbestimmten Energiestoffwechsel eines einfachen Zuckers bis zur komplexen Funktion zellulärer Bewegungsapparate, von der Genstruktur zur Signaltransduktion und Kommunikation zwischen Zellen und in Ökosystemen: Woraus sonst, wenn nicht aus chemischen Elementen und deren organisch-chemischen Verbindungen sollten Zellen und Organismen primär zusammengesetzt sein, nach welchen, wenn nicht nach chemischen und physikalischen

Gesetzen – und jedenfalls ohne eine eigene *vis vitae* – sollten sie sich am Leben erhalten?

Es gibt doch viele gute, wenn auch umfangreiche Lehrbücher der Biochemie! Gewiss, aber Biochemie wird man kaum jemals aus Lehrbuch und Vorlesung allein vollständig begreifen können: Man muss mit biochemischen Systemen *experimentieren*, um ihre spezifischen Eigenschaften und ihr dynamisches Verhalten kennenzulernen und zu durchschauen. Paradoxe Eigenschaften wie die hohe Spezifität und Aktivität eines Enzymkomplexes bei gleichzeitig hoher Anfälligkeit gegenüber Denaturierung und Vergiftung, das reversible Schmelzen und Reassoziieren von Nucleinsäuresträngen, die Parameter der Atmungskontrolle in isolierten Mitochondrien können mit noch so präzisen Worten beschrieben werden – anschaulich und in ihrer Bedeutung für den Organismus zu beurteilen sind sie erst im praktischen Umgang mit den empfindlichen Molekülen und mit Zellorganellen *in vitro*. Mit einer Reihe ausgewählter Versuche die unumgängliche Brücke zwischen theoretischen Grundlagen und Praxis der Biochemie zu schlagen, ist Hauptanliegen dieses Buches.

Die kaum vorstellbare Breite biochemischen Geschehens zwischen Molekülen und Zellen, Physiologie und Genetik, Biophysik und Ökologie, die riesige Zahl der Gene und Genprodukte eines Organismus – "nur" 5 000 in Bakterien, etwa 40 – 50 000 beim Menschen – und so vielstufige und theoretisch komplizierte Prozesse wie etwa die Energiegewinnung in membranständigen Elektronentransportketten, die genetische Entstehung der Antikörperdiversität, das An- und Abschalten der Genexpression und Zelldifferenzierung, könnten entmutigend wirken, und sie entziehen sich zudem einer Analyse in "einfachen", zeitlich begrenzten Versuchen.

Bei genauer Beobachtung werden Sie dennoch schon in den wenigen hier angebotenen Möglichkeiten zum Selbst-Experimentieren wichtige und allgemeingültige Prinzipien des Verhaltens von Biomolekülen erkennen können:

- Säuren, Basen, Redoxpaare sowie Metallkomplexe bestimmen – wenn auch in spezieller Umgebung – das chemische Geschehen in Zellen ebenso häufig und essentiell wie in rein anorganischen wässrigen Reaktionsmischungen,

- Proteine beziehen ihre beeindruckende Vielfalt von Strukturen und Funktionen synergistisch aus der Kombination von makromolekularem, räumlich geordnetem Aufbau mit spezifisch gebundenen niedermolekularen, anorganischen oder organischen Komponenten,

- Nucleinsäuren mit der Möglichkeit zur Ausbildung von Wasserstoffbrücken zwischen komplementären Basenpaaren bilden ein Musterbeispiel für die Selbstorganisation großer Moleküle als Basis biologischer Funktionen,

- intakte Zellorganellen sind stofflich und funktionell eindeutig zu charakterisieren (wenn auch aus praktischen Gründen schwierig) und sie sind in wesentlichen Teilen aus den einzelnen Komponenten in aktiver Form zu rekonstituieren.

Schließlich lernen Sie die weltweit in jedem biowissenschaftlichen Labor üblichen hochauflösenden Arbeitsmethoden kennen, ohne die eine Analyse von Zellen und Zellinhaltsstoffen nicht möglich wäre.

Das Buch konzentriert sich auf grundsätzliche Stoffeigenschaften, Enzyme, zentrale Stoffwechselreaktionen und Metabolite. Molekularbiologische Techniken wie DNA-Sequenzierung, -Amplifizierung oder -Klonierung sind bewusst nicht aufgenommen. Solche Arbeiten erfolgen meist mit fertigen "Kits" nach speziellen, ständig verbesserten Laborprotokollen, deren Durchführung und Erläuterung den Rahmen "Grundlagen" sprengen würde. Und im übrigen hat Arthur Kornberg, Grand old man der Molekularbiologie Recht: Wenn die Datenmassen der sequenzierten Genome alle vorliegen, werden erst Biochemie und Enzymologie deren tatsächliche zelluläre Funktionen beschreiben!

Die empfindliche Struktur und unter *un*physiologischen Bedingungen rasch eintretende Denaturierung und Inaktivierung vieler Biomoleküle bedingt eine spezielle Arbeitsweise: Biochemische Experimente müssen in der Regel ohne Unterbrechung von der Präparation eines zellfreien Extraktes aus biologischem Material über ein bis zwei Reinigungsschritte bis zum Aktivitätsnachweis des gesuchten Systems und zur Überführung in eine geeignete Aufbewahrungsform durchgezogen werden. *Dies wird in begrenzter Zeit (z. B. in einem Halbtag) und bei fehlender Übung in komplexen Techniken häufig nicht gelingen.* Biochemische Versuche können aber nicht unbegrenzt vereinfacht und verkürzt werden, so dass Sie in diesem Praktikum in manchen Fällen nur Teilaspekte behandeln und von teilweise vorbereiteten Präparaten ausgehen; charakteristische Stoffeigenschaften biologischer Moleküle dominieren über dem stärker zeitaufwendigen Nachweis von physiologischen Aktivitäten und Funktionen. Letztere untersuchen Sie detaillierter in Fortgeschritten-Praktika der Biochemie, der Mikrobiologie, Genetik, Zellbiologie und Pflanzenphysiologie. Dennoch sollten Sie schon hier alle an sich erforderlichen, ggf. aus Zeitgründen fehlenden Versuchsschritte, Kontrollmessungen u. dgl. mitbedenken und zur Sprache bringen.

Grundwissen in Biochemie und die unten beschriebenen Versuche mit Biomolekülen setzen die Kenntnis chemischer Zusammenhänge, Reaktionsweisen und Stoffeigenschaften voraus. "Biochemie – Grundlagen und Experimente" fußt auf der ebenfalls unter den Teubner-Studienbüchern erschienenen "Chemie für Biologen" von H. Follmann und W. Grahn. Einige dort schon demonstrierte, für biochemisches Denken unentbehrliche Fakten und Begriffe der anorganischen und organischen Chemie sind hier an typischen Systemen noch einmal rekapituliert. Manche, die "Bio-", nicht aber so sehr "-chemie" mögen, könnten die reichlich wiedergegebenen Strukturformeln, auch für Reagenzien und an sich nicht grundlegend wichtige Hilfsstoffe abschrecken. Das ist natürlich nicht beabsichtigt. Die Erfahrung lehrt vielmehr, dass bei methodischen Problemen und Komplikationen in der Forschungsarbeit nicht selten der geschulte Blick auf eine Substanz und ihre funktionellen Gruppen sehr einfach und rasch die Situation durchschauen und Abhilfe ersinnen lässt – vorausgesetzt, dass man die Strukturformel auch unmittelbar parat hat!

Vergessen Sie übrigens nicht die Lektüre und Beantwortung der Fragen am Ende der Kapitel. Neben einigen nützlichen Rechenübungen enthalten sie zusätzliche und interessante Informationen und sollen vor allem den Blick dafür schärfen, dass anorganische wie zelluläre Stoffe und Reaktionen fast stets in mehreren Bereichen der Biowissenschaften und auch des täglichen Lebens von Bedeutung sind.

Die knapp 70 Versuche dieses Biochemischen Praktikums sind seit Jahren an den Universitäten Marburg und Kassel erprobt worden. An der praxisnahen Gestaltung haben viele Studentinnen und Studenten, Kolleginnen und Kollegen mitgewirkt, unter denen Ingo Häberlein, Anja König und Angelika Wattrodt (Kassel) besonderer Dank gebührt. Die Anfänge dieser Sammlung hatte Herbert Witzel (Marburg und Münster) durch seine Begeisterung für Enzyme, den Stoffwechsel der Nucleotide sowie für instruktive Praktikumsversuche schon früher nachhaltig gefördert. Zu danken habe ich auch Sabine Kögler für die professionelle Arbeit am Text.

Wenn *Sie* bedenken, dass die meisten der in den Versuchen genannten Strukturen, Metabolite, Enzyme und anderen Biomoleküle auch im menschlichen Körper vorkommen und dort laufend umgesetzt werden – einschließlich der Chloroplasten-Enzyme: wenn Sie Spinat essen! – kann es eigentlich auch an *Ihrer* Motivation für Biochemie und am Erfolg Ihrer Experimente nicht fehlen.

Kassel, im März 2001                                      Hartmut Follmann

# Inhaltsverzeichnis

## Biochemie – Grundlagen und Experimente — 5

### 1 Arbeiten im Biochemischen Labor — 15

Herstellung eines Rohhomogenats und Zellextraktes — 16
Methoden zum Aufschluss biologischen Materials — 17
Zentrifugen und Zentrifugieren — 19
Volumenmessung — 22
pH-Messung — 23
Arbeiten am Spektralphotometer — 24
Chromatographie, Elektrophorese, elektrochemische Methoden — 25
Umgang mit Biochemikalien und Reagentien — 25
Vorschriften zur Arbeitssicherheit und Entsorgung — 26
Datenauswertung und Protokollführung — 29

### 2 Chemische und physikalische Grundlagen — 31

Mischungen von Molekülen: Diffusion und Dialyse — 31
Säuren, Basen und Puffer — 35
Redoxvorgänge — 41
Bioanorganische Chemie — 47
Die Elemente der Biosphäre — 49
Lichtabsorption und Spektren — 52
Verteilung, Adsorption, Chromatographie — 62

Versuche:

2.1 Löslichkeit von Biomolekülen — 33
2.2 Diffusion und Dialyse — 34
2.3 Puffer für biochemische Zwecke — 37
2.4 Bestimmung des pK-Wertes einer schwachen Säure — 39
2.5 Abhängigkeit einer Enzymreaktion vom pH-Wert — 40
2.6 Decarboxylierung einer Ketocarbonsäure — 40
2.7 Das Redoxpaar Chinon/Hydrochinon — 45
2.8 Farbstoffe als Redoxindikatoren: Methylenblau — 46
2.9 Hämin aus Hämoglobin — 50
2.10 Anthocyane aus Blüten und Früchten — 57
2.11 Spektrale Eigenschaften der Nicotinamidadeninnucleotide — 60
2.12 Dünnschichtchromatographie der Blattfarbstoffe — 64

Fragen zu Kapitel 2     67

## 3   Aminosäuren und Proteine     69

Eigenschaften von Aminosäuren     69
Proteinogene Aminosäuren     70
Die Peptidbindung     72
Isoelektrischer Punkt     73
Ausfällen von Proteinen     76
Methoden der Proteinbestimmung     79
Thiol- und Disulfidgruppen in Proteinen     83
Enzymatische und saure Hydrolyse (Proteolyse)     85

Versuche:

3.1   Nachweis von Aminosäuren mit Ninhydrin     71
3.2   Titration von Glycin     73
3.3   Isoelektrischer Punkt und Löslichkeit von Casein     76
3.4   Fällung von Proteinen     77
3.5   Methoden zur Proteinbestimmung     79
3.6   Nachweis von Thiolgruppen in Glutathion     84
3.7   Spaltung der Peptidbindung durch Proteasen     86
3.8   Präparation von L-Tyrosin aus Casein     87

Fragen zu Kapitel 3     88

## 4   Enzymkatalyse, Enzyme und Coenzyme     91

Enzyme als Katalysatoren     91
Enzymnomenklatur     93
Arbeiten mit Enzymen     94
Enzymkinetik und Enzymhemmung     95
Die Präparation von Enzymen     112

Versuche:

4.1   Säurekatalyse der Esterbildung     99
4.2   Katalyse der Zersetzung von Wasserstoffperoxid     100
4.3   Vergiftung und Reaktivierung eines Enzyms: Urease     101
4.4   Aktivität und Kinetik von Alkoholdehydrogenase     102
4.5   Bestimmung von Transaminasen     104
4.6   Enzymatische Bestimmung von Metaboliten: Pyruvat, ADP     107
4.7   Spezifität und Hemmung von Serinproteasen     109

| | | |
|---|---|---|
| 4.8 | Isolierung von Enzymen aus biologischem Material | 114 |
| | (a) Alkoholdehydrogenase aus Hefe | 115 |
| | (b) Saure Phosphatase aus Weizenkeimen | 115 |
| | (c) Lysozym aus Hühnereiweiß | 117 |
| | (d) Aldolase aus Kaninchenmuskel | 119 |

Fragen zu Kapitel 4 — 123

## 5 Zucker und Polysaccharide — 125

Eigenschaften — 125
Umwandlungen der Zucker untereinander — 127
Die glycosidische Bindung — 129

Versuche:

| | | |
|---|---|---|
| 5.1 | Reduzierende und nicht-reduzierende Zucker | 130 |
| 5.2 | Glucosebestimmung mit Glucoseoxidase | 132 |
| 5.3 | Bestimmung von Saccharose | 134 |
| 5.4 | Stärkeverzuckerung durch Amylase oder Amyloglucosidase | 136 |
| 5.5 | Präparation von Glykogen | 137 |
| 5.6 | Ascorbinsäure | 139 |

Fragen zu Kapitel 5 — 142

## 6 Phosphat und Nucleotide — 145

Die Phosphatbestimmung — 145
Struktur und Vielfalt der Nucleotide — 147
Adeninnucleotide und ihre Bestimmung — 148
Ionenaustauschchromatographie — 150

Versuche:

| | | |
|---|---|---|
| 6.1 | Anorganisches und organisch gebundenes Phosphat | 145 |
| 6.2 | Trennung der Adenosinphosphate | 151 |
| 6.3 | Bestimmung von ATP mit Luciferin/Luciferase | 152 |
| 6.4 | Differenzierung von Ribo- und 2`-Desoxyribonucleotiden | 154 |

Fragen zu Kapitel 6 — 156

## 7 Nucleinsäuren 159

Präparation und Charakterisierung von Nucleinsäuren 159
Desoxyribonucleinsäure 161
Ribonucleinsäure 171

Versuche:

| | | |
|---|---|---|
| 7.1 | Präparation von DNA | 162 |
| | (a) aus Kalbsthymus | 163 |
| | (b) aus Weizenkeimlingen | 164 |
| | (c) aus Bakterienzellen | 165 |
| 7.2 | Plasmid-DNA | 166 |
| 7.3 | Basenzusammensetzung: Methylcytosin in Pflanzen-DNA | 167 |
| 7.4 | Spektroskopie von DNA-Lösungen, $T_m$-Wert | 169 |
| 7.5 | Präparation der Gesamt-RNA aus Hefe | 171 |
| 7.6 | Nucleotidanalyse eines RNA-Hydrolysats | 172 |

Fragen zu Kapitel 7 175

## 8 Zellorganellen 177

Präparation intakter Zellorganellen, Dichtegradientenzentrifugation 177
Leit- oder Markerenzyme 179
Mitochondrien 181
Elektrochemische Sauerstoffbestimmung 186
Chloroplasten 197

Versuche:

| | | |
|---|---|---|
| 8.1 | Bestimmung von Leitenzymen | 180 |
| 8.2 | Präparation von Mitochondrien | 182 |
| | (a) aus Schweineherz | 183 |
| | (b) aus Kartoffeln | 184 |
| 8.3 | Aktivitätsmessungen an Mitochondrien | 186 |
| 8.4 | Cytochrom c und Cytochromoxidase | 190 |
| 8.5 | Isolierung und Identifizierung von Membranlipiden | 194 |
| 8.6 | Präparation und Charakterisierung von Spinatchloroplasten | 198 |
| 8.7 | Ribulosebisphosphatcarboxylase aus Spinat | 200 |
| 8.8 | Licht- und Redoxregulation der chloroplastidären Fructose-bisphosphatase | 203 |

Fragen zu Kapitel 8 207

## 9 Biochemische Trenn- und Analysenverfahren — 209

Hinweise zur Säulenchromatographie — 210
Molekularsiebchromatographie (Gelfiltration) — 211
Ionenaustauschchromatographie von Proteinen — 213
Affinitätschromatographie — 217
Polyacrylamid-Gelelektrophorese (PAGE) — 219

Versuche:

9.1 Gelfiltration von Proteinen und Cofaktoren — 212
9.2 DEAE-Cellulosechromatographie eines Proteingemisches — 214
9.3 CM-Cellulosechromatographie: Cytochrom c oder Lysozym — 215
9.4 Affinitätschromatographie einer Dehydrogenase — 218
9.5 SDS-Polyacrylamidgelelektrophorese von Proteinen — 222

Fragen zu Kapitel 9 — 224

## 10 Begriffe, Tabellen, Nomogramme, Literatur — 227

Chemische und physikalisch-chemische Begriffe — 227
Puffer für biochemische Zwecke — 231
Säuredissoziationskonstanten — 232
Standard-Reduktionspotentiale — 233
% Ammoniumsulfatsättigung — 234
Geschwindigkeit von Zentrifugenrotoren — 235

Gebräuchliche Abkürzungen der Biochemie — 236

Literaturhinweise — 238

Periodensystem der Elemente — 240

**Sachverzeichnis** — 241

# 1 Arbeiten im Biochemischen Labor

Experimentelle Untersuchungen an biologischen Systemen erfordern genau angepasste Arbeitsweisen. Die Objekte, Stoffe, Medien und Reagentien der meisten biochemischen Untersuchungen sind nämlich

- nur in geringen Mengen und Volumina vorhanden,
- komplexe Gemische mehr oder weniger ähnlicher oder verschiedener Substanzen,
- wegen ihrer hochgeordneten und hoch funktionalisierten "nativen" Strukturen *in vitro* sehr empfindlich und chemisch oder mikrobiell abbaugefährdet,
- häufig amphiphile, zwitterionische und makromolekulare Verbindungen mit individuell ganz spezifischer und unterschiedlicher Löslichkeit in verschiedenen Medien,
- von hoher funktioneller Spezifität und Aktivität, die *in vitro* aber oft maskiert und inhibiert sein kann,
- und die Trennung wie die quantitative Analyse solcher komplexen Systeme und Reaktionsweisen erfordern eine Vielzahl empfindlicher instrumenteller Techniken, die jeweils für den Einzelfall optimiert werden müssen.

Sämtliche Verfahren, Gerätschaften und Reagentien der Biochemie sind diesen Erfordernissen angepasst. Häufigstes Handwerkszeug ist beispielsweise das 1 mL oder nur einige 100 µL fassende Einmal-Reagiergefäß ("cup") samt dazu passenden Pipetten, Zentrifugen, Schüttlern u. dgl. Zu jedem biochemischen Arbeitsplatz gehört ein Eisbehälter zur ständigen Kühlung der Präparate und Reaktionsansätze. Zusätze zum Hintanhalten von unspezifischem Abbau (d. h. zur Erhöhung der Stabilität) von Enzymen, Nucleinsäuren oder isolierten Zellorganellen durch geeignete Inhibitoren, Detergentien oder Reduktionsmittel sind die Regel.

Biochemische Arbeiten sind nicht schwierig, aber wegen der vielen zu beachtenden Parameter und das Arbeiten in kleinem Maßstab gewöhnungsbedürftig. Sie werden kein sinnvolles Versuchsergebnis und keinen logischen Zusammenhang – das Ziel Ihres Interesses an der Wissenschaft! – erwarten können, wenn technische Details nicht stimmen oder nur eine von vielen Komponenten eines komplexen Reaktionsgemisches falsch pipettiert wurde oder fehlt. Ein durch mangelnde Vorbereitung, zu langes Stehen bei Raumtemperatur oder sonstwie misslungenes Experiment lässt sich *nicht* wie eine Datei am PC wiederherstellen: Irreversibel ausgefällt bleibt ausgefällt, denaturiert ist denaturiert!

Allgemein angewandte Grundoperationen und in jedem Labor benötigte Gerätschaften der Biochemie sind

- Homogenisatoren zum definierten Aufschluss von biologischem Material und Zellen,
- schnelllaufende Kühlzentrifugen zur Trennung löslicher Phasen von ungelösten Stoffen und Partikeln,
- Mikroliter-Kolbenpipetten zur präzisen Volumenmessung,
- pH-Meter mit Glaselektroden zur pH-Messung,
- Spektralphotometer zur Konzentrationsbestimmung und Identifizierung lichtabsorbierender Substanzen,
- Chromatographieeinrichtungen und Elektrophoreseapparaturen für hochauflösende analytische und präparative Stofftrennungen,
- diverse Schüttler, Rührer und Inkubatoren.

Hinzu kommen speziellere Geräte, z. B. zur Sauerstoffmessung (Clark-Elektrode, → Versuch 8.3), Radioaktivitätsmessung (in diesem Praktikum nicht angewandt, → Molekularbiologie), Sequenzierer (→ Molekularbiologie), Autoklaven (→ Mikrobiologie) u. a. m.

*Alle diese aufwendigen, hochempfindlichen und teuren Präzisionsgeräte müssen sachkundig bedient und sorgsam behandelt werden.* Auch bei modernen PC-gestützten Forschungsgeräten garantiert nur die sachgerechte Bedienung und Kontrolle sinnvolle, auswertbare Trenn- und Analysenergebnisse. Informieren Sie sich daher *vorab* über die hier und in folgenden Kapiteln beschriebenen Grundlagen der verschiedenen Methoden und beherzigen Sie die Anleitungen zu korrekter, sauberer Arbeitsweise. *Vor einer Benutzung* Ihnen noch nicht vertrauter Gerätschaften *sind Sie verpflichtet*, sich in deren Bedienung, Säuberung u. dgl. einweisen zu lassen.

## Herstellung eines Rohhomogenats und Zellextrakts

Biochemische Untersuchungen, in denen die molekularen Details einer Stoffwechselreaktion, Biosynthese, Genexpression, eines zellcyclus-korrelierten Regulationsvorganges oder was immer aufgeklärt werden sollen, gehen im allgemeinen von biologischem Material, Zellen oder Geweben aus. Dass viele Teilsysteme (Enzyme, Plasmide, Antikörper ...) in bereits gereinigter Form kommerziell erhältlich sind, erleichtert und beschleunigt lediglich das Arbeiten. Je nach Versuchsziel und Objekt sowie der verfügbaren Menge wird man zelluläres Material also zuerst in geeigneter Weise grob homogenisieren (zerstören) und daraus einen "zellfreien Extrakt" der löslichen Zellinhaltsstoffe gewinnen müssen. Die Isolierung und Untersuchung unlöslicher hochmolekularer Zellstrukturen, beispielsweise aus Zellwänden oder Cytoskelett ist natürlich auch möglich, aber weniger typisch.

Schon in dieser ersten Phase sind unbedingt zwei Anforderungen zu beachten:

- Der Aufschluss muss möglichst vollständig sein, um eine maximale Menge der zu untersuchenden Stoffe oder Strukturen zu gewinnen, und man muss den Erfolg des Aufschlusses kontrollieren;
- in Homogenat und zellfreiem Extrakt müssen möglichst physiologische, native Verhältnisse erhalten bleiben und unspezifische, insbesondere enzymatische Abbaureaktionen (durch Proteasen, Nucleasen u. a. m.) vermieden werden, damit nicht die folgenden Untersuchungen durch bereits geschädigte Systeme und Artefakte verfälscht sind.

Für beide Anforderungen gibt es allgemeine, aber auch viele individuell angepasste Arbeitsweisen. Beachten Sie die Einzelheiten in denjenigen Versuchen, in denen direkt mit einem biologischen Material begonnen wird!

## Methoden zum Aufschluss biologischen Materials

Die Möglichkeiten zur Homogenisierung von Mikroorganismen-Zellmasse, tierischen und pflanzlichen Geweben variieren mit der Menge an aufzuschließendem Material und mit der Struktur der Zellwände unterschiedlicher Organismen. Folgende Geräte und mechanische Verfahren sind allgemein üblich:

Haushaltsmixer, vor allem intensiv mixende "Waring Blendor"® unterschiedlichen Volumens

Homogenisatoren nach Potter-Elvejhem (kurz "Potter"): Zerreiben in sehr engem Spalt zwischen einem Präzisionsglaszylinder und Teflonstempel

Zellmühlen: Intensives Rühren oder Schütteln einer Zellsuspension mit Glasperlen (Reflexperlen) von etwa 100–500 µm Durchmesser (der Zellart anzupassen); in kleinem Maßstab auch in sehr einfacher Weise durch kräftiges Mörsern unter Zusatz von Quarzsand auszuführen

Druckzellen (z. B. "French Press"): Zellen werden unter hohem Druck durch Düsen oder Ventile gepresst und platzen bei der Druckentspannung.

Ultraschall (sonifier, sonicator): In Zellsuspensionen durch einen "Rüssel" übertragene hochfrequente Schallschwingungen erzeugen lokale Druckänderungen und zerreissen Zellen; die Intensität ist begrenzt.

In allen diesen Verfahren kommt es durch den mehr oder weniger hohen Energieeintrag zu beträchtlicher Temperaturerhöhung, die durch effiziente Kühlung kontrolliert werden muss; häufig lässt man mehrere Male nacheinander abwechselnd homogenisieren und wieder abkühlen.

Bei der Herstellung eines Rohhomogenats und zellfreien Extraktes wird man zunächst hohe Proteinkonzentrationen anstreben und nur ein begrenztes Volumen an Aufschlussmedium anwenden. Dann kommt es nicht selten beim Rühren durch freigesetztes Protein und andere oberflächenaktive Stoffe zum Schäumen der Suspension. In biochemischen Präparaten können jedoch technische Antischaummittel wegen möglicher negativer Wirkungen auf die Zellinhaltsstoffe kaum eingesetzt werden.

Aufschluss durch Enzyme: Zellwände können unter milden Bedingungen enzymatisch aufgelöst und anschließend die erhaltenen Protoplasten leicht zerstört werden. Mit Ausnahme von Lysozym für Bakterien werden jedoch Enzyme zum Zellaufschluss nur in besonderen Fällen verwendet, weil aktive Cellulase-, Chitinase-, Pektinase- und andere Hydrolase-Präparationen (z. B. aus dem Verdauungstrakt der Weinbergschnecke oder aus Pilzen, Macerase®) oft Nebenaktivitäten haben und ihr Einsatz nicht gut zu reproduzieren ist.

Frieren und Auftauen (freeze-thaw cycles): Eine für zellwandfreie Zellen und Zellorganellen im Einzelfall effiziente und einfache Methode des Lysierens.

| Biologisches Material | Zellwände | Aufschluss durch |
|---|---|---|
| Bakterien* | Murein | Ultraschall, Pressen Lysozym |
| tierische Gewebe (Leber, Muskel, u. a.) | keine | Mixer, Potter, Ultraschall osmotisch |
| Pflanzen | Cellulose | Mixer, Zellmühlen ggf. Cellulase |
| Pilzzellen (Hefe u. a.) | Chitin | Zellmühlen ggf. Chitinase |

*Unterschiede zwischen Gram-negativen und Gram-positiven Stämmen: → Mikrobiologie

*Erfolgskontrolle*

Durch kurze Zentrifugation eines Rohhomogenats zur Abtrennung von Zelltrümmern wird ein "zellfreier Rohextrakt" bzw. "Überstand" erhalten. Dieses ist i.a. noch keine klare Lösung sondern durch Pigmente gefärbt und durch Membranen und kleine Zellorganellen (z. B. Ribosomen), die erst bei hohen Sedimentationskoeffizienten sedimentieren, trübe-opaleszierend. Ferner kann die Mischung durch den Gehalt an hochmolekularen, fädigen DNA-Molekülen deutlich viskos sein. Dennoch muss zur Kontrolle des Zellaufschlusses, für die Bilanz der gesamten Präparation und als Information für weitere Schritte schon im ersten zellfreien Überstand mindestens eine typische Komponente quantitativ bestimmt werden. In aller Regel führt man eine Proteinbestimmung durch, da Protein in großer Menge in *allen* Zellen vorhanden und spezifisch zu bestimmen ist ( → Kap. 3, Versuch 3.5). Zusätzlich kommt im Extrakt grüner Pflanzen die Bestimmung des Chlorophyllgehaltes in Frage ( → Kap. 8, Versuch 8.6). Die an sich ebenfalls typische Menge an DNA ist dagegen mit einiger Präzision erst nach Deproteinierung zu bestimmen ( → Kap. 7, Versuch 7.4 ).

*Maßnahmen gegen Denaturierung, Abbau, Artefakte*

- Ununterbrochene Kühlung bei Gewinnung, Transport und Aufschluss von Zellen, Zentrifugieren, Aufbewahren und folgenden Schritten; Temperaturerniedrigung verlangsamt bekanntlich sämtliche chemischen Prozesse. Kühlen ("in the cold") bedeutet normalerweise zwischen 0° und höchstens 10 °C. *Einfrieren ist keineswegs immer günstig: Im Einzelfall erfragen!*
- Geeignete Ionenstärke durch Salz- und Pufferkonzentration einstellen, ggf. Osmolalität des Mediums durch Zusatz von inerten Zuckern stabilisieren ( → Kapitel 8)
- pH-Kontrolle durch geeignete Puffer
- wo erforderlich Oxidationsschutz durch Zusatz von Thiolen (Mercaptoethanol, Dithiothreit, Cystein, Glutathion)
- ggf. Schwermetallblockierung durch Komplexbildner (EDTA u. a.)
- ggf. Zusatz von Inhibitoren hydrolytischer Enzyme (Proteasen, Nucleasen), z. B. Phenylmethylsulfonylfluorid PMSF, natürliche Peptidinhibitoren u. a. (→ Kapitel 4)
- im Einzelfall weitere stabilisierende Zusätze für besonders leicht denaturierbare Enzyme (z. B. Glycerin, Serumalbumin BSA) und für Membranproteine (Detergentien).

## Zentrifugen und Zentrifugieren

Schnelllaufende Zentrifugen für Produktions- und Forschungszwecke unterliegen der TÜV-Überwachung. Vor selbständigem Arbeiten mit Laborzentrifugen werden Sie daher die gesetzlich vorgeschriebene Einweisung erhalten und sind verpflichtet, die Vorschriften zur Bedienung und Sauberkeit einzuhalten.

Zentrifugen erzeugen ein künstliches Schwerefeld, in dem die durch unterschiedliche Größe, Dichte und Form der Moleküle vorgegebene unterschiedliche Sedimentationsgeschwindigkeit von suspendierten Teilchen stark erhöht ist. In Abhängigkeit von der eingesetzten Zentrifugalkraft können so im einfachsten Fall Zellen, Zelltrümmer und Organellen sowie unlöslich ausgefällte Stoffe im Zeitbereich von Minuten bis Stunden völlig sedimentiert werden (Sediment, Niederschlag, "pellet") und vom jeweiligen Überstand ("supernatant") mit den gelösten Substanzen abgetrennt werden. Die radiale Zentrifugalbeschleunigung G, die im Abstand r von der Zentrifugenachse auf Teilchen wirkt, ist

$$G = \omega^2 \cdot r = \frac{4\pi^2 \, (U \cdot min^{-1})^2}{3600} \cdot r$$

wobei   $\omega$ = Winkelgeschwindigkeit
        r = Radius eines Zentrifugenrotors (s. Abb. 1)
        $U \cdot min^{-1}$ = Zahl der Umdrehungen pro Minute
        (i.a. "rpm" = revolutions per minute)

Schließlich ist die Sedimentation der Teilchen – wegen des Reibungswiderstandes in einem flüssigen Medium – auch noch von der Dichte und Viskosität des Mediums abhängig.

Wegen dieser vielen Variablen ist es i.a. nicht möglich, für bestimmte präparative Aufgaben absolute Angaben zu Zentrifugationsschritten zu machen. In Vorschriften angegeben bzw. protokolliert werden müssen auf jeden Fall die Geschwindigkeit (rpm), der Typ des Rotors (dessen Radius bekannt ist) und die Dauer der Zentrifugation. Zum direkteren, von r und rpm unabhängigen Vergleich verschiedener Zentrifugenläufe drückt man oft die wirkende Zentrifugalbeschleunigung als Vielfaches der Erdbeschleunigung g (980 cm·s$^{-2}$) aus; dieser Faktor der relativen Zentrifugalbeschleunigung (RZB, meist relative centrifugal force RCF genannt) wird kurz "Zahl × g" genannt. Falls r in cm gemessen, ist

$$RCF = \frac{G}{g} = \frac{4\pi^2 \, (rpm)^2}{3600 \cdot 980} \cdot r = 11{,}2 \left(\frac{rpm}{1000}\right)^2 \cdot r$$

Die parabolische Beziehung zwischen rpm ($U \cdot min^{-1}$) und dem Vielfachen von g ist für zwei häufig benutzte Rotortypen in Abb. 1 dargestellt. Für jede Zentrifuge und ihre Rotoren vom Radius r sollten entsprechende Werte für rpm und × g in Diagramm- oder Tabellenform im Labor vorhanden sein; ein Nomogramm finden Sie im Anhang des Buches. Beachten Sie, dass r am Hals und am Boden eines Zentrifugenröhrchens verschieden ist ($r_{min}$, $r_{max}$) und die RCF an beiden Stellen um ein Mehrfaches voneinander abweicht.

Weitere Einzelheiten zur Theorie und Praxis von Zentrifugationstechniken sind Handbüchern und Betriebsanleitungen zu entnehmen. Die Methode der Dichtegradientenzentrifugation von Zellorganellen wird in Kap. 8 beschrieben.

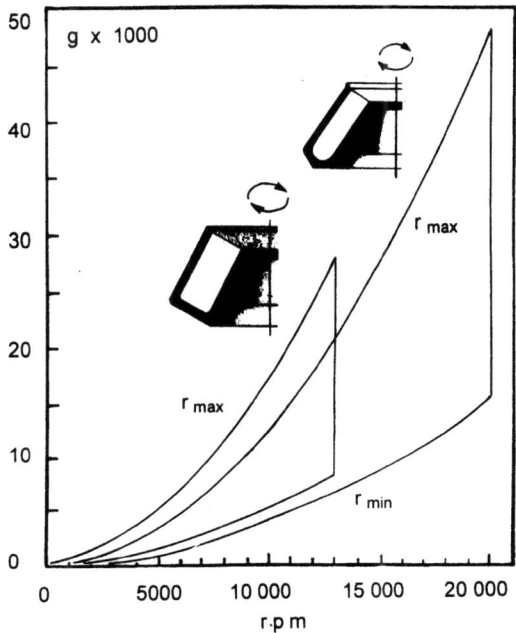

**Abb.1.** Diagramm Umdrehungsgeschwindigkeit (rpm) / Zahl g (Vielfaches der Erdbeschleunigung) für zwei häufig benutzte Winkelrotoren. Mitte: Typ GSA mit 6 × 250 mL-Zentrifugenflaschen, $r_{max}$ 14,6 cm, Höchstgeschwindigkeit 13 000 rpm (28 000 g). Rechts: Typ SS34 mit 8 × 50 mL-Zentrifugenröhrchen, $r_{max}$ 10,7 cm, Höchstgeschwindigkeit 20 000 rpm (48 000 g).

Der Betrieb von Zentrifugen soll nachkontrollierbar und möglichst störungsfrei sein. Beim Zentrifugieren achten Sie daher unbedingt auf folgende Punkte:
- Jeden Lauf mit Namen und Dauer in das Benutzerbuch eintragen!

- Rotoren (aus Aluminium oder Titan gefertigt) sind extrem beanspruchte und dafür außerordentlich präzise gearbeitete und wertvolle Teile. Sie müssen *sehr* sorgfältig behandelt werden: Richtig beschicken und verschließen, niemals die angegebene maximale Umdrehungsgeschwindigkeit überschreiten. Nach jedem Lauf Sauberkeit außen und in den Bohrungen überprüfen, wenn nötig sofort mit Wasser reinigen: *Rückstände von Ammoniumsulfat wirken korrodierend auf Metalle!*

- Zentrifugenröhrchen oder –flaschen auf der Waage auf 0,1 g austarieren, wegen der Winkelstellung im Rotor nicht zu hoch füllen!

Kritisch ist auch die Auswahl von Material und chemischer Beständigkeit der verwendeten Zentrifugenflaschen:

- Glas – Chemisch beständig, aber nur für niedere Umdrehungszahlen geeignet (kann platzen)
- Polypropylen PP (*trüber* Kunststoff) – Beständig in allen wässrigen Lösungen sowie Ethanol, angegriffen durch organische Lösungsmittel
- Polycarbonat PC (*klarer*, durchsichtiger Kunststoff) – Nur für neutrale wässrige Lösungen, unbeständig gegen Säuren, Laugen, Lösungsmittel.

## Volumenmessung

Zur exakten und reproduzierbaren Dosierung der für biochemische Arbeiten typischen kleinen Volumina verwendet man Kolbenpipetten von festem oder verstellbarem Volumen. Es gibt sie von vielen Herstellern (darunter *die* "Eppendorf-Pipette") und in mehreren Volumenbereichen, beispielsweise

| | |
|---|---|
| 0,1 – 10 µL | mit farblosen ("Kristall") Spitzen |
| 10 – 100, 50 – 200 µL | mit gelben Spitzen |
| 100 – 1000 µL | mit blauen Spitzen |
| 1 – 5 mL | mit farblosen Spitzen. |

Diese Pipetten sind Präzisionsgeräte! Sie dürfen insbesondere nicht überdreht und nicht innen verschmutzt werden. Beachten Sie deshalb:

- Volumen langsam einstellen, nicht überdrehen
- Pipettenspitze stets nach unten halten, damit keine Lösung in den Schaft eindringt; auch beim Ablegen soll die Spitze nach unten zeigen
- Pipettenspitzen sind Einmalartikel, aber für ein und dieselbe Lösung kann man sie ggf. mehrfach benutzen. Eine für *Enzym*lösung benutzte Spitze jedoch niemals *irrtümlich* zum Pipettieren von Substrat, Coenzym o. dgl. verwenden.

Beim Verdacht auf Volumenabweichungen kontrolliert man mehrere Parallelproben Wasser durch Auswiegen mit der Analysenwaage (z. B.: 10 µL ≡ 0,010 g = 10 mg) und muss ggf. die Pipette nach Gebrauchsanweisung neu justieren oder justieren lassen.

Volumina von 1–10 mL sind i.a. auch mit Glas-Messpipetten genügend genau zu dosieren. Pipettierhilfe (Peleus-Ball o. ähnl.) benutzen! Zum häufig wiederholten Entnehmen gleichbleibender Volumina aus Flaschen oder Kanistern verwendet man "Dispenser".

Zum Abfüllen und Abmessen größerer Flüssigkeitsmengen, z. B. für Extraktionsmedien, Pufferlösungen u. dgl. werden in biochemischen Routinearbeiten Messzylinder benutzt. Die in analytisch-chemischen Arbeiten verwendeten geeichten Messkolben sind hier nicht üblich. Graduierte Bechergläser erlauben nur eine grobe Volumenabschätzung, können aber beispielsweise für Zellsuspensionen oder Rohhomogenate ausreichend sein. Graduierte Erlenmeyerkolben sind wegen ihrer konischen Form generell *nicht* zur Volumenmessung geeignet.

## pH-Messung

Der pH-Wert einer Lösung bestimmt den Ionisierungszustand und damit die biochemische Aktivität aller darin gelösten Moleküle mit sauren oder basischen Gruppen. Er muss daher regelmäßig gemessen und i.a. durch Pufferlösungen stabilisiert werden (→ Kapitel 2). Definitionsgemäß ist der pH-Wert der negative dekadische Logarithmus der Wasserstoffionen-(Protonen-)Konzentration in einer Lösung

$$pH = -\log [H^+]$$

Die Protonenkonzentration einer Lösung wird mit einer "Glaselektrode" als Potentialdifferenz an einer Glasmembran spezieller chemischer Zusammensetzung gemessen, die mit der Außenseite in die Probelösung eintaucht und an der Innenseite mit einer Pufferlösung von definierter Protonenkonzentration in Kontakt steht. In die kugel- oder kuppenförmige Glasmembran reicht ein Platindraht zur Ableitung des Potentials; eine pH-unabhängige Referenzelektrode (z. B. Silber/Silberchlorid) im Inneren des Schaftes ist mit der Glaselektrode zu einer "Einstabmesskette" kombiniert. Die leitende Verbindung zwischen innen und äußerer Messlösung wird durch KCl-Lösung als Elektrolyt im Inneren des Schaftes und durch ein kleines, unten am Schaft eingeschmolzenes feinporiges Diaphragma hergestellt. Als Messgerät dient ein Potentiometer mit mV-Skala und/oder direkter pH-Skala, das mit Pufferlösungen genau bekannten pH-Wertes ("Eichpuffer") geeicht wird.

Obwohl moderne pH-Elektroden robust gebaut sind, können die gequollene Oberflächengrenzsschicht der Glasmembran sowie das Diaphragma leicht verschmutzt oder beschädigt werden. Daher sind sie sorgfältig zu behandeln:

- Bei Nichtgebrauch nicht austrocknen lassen, in KCl-Lösung aufbewahren
- vor und nach Gebrauch jedesmal mit dest. Wasser abspülen
- in proteinhaltige Lösungen nicht länger als unbedingt nötig eintauchen; Membran und Diaphragma adsorbieren Proteine
- Stand der inneren KCl-Lösung überprüfen (ggf. mit Pipette auffüllen)
- Messtemperatur berücksichtigen und ggf. am Gerät kompensieren (wieso ist die Temperatur bei pH-Messungen von Belang?)
- Stabelektroden sind *nicht zum Rühren von Lösungen* da. Sie dürfen auch nicht durch einen rotierenden Rührfisch am Boden des Gefäßes beschädigt werden.

Eine Verschlechterung von Glaselektroden bemerkt man an immer längeren Einstellzeiten bis zur konstanten pH-Anzeige; konsultieren Sie dann die Vorschläge der Hersteller zur Reinigung und Reaktivierung (beispielsweise Behandeln mit Pepsin zur Entfernung von Eiweißfilmen).

### Arbeiten am Spektralphotometer

Die Messung der Lichtabsorption von Biomolekülen im ultravioletten und sichtbaren Spektralbereich ("UV/VIS") sowie ggf. ihrer Fluoreszenz ist eine der häufigsten und wichtigsten Methoden der Biochemie, denn

- viele, wenn auch nicht alle Substanzklassen besitzen chromophore Gruppen und absorbieren Licht zwischen 200 und 700 nm Wellenlänge,
- spektralphotometrische Messungen sind präzise, einfach und rasch durchzuführen, und es besteht ein linearer Zusammenhang zwischen Lichtabsorption E und Konzentration c eines Stoffes in Lösung (Lambert-Beer'sches Gesetz).

Zur Theorie siehe Kapitel 2! Beim Arbeiten an Spektralphotometern berücksichtigen Sie folgendes:

- Geräte erst kurz vor Gebrauch einschalten (→ höhere Nutzungsdauer der teuren Hochleistungslampen); bei kurzen Unterbrechungen und Nichtgebrauch (< 30–60 min) allerdings nicht ausschalten
- Programmierung des Gerätes und Schreibers ("mode", Extinktionsskala 0 bis maximal 2, Wellenlänge $\lambda$ u. a.) verifizieren. Die Skala Transmission (100 % bis 0 %) wird in der Biochemie nicht verwendet.

- Nullabgleich mit Küvette und verwendetem Puffer vornehmen
- Quarzküvetten (Kennzeichnung QS) *nur* bei Messungen im UV-Spektralbereich < 320 nm verwenden, sonst genügen Glasküvetten (optisches Glas, markiert mit OS oder Ziffer) oder Plastik-Einmalküvetten
- *Niemals* Lösungen (Flaschen, Erlenmeyer, Probefläschchen ..) *auf* einem Photometer abstellen: Beim Verschütten wäre das Gerät ruiniert!
- Küvetten nur in Küvettenständern handhaben, *nicht* einzeln auf Tischoberflächen stellen: Sie kippen leicht um!
- Beim Mischen von Lösungen im Photometer (Anleitung beachten) nichts in das Gerät kleckern, nur mit dem "Plümper" aus Plastik, nicht mit Metallspateln rühren, Küvetten nach Messung immer gut spülen.

### Chromatographische, elektrophoretische, elektrochemische Methoden

Diese häufig verwendeten Techniken werden im Detail bei den entsprechenden Versuchen erläutert. Sie finden beschrieben

- Dünnschichtchromatographie: Versuch 2.12 und weitere dort genannte Fälle
- Säulenchromatographie: Kapitel 6-9
- Gelelektrophorese: Versuch 9.5
- Elektrochemische Sauerstoff-Bestimmung: Versuch 8.3

### Umgang mit Biochemikalien und Reagentien

Ein sorgsamer und dem jeweiligen Arbeitsschritt angepasster Umgang mit Enzymen, Coenzymen, Substraten, Reagentien und anderen Substanzen ist wegen der Gefahr von Denaturierung, hydrolytischem Abbau, Oxidation an der Luft und anderen spontan eintretenden Veränderungen der empfindlichen Moleküle unabdingbar. Auch der hohe Preis und die meist nur geringe verfügbare Menge von Biochemikalien erfordern umsichtiges Handeln. Für viele Forschungschemikalien ist eine Spezialqualität "für biochemische Zwecke" im Handel, in der der Gehalt an Schwermetallen, Enzymen o. dergl. besonders gering ist.

Berücksichtigen Sie die folgenden Hinweise:

- Planen Sie den zeitlichen Versuchsablauf *vorab* und vergewissern Sie sich über die Verfügbarkeit *aller* benötigten Substanzen und Gerätschaften, damit alle Arbeitsschritte zügig und ohne Unterbrechungen durchgeführt werden können

- Bereiten Sie Lösungen empfindlicher Substanzen (Enzyme, Coenzyme, ggf. Substrate) erst kurz vor Gebrauch. Stellen Sie von allen Lösungen immer nur dasjenige Volumen her, das für den Versuch voraussichtlich gebraucht wird, und nicht etwa größere Mengen "auf Vorrat" oder "auf Verdacht".

- Wo erforderlich muss konsequent ohne Unterbrechung in der Kälte gearbeitet werden: Am Arbeitsplatz durch Kühlen im Eis, ansonsten im Kühlraum, Kühlkabinett oder Kühlschrank. Ständige Kühlung erfordern alle Schritte bei der Präparation von Enzymen einschließlich der zur Extraktion und Chromatographie benötigten Puffer, Lösungen von Enzymen und Coenzymen für Enzymbestimmungen, Lösungen zersetzlicher Substrate (im Einzelfall fragen) und der hydrolyseempfindlichen Nucleosidphosphate wie ADP und ATP.

- *Nicht* gekühlt werden im Normalfall Substrat-, Puffer- und Salzlösungen für Enzymbestimmungen, wenn diese stabil sind und ohnehin bei Raumtemperatur benutzt werden sollen. Wo relativ hitzestabile Enzyme präpariert werden, ist jeweils im Einzelfall über Kühlung zu entscheiden.

- *Einfrieren* von Proben dient meist nur zur Langzeitlagerung. Wenn nicht spezielle Bedingungen eingehalten werden (Zusatz von Glycerin o. dgl.), kann beim Gefrieren verdünnter Proteinlösungen Denaturierung eintreten. In diesem Praktikum ist Einfrieren i.a. nicht erforderlich und nicht ratsam; für kurze Zeit (über Nacht) ist die Aufbewahrung von Proben im Kühlschrank günstiger.

Im allgemeinen wird für biochemische Versuche nicht unter sterilen Bedingungen gearbeitet; daher kann es in allen Medien und Lösungen, die C-, N- und P-Quellen enthalten (Zucker, Carbonsäuren, Ammoniumsalze, Phosphate) bei längerem Aufbewahren – auch in der Kälte – zum Wachstum von Bakterien, Pilzen oder (am Licht) von Algen kommen. Als Schutz insbesondere für Chromatographiematerialien und -puffer eignet sich ein Zusatz von 0,1 % Natriumazid $NaN_3$ als Inhibitor der Zellatmung; Azid ist jedoch biochemisch nicht inert und kann nicht allgemein angewandt werden. Pufferlösungen und Medien, die viele Monate alt und nicht stabilisiert sind, sollten für Präzisionsexperimente generell nicht weiterverwendet werden.

## Vorschriften zur Arbeitssicherheit

Für den Umgang mit Chemikalien jeglicher Art im biochemischen Labor gelten die Vorschriften der "Verordnung über gefährliche Stoffe" (Gefahrstoffverordnung, GefStoffV) in der jeweils neuesten Fassung, an Hochschulen in Verbindung mit der TRGS 451 (Technische Regeln Gefahrstoffe an Hochschulen). Die Gefahrstoffverordnung bezeichnet alle Stoffe mit den Eigenschaften

Gesundheitsschädlich (Symbol $X_n$)
Reizend (auf Haut und Augen, Symbol $X_i$)
Giftig oder Sehr giftig (T, T+)
Leicht- bzw. Hochentzündlich (F, F+)
Brandfördernd (O)
Ätzend (C)
Explosionsgefährlich (E)
Umweltgefährlich (N)

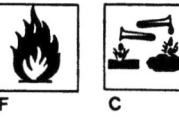

mit den bekannten schwarzen Gefahrensymbolen auf orangem Grund und mit sog. R-Sätzen (Risikohinweise) und S-Sätzen (Sicherheitsratschläge). Plakate mit Gefahrensymbolen, R- und S-Sätzen müssen in Laboratorien vorhanden sein. Sie erhalten ferner eine Sicherheitsbelehrung und haben weitergehende Anweisungen durch Arbeitsgruppen- oder Praktikumsleiter zu befolgen. Im Zweifelsfall sind die detaillierten *Betriebsanweisungen* für Gefahrstoffe sowie der jeweilige Gefahrstoffbeauftragte zu konsultieren.

Maßgebend für tatsächliche Gefährdungen ist die sog. Maximale Arbeitsplatzkonzentration MAK. Die von einer Kommission der Deutschen Forschungsgemeinschaft wissenschaftlich begründeten und regelmäßig aktualisierten MAK-Werte stellen die maximale Konzentration eines Stoffes in der Luft dar, bei der im allgemeinen die Gesundheit *nicht* beeinträchtigt wird. Erst bei einer Überschreitung der "Auslöseschwelle" sind Maßnahmen zum Schutze der Gesundheit erforderlich. Biologische Arbeitsstofftoleranzwerte (BAT) sind die beim Menschen höchstzulässigen Mengen eines Stoffes oder die dadurch ausgelöste Abweichung eines biologischen Indikators von seiner Norm, die die Gesundheit auch dann nicht beeinträchtigen, wenn sie am Arbeitsplatz regelhaft erzielt werden.

Die "Verordnung über Sicherheit und Gesundheitsschutz bei Tätigkeiten mit biologischen Arbeitsstoffen" (Biostoffverordnung, BioStoffV) hat den Zweck, die Sicherheit und Gesundheit der Beschäftigten im Umgang mit biologischen Systemen zu gewährleisten. Biologische Arbeitsstoffe sind Viren, Mikroorganismen und Zellkulturen, auch genetisch veränderte; der Umgang damit umfasst Vermehren, Isolieren, Aufschließen, Verarbeiten, Lagern usw. Von den vier Risikogruppen umfassen die Gruppen 2 – 4 zunehmend schwerere Krankheiten erregende biologische Arbeitsstoffe, Gruppe 1 dagegen solche, bei denen es unwahrscheinlich ist, dass sie beim Menschen eine Krankheit verursachen. Für den Umgang mit Arbeitsstoffen der Risikogruppe 1 sind daher *keine* über die allgemeinen Hygienemaßnahmen hinausgehenden Schutzmaßnahmen erforderlich. *In den Versuchen dieses Praktikums kommen biologische Arbeitsstoffe der Risikogruppe 2 – 4 nicht vor.*

Unberührt von der BioStoffV bleiben Tätigkeiten, die dem Gentechnikrecht unterliegen, soweit dort gleichwertige oder strengere Regelungen bestehen.

Zusätzlich zu Gefahrstoffverordnung und Biostoffverordnung können für das Arbeiten in biochemischen Laboratorien maßgeblich sein (in der jeweils neuesten gültigen Fassung)

- die Verordnung über die Sicherheit bei gentechnischen Arbeiten (GenTSV) für den Umgang mit gentechnisch veränderten Mikroorganismen, und
- die Strahlenschutzverordnung beim Umgang mit radioaktiven Isotopen wie Tritium (Wasserstoff-3), Kohlenstoff-14, Phosphor-32 und Schwefel-33 zur Markierung von Metaboliten, Nucleinsäuren und Proteinen.

In diesem Praktikum kommen derartige Arbeiten nicht vor. In späteren, weitergehenden Studien haben Sie Ihre Beauftragten für Biologische Sicherheit bzw. Strahlenschutzbeauftragte um entsprechende Genehmigung zu kontaktieren.

### *Konkrete Anweisungen für Ihre Laborarbeit:*

Sie haben bei chemischen Arbeiten stets eine Schutzbrille zu tragen. Lassen Sie beim Umgang mit Chemikalien Sauberkeit während des Abwiegens, beim Umfüllen von Lösungen usw. walten; auf jeden Fall ist Hautkontakt zu vermeiden. Neben der Schutzbrille können Handschuhe, Arbeiten unter dem Abzug und andere Schutzmaßnahmen vorgeschrieben werden.

Alle Behälter (Flaschen, Erlenmeyerkolben, Bechergläser u. a.), in denen Lösungen für den Versuchsgebrauch angesetzt und aufbewahrt – also nicht unmittelbar weiterverwendet – werden, sind mit einer eindeutigen Angabe des Inhalts und Ihrem Namen zu beschriften; für Reagiergefäße (cups) und Reagenzgläser genügen i.a. Ziffern oder Kürzel. Falls erforderlich, sind Aufkleber mit Gefahrensymbolen zu verwenden.

### Entsorgung

Nicht mehr benötigte Präparate und Lösungen sowie ggf. biologische Abfälle sind zu entsorgen und die Beschriftungen vom Behälter zu entfernen (z. B. Filzschreibertusche mit Ethanol oder Aceton).

Folgende Abfälle sind getrennt in dafür bereitgestellten Behältern zu sammeln:

- Halogenierte organische Verbindungen in reiner Form **und** in wässrigen Medien; in biochemischen Experimenten betrifft dies insbesondere Chloroform $CHCl_3$ und Trichloressigsäure $CCl_3$-COOH (nicht aber salzartige Chloride, Bromide, Iodide). Diese Stoffe belasten als "AOX" (Adsorbierbare Organische Halogenverbindungen, Halogen = **X**) bei Überschreitung eines Grenzwertes von 1 mg/mL das Abwasser. Chloroform löst sich in Wasser von 25 °C zu 5 mL bzw. 8 g pro Liter!
- Organische Lösungsmittel ohne Halogenatome *mit Ausnahme von* Methanol, Ethanol und Aceton
- Phenol
- Ethidiumbromid-haltige Lösungen und Präparate
- nicht auspolymerisierte Reste von Acrylamid und nicht mehr benötigte Polyacrylamidgele
- Schwermetallsalze (z. B. Abfälle von Protein- und Phosphatbestimmungen, Fehling'sche Lösung) in *neutralisierter* Lösung.

*Abwasser wird nicht belastet durch kleine Volumina verdünnter Lösungen von*

- üblichen Säuren, Laugen, Puffern, Wasserstoffperoxid
- Ammonium-, Natrium-, Kalium-, Magnesium-, Calcium- und Eisensalzen
- Methanol, Ethanol u. a. Alkohole, Aceton
- biologische Substanzen (Zucker, Alkohole, Säuren, Coenzyme, Proteine)
- Reagentien (z. B. Farbstoffe), soweit diese nicht Gefahrstoffe sind.

Obwohl das Sortieren all dieser verschiedenen Chemikalienreste lästig sein mag, sollten Sie sich mit Rücksicht auf die Umwelt streng daran gewöhnen.

## Datenauswertung und Protokollführung

Führen Sie – jede(r) für sich – Protokoll über Ihre Versuche und Beobachtungen. Vorhandene Versuchsanleitungen brauchen Sie darin i.a. nicht komplett wiederzugeben. Achten Sie auf die individuellen Mengen, Konzentrationen und andere Eigenschaften von Präparaten, die Ihnen ausgegeben werden oder die auf den Originalflaschen vermerkt sind. Biochemische Experimente sind häufig auf Schreiberdiagrammen, Spektren, Rechnerausdrucken u. dgl. dokumentiert. Versehen Sie diese mit zusätzlichen Angaben über die Versuchsbedingungen, die Kalibrierung (Geräteeinstellung) von x- und y-Achse und fügen Sie sie Ihrem Protokoll bei.

Die Rohdaten müssen stets zusammenfassend ausgewertet und je nach Fall als Tabelle oder in einem sekundären Diagramm oder beides dargestellt werden. Dabei sind womöglich Messwerte mit willkürlichen oder nicht direkt vergleichbaren Zahlenwerten und Einheiten in übliche, korrekte Ausdrucksweise und Standard-Dimensionen umzuwandeln, insbesondere photometrisch bestimmte Extinktionen E und Extinktionsänderungen $\Delta E/min$ in Konzentrationen (mol/L, mg/mL) und Konzentrationsänderungen oder Umsätze ($\mu mol/min$).

Drücken Sie den Gehalt von Metaboliten (Zuckern, Nucleotiden, Vitaminen ...) in Geweben, Körperflüssigkeiten, Nahrungsmitteln o. dergl. auf das Ausgangsmaterial bezogen in einer anschaulichen Dimension aus, beispielsweise als mg/g Feuchtgewicht, g oder mL/Liter Flüssigkeit, oder auch in Prozent.

**Machen Sie korrekte vollständige Mengen- und Konzentrationsangaben:**

| | |
|---|---|
| **Stoffmenge** | 1 mol (Molmasse in g) |
| | bzw. mmol, $\mu$mol, nmol, pmol |
| **Konzentration c** | mol/Liter Lösung |
| | 1 mol/L = 1-molar (1 M) |
| | biochemisch am häufigsten verwendet: mM, $\mu$M |
| **Prozentgehalt** | g Substanz in 100 g Lösung (w/w) |
| | g Substanz in 100 mL Lösung (w/v) |
| | mL Flüssigkeit in 100 mL Lösung (v/v) |
| **Löslichkeit** | g Substanz/100 g Lösungsmittel |
| **ppm** (nicht mit Promille verwechseln) | 1/1 000 000, z. B. 1 $\mu$g/1 g oder 1 $\mu$L/1L oder 1 mg/1 L |

Betrachten Sie die bei der Auswertung und Umrechnung von Messdaten am Taschenrechner oder PC erhaltenen Zahlenwerte kritisch und streichen bei *berechneten* pH-Werten, Enzymparametern, u. dgl. alle Kommastellen, die der methodisch begrenzten Genauigkeit Ihrer Versuchsergebnisse nicht angemessen sind.

Im Zweifelsfall interessiert uns in diesem Praktikum das Prinzip eines Versuchsablaufs mehr als die möglichst perfekte Übereinstimmung mit theoretischen oder Literaturdaten; daher, und aus Zeitgründen, wird auf Doppelbestimmungen und die statistische Absicherung von Ergebnissen i.a. verzichtet. Überschlagen Sie die Abweichung Ihrer Daten von den theoretischen oder von Literaturwerten in %: Eventuell werden Sie feststellen, dass die Diskrepanz *relativ* gesehen keineswegs so riesig ist, wie sie Ihnen in Absolutwerten vielleicht vorkommt. Üben Sie dennoch größtmögliche Präzision – in Ihrer späteren Forschungsarbeit müssen Sie die auf jeden Fall beweisen.

# 2 Chemische und physikalische Grundlagen

Von einfachen anorganischen Salzen abgesehen, die als Elektrolyte in Zellen und Geweben vorkommen, zählen alle nieder- und makromolekularen Stoffe eines Organismus prinzipiell zur Organischen Chemie, mit spezifischen Metallionen kombiniert zur "Bioanorganischen Chemie". Es erleichtert das Verständnis komplexer Biomoleküle und der zwischen ihnen ablaufenden Stoffwechselreaktionen außerordentlich, wenn man eine – gar nicht so große – Zahl von grundlegenden chemischen und physikalischen Eigenschaften und Zusammenhängen kennt und im komplizierten biochemischen Geschehen wiedererkennt. Sie werden in diesem Kapitel rekapituliert. Wenn Sie ein auf die Bedürfnisse der Biowissenschaften abgestimmtes Chemisches Praktikum absolviert haben – beispielsweise nach Follmann und Grahn, "Chemie für Biologen" – sollten Ihnen Themen wie Säuren und Basen, Redoxreaktionen, Metallkomplexe und die Lichtabsorption organischer Verbindungen schon bekannt sein. Bei Bedarf finden Sie im Anhang einige Definitionen und Kurzbeschreibungen chemischer und physikalisch-chemischer Begriffe zur Wiederholung und raschen Information; *ohne* Vorkenntnisse können Sie jedoch ein gründliches Nachlesen im Lehrbuch auf keinen Fall vermeiden!

In diesem und in den folgenden Kapiteln finden Sie reichlich Beispiele für folgende grundlegende Tatsache: Die biochemischen Prozesse in der Zelle, *in vivo*, und ihr Funktionieren im Reagenzglas, *in vitro*, laufen allesamt nur deshalb ab, weil die betreffenden Eigenschaften und Reaktionen auch abiotisch, chemisch und physikalisch-chemisch (thermodynamisch) vorgegeben sind. Sie sind intrazellulär nur wesentlich beschleunigt ( → Enzymkatalyse), in spezieller Umgebung und speziellen Kompartimenten realisiert ( → Zellorganellen) und durch Signal-, Effektor-, Inhibitormoleküle in hohem Maße modulierbar und reguliert (→ Signaltransduktion, Genexpression u. a. m.). Dieses Wissen soll niemandem die Faszination an lebenden Organismen und an Ökosystemen verderben: Es ist vielmehr die einzig sichere Basis zur Erklärung und zum Verstehen von Leben.

## Mischungen von Molekülen: Löslichkeit, Diffusion, Dialyse

*Alle* Teilchen, neutrale Moleküle oder geladene Ionen, die sich gemeinsam in einer Lösung befinden, so dass ihre Elektronenhüllen untereinander und mit Lösungsmittelmolekülen unmittelbaren Kontakt haben, üben intermolekulare Wechselwirkungskräfte aufeinander aus, nämlich

- elektrostatische Anziehung zwischen positiv und negativ geladenen Teilchen (Coulomb'sches Gesetz)

- Dipolkräfte und Induktionskräfte zwischen polaren Molekülen (permanenten Dipolen wie im Wasser $H^{\delta+}-O^{\delta-}-H^{\delta+}$), oder zwischen Dipol und einer polarisierbaren Substanz (beispielsweise Iod I–I $\rightarrow$ $I^{\delta+}-I^{\delta-}$ als induzierbarem Dipol); hierzu gehören auch Wasserstoffbrücken
- schwache Dispersionskräfte (van der Waals'sche Kräfte), die grundsätzlich und immer aufgrund der gegenseitigen Polarisierbarkeit von Elektronenhüllen zwischen allen Molekülen herrschen.

Dipol- und Dispersionskräfte zwischen Molekülen sind einzeln schwach (*viel* geringer als die Bindungsenergie in kovalenten Bindungen), aber in großer Zahl bestimmen sie sehr wohl die Löslichkeit von Stoffen in physiologischer Lösung, die Hybridisierung von Nucleinsäuresträngen durch H-Brücken, oder die Struktur biologischer Lipidmembranen.

Alle chemischen Reaktionen und Zustandsänderungen unterliegen der thermodynamischen Beziehung

$$\Delta G = \Delta H - T \cdot \Delta S$$

und treten von selbst, spontan nur ein, wenn die Änderung der freien Enthalpie $\Delta G < 0$ (negativ) ist, d. h. wenn vom System Energie abgegeben wird und es in einen energieärmeren Zustand übergeht. Durch diesen Zusammenhang hängt das Verhalten von Stoffmischungen (vor allem die gegenseitige Löslichkeit) nicht allein von den oben beschriebenen Wechselwirkungskräften ab ($\Delta H$, Änderung der Enthalpie), sondern auch von der Änderung der Entropie, $\Delta S$, dem Maß der Unordnung im System: Wird nämlich ein System bei Mischung stärker ungeordnet ($\Delta S$ positiv). so kann wegen des Terms $- T \cdot \Delta S$ $\Delta G$ selbst dann < 0 werden, wenn $\Delta H \geq 0$ wäre (d. h. wenn keine Anziehungskräfte herrschen).

Durchdenken Sie auch die anderen Vorzeichenkombinationen! Wann geht eine Reaktion von selbst ($\Delta G < 0$), wann tritt sie nicht ein ($\Delta G > 0$)?

Das physiologisch-chemische Geschehen einer Zelle spielt sich sowohl in wässrigem Milieu wie an und in hydrophoben Membranen ab. Wie und wohin orientieren sich die sehr unterschiedlich strukturierten Biomoleküle? Ionische (salzartige) und polare Verbindungen werden mit Wasser Dipol-Dipol-Beziehungen eingehen, die ihre Löslichkeit (homogene Mischung) begünstigen. Zwischen OH-haltigen Substanzen (Alkoholen, Zuckern, Wasser) bilden sich gegenseitig viele Wasserstoffbrücken aus. Zwischen polaren Stoffen einerseits und völlig unpolaren (Kohlenwasserstoffen) andererseits gibt es keine energetisch günstigen Wechselwirkungen, sie bleiben getrennt. Erst verschiedene unpolare Substanzen können sich wieder unbegrenzt mischen, da die Entropie-Zunahme bei Mischung (größere Unordnung) dominiert.

> **Allgemein gilt:**
> Ähnliches löst sich in Ähnlichem: Polare Stoffe in polaren Lösungsmitteln, unpolare in unpolarem Milieu.
> Systeme, die wässrig-polare und unpolare Bestandteile zugleich in kleinem Volumen enthalten, *ordnen sich von selbst* zu membran-umhüllten Vesikeln mit wässrigem Inneren.

Lösungen und homogene Mischungen von Stoffen, die Sie im Labor rasch durch Schütteln oder Rühren herstellen, entstehen auch von selbst aus anfänglich getrennt, in verschiedenen Phasen (fest/flüssig, flüssig/flüssig, gas/flüssig) vorliegenden Substanzen. Das liegt daran, dass Moleküle oberhalb des absoluten Nullpunktes – unter natürlichen Bedingungen also *immer* – kinetische Energie besitzen und sich in ständiger regelloser Bewegung befinden; ihre mittlere Geschwindigkeit ist proportional $\sqrt{T}$ und umgekehrt proportional $\sqrt{m}$ (T ist die absolute Temperatur, m die Masse der Teilchen). Die "Brown'sche Molekularbewegung" sorgt dafür, dass sich räumlich getrennte unterschiedlich hohe Stoffkonzentrationen mehr oder weniger schnell ohne äußere Energiezufuhr von selbst ausgleichen. Es stellt sich ein dynamischer Gleichgewichtszustand ein, in dem die freie Enthalpie $\Delta G$ bei der gegebenen Temperatur als günstigste Kombination von Enthalpiebeiträgen ($\Delta H$, intermolekulare Kräfte) und Entropie des Gesamtsystems ($\Delta S$, größtmögliche Unordnung) erreicht ist. Derartige reversible Prozesse ohne chemische Stoffänderung sind in der Natur und in lebenden Zellen häufig: Sie bestimmen Verdunstung und Kondensation, Diffusion, Osmose, Dialyse, Verteilungs- und Adsorptionsgleichgewichte ( → Versuche 2.1, 2.2, 2.12).

**Versuch 2.1 : Löslichkeit von hydrophilen und hydrophoben Biomolekülen**

Die Löslichkeit von Biomolekülen verschiedener Struktur in verschiedenem Milieu ist sowohl für ihre Verteilung in der Zelle wie für ihre Extrahierbarkeit – für Experimente und analytische Zwecke – von Bedeutung. Prüfen Sie mit kleinen Proben der untenstehenden Stoffe ihre Löslichkeit in je 5 mL Wasser und Chloroform/Methanol 2:1 (v/v); letzteres ist ein in der Biochemie häufig benutztes Extraktionsmittel. Vermerken Sie ihre Beobachtungen in der Tabelle. Korrekte Entsorgung der Chloroform-Phasen beachten! Die Löslichkeit von elementarem Iod ist wegen seiner Verwendung als Reagenz von Interesse.

Schreiben Sie die Strukturformeln der Substanzen auf und interpretieren Sie die Löslichkeiten auf der Basis der verschiedenen möglichen intermolekularen Wechselwirkungen sowie der Enthalpie- und Entropiebeiträge zu $\Delta G$.

| Substanz | löslich in Wasser | Chloroform/Methanol 2:1 |
|---|---|---|
| Ammoniumsulfat | | |
| Ethanol * | | |
| Glucose | | |
| Pentaacetylglucose** | | |
| Triolein*** | | |
| Iod | | |

\* darf nicht mit Petrolether vergällt sein
\*\* oder andere an den OH-Gruppen acetylierte oder methylierte Zucker
\*\*\* oder ein anderes Triglycerid oder Phospholipid

**Versuch 2.2 : Diffusion und Dialyse**

Zwischen ursprünglich getrennten, aber mischbaren Phasen verschwinden durch Diffusion Phasengrenzen und Konzentrationsgefälle; die Moleküle gehen von selbst in die andere Phase über und nehmen letztendlich den größtmöglichen verfügbaren Raum ein, denn $\Delta S$ nimmt ........ (zu oder ab?).

*Diffusion*: Wir demonstrieren diesen Vorgang der Sichtbarkeit wegen mit farbigen Substanzen. Geben Sie in zwei Reagenzgläser gleich hoch (etwa 3 cm) eine gelbe wässrige Lösung des Vitamins Riboflavin bzw. die bräunliche Lösung von Hämoglobin in physiologischer Kochsalzlösung (0,9 % NaCl). *Unterschichten* Sie diese Lösungen mit etwa dem gleichen Volumen einer spezifisch schwereren Glycerin-Wassermischung (1:1; Dichte von Glycerin 1,26 g·cm$^{-3}$, von Wasser ........ ) und stellen die Reagenzgläser ohne Erschütterung zur Seite. Beobachten Sie über längere Zeit die Änderungen der scharfen Phasengrenze und der Farbe. Welche Moleküle diffundieren in welche Richtungen und wie schnell?

*Dialyse*: Sind zwei mischbare Lösungen nicht durch eine Grenzschicht, sondern durch eine "semipermeable Membran" getrennt, so kann ein Ausgleich von Konzentrationsunterschieden nur für solche Teilchen erfolgen, die durch die Membran wegen ihrer passenden Größe oder Struktur hindurchdiffundieren können. Dialysieren ist eine wichtige biochemische und medizinische Möglichkeit zum Entfernen kleiner Moleküle aus Lösungen von Makromolekülen, z. B. von Salzen aus Proteinlösungen ("Entsalzen" von Enzympräparationen, Hämodialyse bei Nierenversagen). Synthetische semipermeable Membranen stehen als Folien oder "Dialysierschläuche" in großer Vielfalt zur Verfügung.

Füllen Sie etwa 10 mL einer Mischung von Riboflavin (0,1 mg/mL) und Hämoglobin (10 mg/mL) in 0,9 % NaCl-Lösung in einen vorgequollenen Dialysierschlauch, binden knapp über dem Flüssigkeitsstand oben ab (Anleitung durch Assistenten) und tauchen ihn in ein wassergefülltes Becherglas oder einen Messzylinder. Beobachten Sie die im Verlauf einiger Stunden eintretenden Änderungen im Dialysat (= äußere Lösung) und im Dialysierschlauch ("Retentat", selten gebrauchter Begriff). Warum quillt der Schlauch?

Wenn eine Dialyse zum Entsalzen, z. B. zur Entfernung von NaCl oder Ammoniumsulfat angewandt wird, kann es wünschenswert sein, im Dialysat und/oder im Dialysierschlauch das Auftreten bzw. Verschwinden der Salze zu prüfen. Aktivieren Sie Ihre Chemie-Kenntnisse: Wie lassen sich Chlorid-Ionen und Sulfat-Ionen in simplen Reagenzglas-Tests empfindlich nachweisen?

## Säuren, Basen und Puffer

Die allermeisten Biomoleküle, ob Monomere oder Polymere, Strukturbausteine und Metabolite sind saure oder basische Verbindungen oder vereinigen sogar beide Eigenschaften in einem Molekül; Carbonsäuren und Phosphorsäure-Derivate, biogene Amine und heterocyclische Basen sowie Aminosäuren und deren Zwitterionen sind Beispiele. Auch Neutralmoleküle wie Glucose werden im Stoffwechsel häufig als erstes in saure Metabolite wie Glucose-6-phosphorsäure oder Glucuronsäure umgewandelt. Die auffällige Häufung und der Vorteil saurer und basischer Funktionen in biochemisch wichtigen Molekülen hängt mit ihrer Biosynthese zusammen und mit der energetisch günstigen Ausbildung ionischer Beziehungen: Bei physiologischen pH-Werten sind Säuren zu anionischen Salzen deprotoniert, Basen dagegen zu Kationen protoniert, und beide können damit mehr oder weniger spezifische intermolekulare Wechselwirkungen aufeinander ausüben.

Die "Stärke" oder "Schwäche" einer Säure oder Base hängt von deren Molekülstruktur ab. Rekapitulieren Sie die Mesomerie von Molekülen und induktive Effekte als *Ursachen* der unterschiedlichen Acidität und Basizität von anorganischen und organischen Verbindungen:

- Saure Eigenschaften hat nicht nur die Carboxylgruppe –COOH, sondern auch bestimmte –OH- und –NH-Funktionen (Phenole, Harn*säure*)
- basisch sind nicht nur Amine –$NH_2$ sondern auch die Anionen schwacher Säuren
- "acidifizierend" wirken elektronenziehende Substituenten wie >C=O, $NO_2$-, Halogene

- in Dicarbonsäuren (z. B. Bernsteinsäure) ist die erste COOH-Gruppe stärker, die zweite schwächer sauer als in einer Referenz-Monocarbonsäure (Essigsäure).

Die ständig benötigten Zusammenhänge zur quantitativen Beschreibung von Lösungen starker und schwacher Basen sowie von Puffergemischen sind:

Definition des pH-Wertes

$$pH = -\log [H^+]$$

pH-Wert der Lösung einer schwachen Säure

$$pH = \frac{1}{2}(pK_a - \log C)$$

Puffergleichung

$$pH = pK_a + \log \frac{c(Salz)}{c(Säure)}$$

pH-Wert einer Lösung des Salzes einer schwachen Säure bzw. schwachen Base

$$pH = \tfrac{1}{2}(14 + pK_a + \log c(Salz))$$
$$pH = \tfrac{1}{2}(pK_a - \log c(Salz))$$

Säuredissoziationskonstanten ($pK_a$-Werte) biochemisch wichtiger Säuren, Basen und Puffersubstanzen sind im Tabellenanhang zusammengestellt.

Wegen der im Intermediärstoffwechsel und in anderen intra- und extrazellulären Prozessen erforderlichen optimalen Spezifität, Aktivität und Regulierbarkeit müssen physiologische Säure-Base-Gleichgewichte kontrolliert und annähernd konstant gehalten werden; der pH-Wert des Blutplasmas liegt bekanntlich zwischen 7,35 und 7,45, denn darunter oder darüber herrschen pathologische Acidose- bzw. Alkalose-Zustände. Die Kontrolle geschieht u. a. durch natürliche

Puffergemische. (*Un*gleichgewichte wie z. B. der Transport von Protonen über Membranen erfordern demgegenüber Energieaufwand.) Ebenso müssen bei biochemischen Arbeiten mit Zellbestandteilen *in vitro* konstante pH-Bedingungen sichergestellt werden, weil hier die zellulären Mechanismen fortfallen und empfindliche Biomoleküle bei unkontrollierten pH-Änderungen denaturieren und inaktiv werden.

Das Verständnis und die Anwendung von *Puffern* ist daher ein zentraler Teil biochemischer Arbeiten. *Einen* universell für alle Aufgaben und alle Stoffklassen geeigneten Puffer kann es gar nicht geben, wohl aber werden bestimmte Puffersysteme häufiger verwendet als andere. Sie müssen ggf. selbst in der Lage sein, aufgrund allgemeiner und spezieller Eigenschaften ein passendes Puffersystem auszuwählen und herzustellen. Die häufigsten Puffersubstanzen und ihre $pK_a$-Werte sind im Tabellenanhang zusammengestellt; gute Informationen findet man auch in Katalogen und Broschüren der Chemikalienhersteller.

**Versuch 2.3 : Puffer für biochemische Zwecke**

Puffersubstanzen für biochemische Zwecke müssen von hoher Reinheit und gut wasserlöslich sein, geringe Lichtabsorption besitzen, optimale Pufferkapazität im physiologisch wichtigen pH-Bereich von 6-8 haben, möglichst wenig Wechselwirkungen mit anderen biochemischen Systemen (Proteinen, Nucleinsäuren, Membranen u. a.) eingehen und nicht als Komplexligand für Metallkationen fungieren. Speziell synthetisierte zwitterionische Puffer "nach Good" vereinigen viele dieser Eigenschaften, sind jedoch teuer und meist Spezialzwecken vorbehalten. Besonders häufig werden im biochemischen Labor Phosphat- und Tris- (= Tris(hydroxymethyl)aminomethan) -Puffer benutzt.

$$HOCH_2-\underset{\underset{CH_2OH}{|}}{\overset{\overset{CH_2OH}{|}}{C}}-NH_2 \quad \text{Tris-Base, } pK_a = 8,3$$

Phosphatpuffer aus Dihydrogen- und Hydrogenphosphaten ($H_2PO_4^-/HPO_4^{2-}$, pH-Bereich 7) sowie Acetatpuffer aus Acetat und Essigsäure (pH-Bereich 5) werden durchweg durch Berechnung des Verhältnisses der beiden Komponenten aus der Puffergleichung hergestellt. In vielen anderen Fällen geht man oft von nur *einer* der beiden benötigten Species aus und erzeugt die zweite Komponente nach Zusatz einer geeigneten Säure oder Base direkt in der Lösung; das ist üblich, wenn nur ein Stoff in sehr reiner und gut zu handhabender Form verfügbar ist (beispielsweise die kristalline Tris-Base für Tris-Puffer) und der andere nicht.

Man wiegt dann die für die gewünschte Menge (Molarität, Volumen) erforderliche Gesamtmenge der Puffersubstanz ein und erzeugt die zweite Komponente durch Zusatz einer geeigneten Säure oder Lauge passender Konzentration am pH-Meter; dabei das Endvolumen nicht überschreiten! Das pH-Meter muss mit Eichpuffern zuvor korrekt justiert worden sein. Aber auch durch Berechnung und Abwägen beider Komponenten hergestellte Pufferlösungen müssen abschließend am pH-Meter überprüft und ggf. durch tropfenweise Zugabe von Säure oder Base korrigiert werden. Häufig ist der schwankende Kohlensäuregehalt (woher?) des verwendeten Wassers für Abweichungen vom vorgesehenen pH-Wert verantwortlich.

**Aufgabe:**

Stellen Sie eine der unter a) – j) spezifizierten Pufferlösungen her; falls nicht bekannt, verifizieren Sie die chemische Struktur der verwendeten Substanzen! Überprüfen Sie den pH-Wert und heben die Lösung für spätere Versuche in einer verschlossenen Flasche (nicht Becherglas oder Erlenmeyerkolben) *korrekt beschriftet* und mit Datum und Namen versehen in der Kälte auf. Pufferlösungen können je nach Zusammensetzung ggf. als C-, N- und /oder P-Quelle für Mikroorganismen dienen und sind nicht unbegrenzt haltbar; evtl. muss man vor Gebrauch erneut den pH-Wert prüfen (vgl. Kapitel 1).

*Pufferlösungen:*

| | | |
|---|---|---|
| a) | 100 mL | 125 mM K-Phosphatpuffer pH 7,0 |
| b) | 200 mL | 0,02 M Na-Phosphatpuffer pH 6,2 |
| c) | 50 mL | 0,20 M K-Phosphatpuffer pH 7,5 |
| d) | 100 mL | 30 mM Tricin-Puffer pH 7,4 |
| e) | 20 mL | 0,5 M Tris-HCl-Puffer pH 7,8 |
| f) | 100 mL | 50 mM Tris-Acetatpuffer pH 8,1 |
| g) | 150 mL | 0,05 M Tris-HCl-Puffer pH 7,6 |
| h) | 50 mL | 100 mM Imidazol-Puffer pH 7,0 |
| i) | 100 mL | 100 mM K-Citratpuffer pH 5,0 aus Citronensäure |
| j) | 50 mL | 0,25 M Citratpuffer pH 6,5 aus Trinatriumcitrat |

Berechnung für Fall _____ :

## Versuch 2.4 : Bestimmung des $pK_a$-Wertes einer schwachen Säure

Noch immer werden regelmäßig und in großer Zahl neue Naturstoffe als Stoffwechselprodukte von Mikroorganismen, Pflanzen und Tieren entdeckt, die in vielen Fällen saure oder basische Eigenschaften haben. Eine wichtige und leicht zugängliche Information zur Ermittlung ihrer Strukturen und biochemischen Funktionen ist die Bestimmung der Dissoziationskonstanten bzw. $pK_a$-Werte. Bekanntlich zeigen schwache Säuren und Basen charakteristische Titrationskurven, aus denen man bei c(Salz) = c(Säure) und pH = pK (Puffergleichung) den $pK_a$-Wert entnehmen kann. Haben die protonierte und die deprotonierte Form unterschiedliche Farben, so dass sich ihre Konzentrationen spektralphotometrisch messen lassen, ist die Analyse besonders einfach. Exemplarisch verwenden wir das (synthetische) *p*-Nitrophenol als schwache Säure:

$$NO_2-\langle\bigcirc\rangle-OH \rightleftarrows NO_2-\langle\bigcirc\rangle-O^- + H^+$$

Nitrophenol ist in saurer und neutraler Lösung praktisch farblos, das in alkalischer Lösung vorliegende Nitrophenolat-Anion ist gelb, weil durch den Substituenten $-O^-$ das chromophore π-Elektronensystem stärker ausgedehnt wird als im Falle von $-O-H$. (Dieser Farbwechsel wird in Enzymtests mit *p*-Nitrophenylsubstituierten Substraten häufig benutzt, z. B. im folgenden Versuch.)

**Aufgabe:**

Stellen Sie im Messkolben 100 mL einer $10^{-4}$ M Lösung von *p*-Nitrophenol in Wasser her (Gesundheitsschädlich: R 20, 21, 2; S 28.1). Bereiten Sie in zwölf Reagenzgläsern je 0,5 mL folgender Lösungen

1. 0,02 N Essigsäure
2. - 11. Pufferlösungen vom pH 4 / 5 / 5,5 / 6 / 6,5 / 7 / 7,5 / 8 / 9 / 10
   (fertig angesetzte Citronensäure-Phosphat-Puffer)
12. 0,02 N NaOH

und pipettieren Sie je 5,0 mL der Nitrophenol-Lösung zu. Welcher pH-Wert herrscht dann in den Gläsern 1 und 12 ? (Der Beitrag der geringen Menge an schwacher Säure Nitrophenol sei hier vernachlässigt.) Messen Sie die Extinktion der Lösungen bei 400 nm (oder einer benachbarten Wellenlänge) in 1 cm-Glasküvetten. Stellen Sie graphisch die Abhängigkeit der Extinktion vom pH-Wert dar und ermitteln Sie den $pK_a$-Wert am Wendepunkt der Kurve.

*Fragen*: Unsubstituiertes Phenol hat den $pK_a$-Wert 9,4. Wieso ist *p*-Nitrophenol deutlich stärker sauer? Wie heißt 2,4,6-Trinitrophenol mit Trivialnamen und was schliessen Sie daraus?

## Versuch 2.5 : Abhängigkeit einer Enzymreaktion vom pH-Wert

Das weitverbreitete Enzym alkalische Phosphatase hydrolysiert Phosphorsäureester zu Phosphat und Alkoholen (R–OH), wobei auch Protonen entstehen:

$$R-OPO_3^{2-} + H_2O \rightarrow R-OH + H^+ + PO_4^{3-}.$$

Dieses Enzym wirkt nur in schwach alkalischer Lösung. Würde man ein ungepuffertes Inkubationsgemisch sich selbst überlassen, so käme die Reaktion wegen der Protonenfreisetzung zum Stillstand; *in vitro* kann sie also nur in Gegenwart eines Puffers von geeignetem pH-Wert verfolgt werden. Als Substrat dient der Phosphorsäureester des *p*-Nitrophenol (vgl. vorhergehenden Versuch).

Zur qualitativen Demonstration gibt man gleiche Volumina (wird angegeben) einer stark verdünnten Enzympräparation (ca. 5 µg Protein) in drei verschiedene Reagenzgläser die je 2 mL Wasser (pH-Wert prüfen), Acetat-Puffer (pH 5) bzw. Tris-HCl-Puffer (pH 9) enthalten. Zu jedem Glas werden 0,2 mL 10 mM *p*-Nitrophenylphosphat-Lösung in Wasser als Substrat hinzugefügt. (Achtung: Die Substratlösung muss frisch bereitet und darf höchstens schwach gelb gefärbt sein.) Man schüttelt um und beobachtet die eintretenden Veränderungen. Das bei enzymatischer Spaltung entstehende *p*-Nitrophenol ist stärker gelb gefärbt als das Substrat, doch sind die Färbungen wegen der unterschiedlichen pH-Werte noch nicht vergleichbar. Nach 10 Minuten bringt man alle Proben durch Zusatz von je 1 mL 1 N NaOH auf annähernd gleichen pH-Wert – jetzt liegt, soweit vorhanden, überall dasselbe intensiv gelbe Nitrophenolat-Anion vor – und vergleicht *rasch* die unterschiedliche Gelbfärbung als Maß des Substratumsatzes bzw. der Produktbildung. Interpretieren Sie die beobachteten Unterschiede!

## Versuch 2.6 : Decarboxylierung einer Ketocarbonsäure

Die Carboxylgruppe R–COOH der Carbonsäuren ist nicht nur durch ihre Acidität chemisch und biochemisch bedeutsam. In ihr ist das stabile $CO_2$-Molekül vorgebildet, das beim Erhitzen, bzw. unter Enzymkatalyse schon bei Normaltemperatur aus dem Molekül abgespalten werden kann. Durch "Decarboxylierung" verlieren Kohlenstoffgerüste ein C-Atom, z. B. beim wichtigen Übergang von Glucose bzw. Glucosecarbonsäure (Gluconsäure) mit $C_6$-Skelett in die Reihe der $C_5$-Zucker (Ribose u. a.). Während die Decarboxylierung einer einfachen gesättigten Fettsäure zum Kohlenwasserstoff hohe Temperatur verlangt, decarboxylieren β-Ketocarbonsäuren (identischer Name: 3-Oxocarbonsäuren) bereits unter sehr milden Bedingungen zu Ketonen, da hier die Reaktion in einem energetisch günstigen cyclischen Übergangszustand verläuft.

$$CH_3-\underset{\underset{O}{\|}}{C}\overset{CH_2}{\underset{H}{\diagdown\!\!\!\diagup}}\underset{O}{\overset{|}{C}}=O \quad \rightarrow \quad CH_3-\underset{OH}{\underset{|}{C}}=CH_2 \; + \; CO_2$$

Die einfachste β-Ketosäure, Acetessigsäure ist ein physiologisches Produkt des Fettstoffwechsels und decarboxyliert zu Aceton (einem "Ketonkörper"):

$$CH_3-CO-CH_2-COOH \quad \rightarrow \quad CH_3-CO-CH_3 \; + \; CO_2$$

*In vitro* ist die freie Säure kaum existenzfähig, da sie spontan decarboxyliert, und wird daher durch Verseifung ihres Ethylesters *in situ* erzeugt. Mischen Sie in einem kleinen Schliffgefäß (Reagenzglas, Erlenmeyerkolben oder Rundkölbchen) 1 mL Acetessigsäureethylester mit 3 mL 1 N NaOH und erwärmen die Mischung, bis der charakteristische Geruch des Esters verschwunden ist. Dann fügen Sie 5 mL 2 N Schwefelsäure zu und setzen ein mit $Ba(OH)_2$-Lösung beschicktes Gärröhrchen auf: Schon bei gelindem Erwärmen wird $CO_2$ entwickelt, das an der $BaCO_3$-Fällung im Gärröhrchen erkennbar ist. Das flüchtige, herausdestillierende Aceton kann am Geruch erkannt werden.

Nicht jede Ketosäure reagiert in dieser Weise: Aus Oxalessigsäure kann zwar Brenztraubensäure (Pyruvat) entstehen

$$HOOC-CH_2-CO-COOH \quad \rightarrow \quad CH_3-CO-COOH \; + \; CO_2$$

doch diese decarboxyliert als α-Ketosäure (2-Oxosäure) *nicht* spontan. Warum nicht? Ihre Reaktionsweise ist anders (→ Pyruvatdehydrogenase-Komplex).

### Redoxvorgänge

Das Leben entstand durch und floriert durch einige zentrale und sehr viele spezielle Redoxreaktionen; durch sie wird chemische Energie für Lebensvorgänge nutzbar. Wir rekapitulieren die chemischen Grundbegriffe:

**Reduktion :** Aufnahme von Elektronen (Wasserstoff)
**Oxidation :** Entzug von Elektronen (Aufnahme von Sauerstoff)
Reduktionsmittel: Elektronendonator
Oxidationsmittel: Elektronenakzeptor

Die wichtigste Reaktion der heutigen Biosphäre ist die Reduktion der thermodynamisch stabilsten Kohlenstoffverbindung, Kohlendioxid $CO_2$ zu reduzierter organischer Materie, insbesondere zu Zucker (Kohlenhydrat) oder Essigsäure bzw. Acetat

$$6\,CO_2 + 12\,[H] \rightarrow C_6H_{12}O_6 + 3\,O_2$$
$$2\,CO_2 + 8\,[H] \rightarrow CH_3COO^-H^+ + 2\,H_2O$$

wobei die Reduktionsäquivalente [H] verschiedenen Quellen entstammen können ( $\rightarrow$ Photosynthese, Mikrobiologie). Daraus beziehen andere Organismen unter Atmung (Verbrennung) mit Sauerstoff oder anderen Oxidationsmitteln (z. B. Sulfat) ihre Energie:

$$C_6H_{12}O_6 + 6\,O_2 \rightarrow 6\,CO_2 + 6\,H_2O + \text{Energie}$$
$$CH_3COO^- + SO_4^{2-} + 3\,H^+ \rightarrow 2\,CO_2 + H_2S + 2\,H_2O + \text{Energie}$$

Um die Energie derartiger Oxidationsvorgänge biochemisch-physiologisch nutzen zu können und eine bloße Freisetzung als Wärme zu umgehen, sind in der Zelle jeweils mehrere Redoxsysteme mit abgestuften Reduktionspotentialen in membranständigen "Elektronentransportketten" hintereinandergeschaltet ( $\rightarrow$ Kapitel 8, Mitochondrien).

Am Intermediärstoffwechsel, in Abbaureaktionen und Biosynthesen sind viele weitere Redoxreaktionen beteiligt. Besonders häufig ist der reversible Übergang zwischen Carbonyl- und Alkoholfunktionen

$$\rangle C=O + 2\,[H] \rightleftarrows \rangle CH-OH$$

katalysiert durch Dehydrogenasen ( $\rightarrow$ Kapitel 4, Enzyme). An ihnen nehmen universell verbreitete Redox-Coenzyme wie NADH/NAD$^+$ teil ( $\rightarrow$ Versuche 2.11, 4.4). Chemisch lassen sich derartige Reduktionen an Naturstoffen bequem (allerdings irreversibel) durch Natriumborhydrid erreichen, das Hydrid-Ionen H$^-$ liefert und unter gleichzeitiger Wasserstoffentwicklung zu Natrium-(meta)borat oxidiert bzw. hydrolysiert wird, formal nach

$$\rangle C=O + NaBH_4 + 2\,H_2O \rightarrow \rangle CH-OH + 3\,H_2 + NaBO_2.$$

Die für anorganische Redoxpaare typischen Wertigkeitswechsel von Metallionen, beispielsweise Eisen

$$Fe^{3+} + e^- \rightleftarrows Fe^{2+}$$

sind in der Biosphäre ebenfalls von Bedeutung, entweder in metallhaltigen Proteinen ( $\rightarrow$ Cytochrome, Versuch 8.4) oder direkt in chemolithotrophen Bakterien ( $\rightarrow$ Mikrobiologie). *In vitro* liegen eisenhaltige Biomoleküle unter aeroben Bedingungen wegen der Oxidationsempfindlichkeit von zweiwertigem Eisen i.a. in der $Fe^{3+}$-Form vor; mit dem starken Reduktionsmittel Natriumdithionit $Na_2S_2O_4$ lassen sie sich auf einfache Weise zur $Fe^{2+}$-Form reduzieren:

$$2\,Fe^{3+} + S_2O_4^{2-} + 4\,OH^- \rightarrow 2\,Fe^{2+} + 2\,SO_3^{2-} + 2\,H_2O.$$

Schließlich macht man sich im Labor synthetische Redoxsysteme zunutze, die in der reduzierten und oxidierten Form unterschiedliche Farbe besitzen wie etwa

$$\text{Methylenblau} + 2\,[H] \rightleftarrows \text{Leukomethylenblau}$$

und – sofern sie die zu analysierenden Biomoleküle funktionell nicht stören – als praktische Redoxindikatoren geeignet sind (Versuch 2.8).

Redoxsysteme werden durch ihre Standard- oder Normalreduktionspotentiale $E°$ beschrieben, bezogen auf die Normalwasserstoffelektrode ($2\,H^+/H_2$) mit $E° = 0{,}00$ Volt und 1-molare Konzentrationen. Das Redoxpotential E eines realen Systems hängt von $E°$ und den anwesenden Konzentrationen ab, bei Redoxreaktionen, an denen Protonen beteiligt sind, auch vom pH-Wert. Da das letztere in biochemischen Prozessen die Regel ist, wird hier oft anstelle von $E°$ das Standardredoxpotential bei pH 7, $E°'$ verwendet. Für den Zusammenhang zwischen Potential und Konzentrationen der Komponenten eines Redoxpaares mit n übertragenen Elektronen (in biochemischen Reaktionen ist n = 1 oder 2)

$$Ox + n \cdot e^- \rightleftarrows Red$$

gilt bekanntlich die **Nernst'sche Gleichung**:

$$E = E° - \frac{0{,}059}{n} \cdot \log \frac{[Red]}{[Ox]}$$

Sind an einer Redoxreaktion m Protonen beteiligt

$$Ox + n \cdot e^- + m\,H^+ \rightleftarrows Red\text{–}H$$

so lautet die Nernst'sche Gleichung und die Abhängigkeit eines Redoxpotentials vom pH-Wert

$$E = E° - \frac{0{,}059}{n} \cdot \log \frac{[Red]}{[Ox]} - 0{,}059 \cdot \frac{m}{n} \cdot pH$$

Natürliche und synthetische Redoxsysteme, die im zellulären Energie- und Bausteinstoffwechsel vorkommen und im Labor oft benutzt werden, sind

| Oxidierte (dehydrierte) Form, Oxidationsmittel (Ox) | Reduzierte (hydrierte) Form, Reduktionsmittel (Red) |
|---|---|
| Sauerstoff $O_2$ | Wasserstoffperoxid $H_2O_2$, Wasser $H_2O$ |
| Wasserstoffperoxid $H_2O_2$ | Wasser $H_2O$ |
| $Fe^{3+}$, $[Fe(CN)_6]^{3-}$, Cytochrom(ox) | $Fe^{2+}$, $[Fe(CN)_6]^{4-}$, Cytochrom(red) |
| Nitrat $NO_3^-$ | Ammoniumion, $NH_4^+$ |
| Sulfat $SO_4^{2-}$ | Sulfit $SO_3^{2-}$, Schwefel S, Sulfid $S^{2-}$ |
| Protonen $2H^+$ | Wasserstoff $H_2$ |
| *Substrate:* | |
| Carbonsäuren | Aldehyde, Aldosen (Zucker) |
| Ketosäuren (z. B. Pyruvat) | Hydroxysäuren (z. B. Lactat) |
| ungesättigte Säuren (z. B. Fumarat) | gesättigte Säuren (z. B. Succinat) |
| Dehydroascorbinsäure | Ascorbinsäure |
| *Coenzyme:* | |
| $NAD^+$ und $NADP^+$ | NADH und NADPH |
| Flavincoenzyme (FAD, FMN) | Dihydroflavin ($FADH_2$, $FMNH_2$) |
| Chinone | Hydrochinone |
| Liponsäure (–S–S–) | Dihydroliponsäure $(-SH)_2$ |
| Glutathion GSSG | Glutathion GSH |
| *Reagentien:* | |
| Iod | Iodid |
| Disulfide | (Di)Thiole $(-SH)_{1-2}$ |
| Sulfit $SO_3^{2-}$ | Dithionit $S_2O_4^{2-}$ |
| Borat $BO_3^{3-}$ (Endprodukt) | Borhydride $BH_4^-$ |
| Methylenblau | Leukomethylenblau |
| Benzyl-, Methylviologen (farblos) | reduzierte Form (violett) |
| Tetrazoliumsalze | Formazane (blau, purpur) |

Die Werte der Standardpotentiale $E°$ (bei pH 0) und $E°'$ (pH 7) dieser Redoxpaare sind in Tabellen zu finden (→ Kap. 10). In der Praxis müssen stets die aktuellen Konzentrationsverhältnisse gemäß der Nernst'schen Gleichung berücksichtigt werden, da die Bedingungen für Standardpotentiale (alle Konzentrationen 1-molar oder [Red] = [Ox]) so gut wie nie erfüllt sein werden!

## Versuch 2.7 : Das Redoxpaar Chinon-Hydrochinon

Hydrochinone sind farblose 1,4-Dihydroxybenzole (Phenole), die durch Dehydrierung in gelbe Chinone übergehen. Der Übergang zwischen dem aromatischen und dem "chinoiden" konjugierten π-Elektronensystem ist reversibel.

Mit hydrophoben Resten substituierte Chinone sind Teil der Elektronentransportketten in den Membranen von Mitochondrien (Ubichinon) und Chloroplasten (Plastochinon) (→ Kapitel 8). Die positiven Redoxpotentiale von Chinonen werden durch Ringsubstituenten individuell variiert (unsubstituiertes Benzochinon: $E^{o'}$ = +0,29, Ubichinon = +0,10 V). Der formale Zwei-Elektronen-Übergang zwischen Chinon und Hydrochinon erfolgt mechanistisch in zwei Ein-Elektronen-Schritten über eine radikalische Semichinon-Stufe. Durch diese spezielle Chemie sind Chinone in der Lage, beim biologischen Elektronentransport den Übergang vom Wasserstoff der Substrate ($H^-$, zwei Elektronen) zum Redoxsystem der Cytochrome ($Fe^{2+}/Fe^{3+}$, ein Elektron) zu realisieren. Der Nachweis der radikalischen Semichinon-Stufe erfordert allerdings spezielle Techniken.

Chinon      Semichinon (Radikal)      Hydrochinon

### Aufgabe:

Die beiden folgenden Umsetzungen sind als Modellreaktionen anzusehen. Reduzieren Sie eine wässrige Lösung von 1,4-Benzochinon im Reagenzglas mit einigen Tropfen 10 %iger Kaliumiodid-Lösung, angesäuert mit 2 Tropfen verdünnter Schwefelsäure:

$$\text{Chinon} + 2\ KI + H_2SO_4 \rightarrow \text{Hydrochinon} + I_2 + K_2SO_4$$

Das entstandene Iod ist durch Unterschichten mit Chloroform und Ausschütteln nachzuweisen.

Umgekehrt versetze man eine Lösung von 0,5 g Hydrochinon in 5 mL Wasser mit 1 mL konz. Schwefelsäure (*Vorsicht, Ätzend!*), kühlt die Mischung und oxidiert durch Zugabe einer Spatelspitze Natriumdichromat $Na_2Cr_2O_7$. Es tritt der charakteristische, schleimhautreizende Geruch des Chinons auf:

3 Hydrochinon + Na$_2$Cr$_2$O$_7$ + 4 H$_2$SO$_4$ → 3 Chinon + Cr$_2$(SO$_4$)$_3$ + Na$_2$SO$_4$ + 7 H$_2$O

Die Farbänderung Hydrochinon → Chinon wird hier durch die Färbung der gelb-orangefarbigen sechswertigen bzw. grünen dreiwertigen Chrom-Ionen überdeckt. *Hinweis*: Chromhaltige Lösungen korrekt entsorgen!

## Versuch 2.8 : Methylenblau–Leukomethylenblau

Der wasserlösliche, kationische Phenothiazin-Farbstoff Methylenblau kann in biochemischen Reaktionen oft als artifizieller Elektronenakzeptor dienen, weil sein Redoxpotential $E^{o'}$ = +0,01 Volt bei pH 7 inmitten der biologisch relevanten Redoxskala zwischen reduzierten Substraten und Coenzymen (–0,3 V, vgl. Versuch 2.11) und den Chinonen und Cytochromen (> +0,3 V; vgl. Versuche 2.7, 8.4) liegt. Durch Addition von zwei Wasserstoff (2 e$^-$ + 2 H$^+$) an die chinoide Molekülstruktur wird das chromophore, durchkonjugierte π-Elektronensystem in der Mitte unterbrochen und der Farbstoff zum farblosen Leukomethylenblau reduziert:

**Aufgabe:**
Der Farbwechsel ist reversibel: Lösen Sie in einem Schüttelzylinder oder einer Flasche mit Stopfen 5 g Glucose und 0,6 g NaOH zusammen in 50 mL Wasser. Geben Sie dazu 2 mL Methylenblau-Lösung (0,1 % in Wasser). Beobachten Sie die Reaktionsmischung. Ist sie farblos geworden, so schütteln Sie kräftig und lassen wiederum stehen. Wie lange könnten Sie den Farbwechsel wiederholen? Welche Stoffe dienen als Reduktions- bzw. als Oxidationsmittel?

Ein verwandter Redoxindikator sind die sog. "Viologene" (4,4'-Bipyridiniumsalze), z. B. für die Aktivitätsbestimmung von Wasserstoff (H$_2$) umsetzenden Hydrogenasen:

## Bioanorganische Chemie

Knapp 30 der insgesamt 92 natürlich vorkommenden chemischen Elemente, von Wasserstoff, Kohlenstoff und anderen Nichtmetallen über häufige Metalle wie Calcium und Eisen bis zu den schweren Übergangsmetallen Molybdän und Wolfram sind in Lebewesen essentiell an Strukturen und Funktionen beteiligt, wenn auch im Fall der seltenen Spurenelemente nicht alle in jedem Organismus zugleich. Charakteristische biochemische Funktionen metallhaltiger Proteine und Strukturen sind in der folgenden Tabelle zusammengestellt. Schätzungsweise ein Drittel sämtlicher Enzyme benötigen derartige Metallzentren, weil die Aminosäureseitenreste eines Proteins bestimmte Reaktionstypen nicht selbst katalysieren können.

Der qualitative und quantitative Nachweis eines seltenen Elements in Molekülen biologischer Herkunft ist mehr eine Aufgabe der analytischen Chemie als der Biochemie; dazu muss man z. B. das Material durch konzentrierte oxidierende Säuren (Perchlorsäure u. a.) völlig "veraschen" und den evtl. geringen Metallgehalt mit empfindlicher instrumenteller Analytik bestimmen. Biochemisch interessanter sind die spezifischen Bindungsverhältnisse zwischen anorganischen Metallionen und Proteinen oder anderen organischen Molekülen – salzartig? komplex? kovalent? – die eine spezifische Funktion bedingen. Solche Zusammenhänge sind Gegenstand der "Bioanorganischen Chemie".

Die in katalytischen Zentren besonders verbreiteten Übergangsmetalle mit teilweise unbesetzten d-Orbitalen (V, Cr, Mn, Fe, Co, Ni, Cu, Zn, Mo und W) bilden bekanntlich Komplexverbindungen mit Liganden, die über freie Elektronenpaare verfügen. Erinnern Sie sich an die tiefblau gefärbten Komplexverbindungen des Kupfers mit Ammoniak oder Aminosäuren und die Hexacyanoferrate des Eisens.

Der am häufigsten im Labor für analytische wie präparative Zwecke genutzte synthetische Komplexbildner ist EDTA = Ethylendiaminotetraessigsäure; der sechszähnige Ligand bildet Komplexe oktaedrischer Geometrie mit praktisch allen mehrwertigen Metallkationen. EDTA als Di-Na-Salz hat Handelsnamen wie Titriplex, Komplexon oder Idranal III.

$$\begin{array}{c}{}^{-}OOC-CH_2\\{}^{-}OOC-CH_2\end{array}\!\!\!\!\!\!N-CH_2-CH_2-N\!\!\!\!\!\!\begin{array}{c}CH_2COO^{-}\\CH_2COO^{-}\end{array}$$

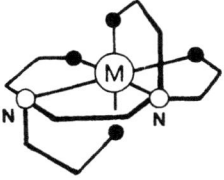

EDTA

In Biomolekülen fungieren als Liganden für Metallionen

- mit Sauerstoff: die Carboxylat-, Carbonyl-, Phenolatfunktionen ($-COO^-$, $\rangle C=O$, $-C_6H_4-O^-$), ferner Wassermoleküle
- mit Stickstoff: Amino-, Imino-, Pyrrol-, Imidazol- und andere heterocyclische Funktionen ($-NH_2$, $=NH$, $=N-$)
- mit Schwefel: die Thiol- bzw. Thiolatfunktion der Aminosäure Cystein ($-SH$ bzw. $-S^-$).

Die Metallionen können direkt an einzelne räumlich benachbarte Aminosäurereste als Komplexliganden gebunden sein wie in Zink-Enzymen; oder sie bilden als Zentral-Ion mit mehrzähnigen Liganden einen eigenen Komplex, der als Ganzes an oder in einem Protein haftet wie im Fall der Häm-Eisen-Proteine und der Eisen-Schwefel-Cluster enthaltenden Ferredoxine.

Die Detailanalyse der Bindungsverhältnisse zwischen Metallionen und Proteinzentren – Grundlage zur Interpretation physiologischer Metalleffekte! – erfordert viele spezielle physikalische Messtechniken, die sonst in der Biochemie nicht vorkommen (Mössbauer-, Resonanz-Raman-, Röntgenabsorptions-Spektroskopie, u. a.). Bei Interesse können Sie dazu Kaim und Schwederski, "Bioanorganische Chemie" konsultieren.

Ein besonders häufiger und vielseitiger Komplexligand ist das Porphyrin-System, das in gewissen Strukturvarianten vier verschiedene Metalle (Mg, Fe, Co, Ni) für ganz verschiedene biologische Funktionen komplexiert (Abb.2).

**Abb.2.** Links: Das Tetrapyrrolgerüst des Porphyrins (Pyrrol = Fünfring-Heterocyclus mit einem N-Atom). An den acht äußeren Ecken stehen Substituenten mit 1–3 C-Atomen, meistens Methyl- ($-CH_3-$), Vinyl- ($CH_2=CH-$) und Propionsäurereste ($-CH_2-CH_2-COOH$), die vom Vorläufermolekül δ-Aminolävulinsäure herrühren ( → Porphyrinbiosynthese, Lehrbuch). Rechts: Bei Deprotonierung der beiden aciden NH-Funktionen im Inneren entsteht ein Dianion mit völlig delokalisiertem π-Elektronensystem ( → Farbigkeit!) und einem freien Innenraum von 60–70 pm, das einen hervorragenden vierzähnigen Liganden für Metallionen von passendem Ionenradius darstellt (M = $Fe^{2+/3+}$ 65 pm, $Co^{2+}$ 65 pm, $Ni^{2+}$ 69 pm, $Mg^{2+}$ 72 pm). Komplette Strukturen von Häm, Hämin und Chlorophyllen s. Versuche 2.9 und 2.12.

Chemische und physikalische Grundlagen 49

**Die Elemente der Biosphäre:**

| | |
|---|---|
| *Nichtmetalle* | |
| **C, H, N, O, P, S** | universell in Biomasse |
| **Cl** | als Anion (Elektrolyt) verbreitet |
| Se, F, I | in speziellen Enzymen, Schilddrüsenhormon |
| Si | abgelagert in Kieselalgen, Pflanzen |
| *Metalle* | |
| **Na** | allgegenwärtig als Kation (Elektrolythaushalt) |
| **Mg** | Kation für Nucleotide und Nucleinsäuren, Zentralatom in Chlorophyll |
| **K** | Polarisierung/Depolarisierung von Membranen |
| **Ca** | "Biomineralisation" (Carbonate, Phosphate), beteiligt an zellulären Signaltransduktions-Kaskaden |
| Mn | Wasserspaltung in PS II der oxygenen Photosynthese, in einigen Oxidoreduktasen (Peroxidase u. a.) |
| **Fe** | Bindung von Sauerstoff (Hämoglobine), redoxaktiv in Enzymen (Katalase) und Elektronentransportketten (Cytochrome, Ferredoxine, Fe-S-Cluster) |
| Co | Zentralatom in Coenzym $B_{12}$ (katalysiert H-Verschiebungen und $CH_3$-Transfer, z. B. zu Methionin) |
| Ni | in Faktor 430 der Methanogenese, katalytisch in Hydrogenasen, CO-Dehydrogenase, Urease |
| Cu | Redoxzentrum in Cytochromoxidase, Sauerstoffbindung an Hämocyanin |
| Zn | zur Polarisierung von Molekülstrukturen ($>C=O$ u. a. in Proteasen, Alkoholdehydrogenase, DNA-Polymerase), in "Zinkfingern", stabilisiert Quartärstruktur von Insulin |
| V, Mo | zur Stickstofffixierung (Nitrogenasen), in Redoxenzymen (Xanthinoxidase, Nitratreduktase) |
| W | in Redoxsystemen mariner Organismen |
| *Molekulare Funktionen wenig bekannt* | |
| B, As, Br | in Mikroorganismen, (marinen) Pflanzen |
| Cr, Sn | essentiell für Tiere? |

Zum besseren Überblick können Sie diese Elemente im Periodensystem am Schluss des Buches farbig markieren. Warum handelt es sich vorwiegend um die *leichteren* Elemente?

*In vitro* können verschiedene Wechselwirkungen zwischen Metallionen und Biomolekülen beobachtet werden:

- Ein Metall ist essentiell und sehr fest gebunden: außer bei Denaturierung treten keine Komplikationen auf
- Essentielle, aber dissoziierbare Metallionen: Ggf. muss man freie Metallionen im Medium zugeben (Massenwirkungsgesetz!) und Komplexbildner wie EDTA vermeiden
- Kein Metallbedürfnis, aber es sind unspezifische Bindung und ggf. Inaktivierung durch Schwermetalle möglich: Komplexbildner (EDTA u. a.) als Schutz zugeben.

Diese verschiedenen Situationen kommen in Versuchen 4.2 – 4.6 und 8.4 vor. Wie man sieht, erfordert die Erkennung von Metallbedarf oder -Störung in noch unbekannten Systemen sorgfältige Vergleichsversuche unter verschiedenen Bedingungen mit und ohne Metall- bzw. EDTA-Zusatz.

Wir isolieren in Versuch 2.9 exemplarisch das Hämin aus Hämoglobin, indem die ionischen und hydrophoben Wechselwirkungen zum Protein zerstört werden, das Eisen aber im intakten Porphyrin gebunden bleibt.

**Versuch 2.9 : Hämin aus Hämoglobin**

Der Blutfarbstoff der Erythrocyten, Hämoglobin ist ein tetrameres Protein aus vier Globin-Molekülen (genauer: 2 α- und 2 β-Ketten, insgesamt M = 64,5 kDa), die je ein Häm gebunden enthalten. Häm ist ein Eisen(II)-Porphyrinkomplex ("Protoporphyrin", vgl. Abb.2), der über die beiden anionischen Propionatreste (unten am Tetrapyrrolring) und durch Koordination mit einem Histidinrest des Globins als fünftem Komplexliganden des Eisens fest am Protein haftet. Bei Sauerstoff-Aufnahme wird ein $O_2$-Molekül als sechster, oberer Ligand (nicht gezeichnet) zu einem oktaedrischen Komplex gebunden. Diese Bindung geschieht nur an zweiwertigem Eisen, der Sauerstoff darf dabei das Zentralion $Fe^{2+}$ *nicht oxidieren*; dies wird durch eine hydrophobe Proteinumgebung sichergestellt. Unspezifisch oxidiertes Hämoglobin (z. B. nach Austritt aus den Erythrocyten) mit $Fe^{3+}$ als Zentralion heißt Methämoglobin; es ist nicht mehr zum $O_2$-Transport befähigt.

Die nicht-kovalente, aber relativ feste Bindung zwischen Häm und Globin wird durch Protonierung und Auflösung von H-Brücken in heißem Eisessig (wasserfreier Essigsäure) als protonischem, wasserarmem Medium aufgehoben. Das Eisen im freigesetzten Häm wird dabei an der Luft zum dreiwertigen Eisen oxidiert (sofern es nicht in Methämoglobin bereits in dieser Form vorlag), so dass ein zusätzliches Anion im Komplex benötigt wird. Eisen(III)-Protoporphyrin mit einem Hydroxo-Liganden (OH⁻) heißt Hämatin, der in Gegenwart von Chloridionen gebildete, besonders charakteristische Chlorokomplex ist Hämin. Die sog. Teichmann'schen Kristalle von Hämin dienten früher zum Nachweis von Hämoglobin bzw. Blut.

Häm in Hämoglobin     Hämin

## Aufgabe:

Zur Präparation von Hämin in mikrokristalliner Form kann man anstelle von Blut von isoliertem Hämoglobin bzw. Methämoglobin ausgehen, das beispielsweise als Protease-Substrat Verwendung findet (→ Versuch 3.7). Man löst 0,3 g Hämoglobin in 2,0 mL 0,9 %iger Kochsalzlösung; das entspricht ungefähr der Hb-Konzentration in Gesamtblut (15 %). Nicht gelöstes Protein wird auf einem kleinen Papierfilter abfiltriert. Auf einer Heizplatte erhitzt man in einem kleinen Erlenmeyerkolben 6 mL Eisessig, dem 20 µL gesättigte NaCl-Lösung zugefügt wurde, auf etwa 100°C; dabei ist der Kolben mit einem Uhrglas oder lose aufgelegtem Glasstopfen bedeckt. Über 5 min verteilt pipettiert man nun 10 x 0,1 mL Hämoglobinlösung in den heißen chlorid-haltigen Eisessig und schwenkt häufig um. Das Gemisch bleibt noch 15 min auf der Heizplatte stehen, aber darf nicht kräftig kochen; es soll kein denaturiertes Protein gelatinös ausfallen. Man kühlt den Kolben ab und zentrifugiert den dunklen Inhalt 15 min in einer Tischzentrifuge. Der Überstand wird verworfen, das Pellet in NaCl-haltigem Eisessig resuspendiert und erneut abzentrifugiert.

Bringen Sie mit einer Kapillare einen kleinen Tropfen mit dem unlöslichen Material auf einen Objektträger und prüfen unter dem Mikroskop, ob Hämin-Kriställchen entstanden sind.

Porphyrin-Übergangsmetallkomplexe besitzen charakteristische Absorptionsspektren. Lesen Sie vor Aufnahme eines Hämin-Spektrums die Erläuterungen in Kapitel 1 und im folgenden Abschnitt dieses Kapitels! Lösen Sie eine Probe des abzentrifugierten Hämins (möglichst frei von Eisessig) in einigen mL des organischen Lösungsmittels Dioxan (ein cyclischer Ether; *Vorsicht, brennbar*) und registrieren das Spektrum zwischen 400 und 700 nm Wellenlänge. Die bräunlich-grünliche Lösung des niedermolekularen Hämins in Dioxan zeigt Absorptionsbanden bei 508, 538 und 635 nm.

Das Ausgangsmaterial Methämoglobin löst sich nicht in Dioxan. Ein Vergleichsspektrum des Proteins in alkalisch-wässriger Lösung (pH 12) zeigt nur eine breite Absorption zwischen 500 und 600 nm mit schwach ausgeprägten Maxima.

Die Spektren von Häm und Hämoglobin mit $Fe^{2+}$ sind wiederum anders, aber werden hier nicht untersucht. Spektrale Eigenschaften von Eisen-Porphyrin-Komplexen werden bei der Charakterisierung von Cytochromen in großem Umfang genutzt (→ Kapitel 8, Mitochondrien).

### Biomoleküle und Licht, Spektren

Für Lebewesen mit Sehvermögen, so wie uns, ist die anorganische und vor allem die organische belebte Umwelt bunt, voller verschiedener Farben. Falls die farbig erscheinenden Stoffe organische Stoffe mit chromophoren π-Elektronensystemen sind, müssen die Moleküle im Stoffwechsel biosynthetisch aufgebaut werden und dienen spezifischen biologischen Zwecken:

- Chlorophylle und davon abgeleitete Phycobiline der grünen Pflanzen, der blaugrünen Cyanobakterien und anderer photosynthetischer Bakterien dienen der Lichtabsorption und Energiegewinnung, ebenso das spezielle Bakteriorhodopsin in der Purpurmembran von Halobakterien;

- sie sind als lichtempfindliche Sehpigmente in Photorezeptoren eingebettet, vor allem das Retinal im Rhodopsin;

- Signalfarben zum Anlocken oder Abschrecken anderer Organismen sind im Pflanzen- und Tierreich weit verbreitet (→ Versuch 2.10, Anthocyane in Blüten und Früchten);

- und es gibt eine große Zahl und völlig heterogene Gruppe farbiger Naturstoffe, in denen konjugierte Doppelbindungen – also Chromophore – zwar die Voraussetzung für bestimmte chemische Funktionen sind, aber physiologisch mit Lichtabsorption gar nichts zu tun haben: Gelbe Chinone und Flavine als Redoxcoenzyme; rote bis grüne Eisenporphyrinkomplexe ( →

Versuch 2.9, Hämin) für $Fe^{2+}/Fe^{3+}$-Redoxwechsel oder Liganden- (z. B. Sauerstoff-)Bindung in Proteinen; das planare π-Elektronensystem der Actinomycin-Antibiotika zur Interkalation zwischen DNA-Basenpaare; und andere mehr.

In vielen Fällen ist unbekannt, ob für uns auffällige Farben und besondere Molekülstrukturen, z. B. der Pilzfarbstoffe, überhaupt eine physiologische oder ökologische Bedeutung haben oder "nur" aus der großen Variabilität der Synthesewege "sekundärer Inhaltsstoffe" resultieren.

Der Eindruck Farbe entsteht, wenn Lichtquanten bestimmter Energie (Frequenz) durch lichtabsorbierende Stoffe aus weißem Licht – der Mischung aller Spektralfarben – herausabsorbiert werden, so dass der Stoff in der Komplementärfarbe erscheint: Chlorophyll ist grün, weil die Moleküle langwelliges, rotes Licht absorbieren, Carotine sind orange, weil ihre Moleküle erst durch kürzerwelliges, energiereicheres Blau angeregt werden.

**Spektralfarbe**

| ultraviolett | blau | blaugrün | grün | gelb | orange | rot | infrarot |
|---|---|---|---|---|---|---|---|

**Farbeindruck**

| unsichtbar | gelb | orange | rot | blau | grünblau | grün | unsichtbar |
|---|---|---|---|---|---|---|---|

**Wellenlänge (nm)**

| <400 | 400-480 | 490 | 500-560 | 560-600 | 600 | 600-750 | >750 |
|---|---|---|---|---|---|---|---|

---

Stoffe absorbieren Licht, wenn sie π-Elektronen in *konjugierten* Doppelbindungen besitzen; je mehr konjugierte Doppelbindungen und je idealer die Elektronendelokalisation, desto längerwellig ist die Lichtabsorption.

---

Die π-Elektronenwolken eines Chromophors können völlig delokalisiert sein, wenn an beiden Enden einer Doppelbindungskette oder in einem cyclischen π-Elektronensystem sog. auxochrome Gruppen (Reste mit Elektronenpaaren oder –lücken) einbezogen werden. Solche Verbindungen nennt man

**Polymethinfarbstoffe:**

$$\rangle\bar{N}-=(-=)_n-=N^+\langle \quad \leftrightarrow \quad \rangle N^+=-(=-)_n=-\bar{N}\langle$$

bzw. $\quad {}^-O-=(-=)_n-=O \quad \leftrightarrow \quad O=-(=-)_n=-O^-$

In **Polyenfarbstoffen** (Carotinoiden) ist das nicht der Fall, sie erscheinen daher nur gelb-orange:

$$CH_3-(=-)_n CH_2OH$$

Versuchen Sie bei der Betrachtung von Strukturformeln jeweils zu erkennen, ob ein und was für ein konjugiertes $\pi$-Elektronensystem vorliegt! In "kreuzkonjugierter" Anordnung (z. B. Chinone, Indigofarbstoff) und Ersatz von $-CH=$ durch $-N=$ in einer Kette tritt eine "Störung" und damit meist Farbvertiefung ein.

Die Wechselwirkung elektromagnetischer Strahlung mit Molekülen ist energieabhängig: Lichtquanten ultravioletten und sichtbaren Lichts besitzen Energien, die der zur Anregung *eines* Elektrons aus delokalisierten $\pi$-Bindungen erforderlichen Energie entsprechen. Das angeregte Elektron geht dabei aus dem obersten besetzten Grundzustand seines Bindungssystems in den ersten Anregungszustand über, aus dem es unmittelbar unter Dissipation von Wärme, oder in bestimmten Fällen unter Aussendung von Fluoreszenzlicht wieder in den Grundzustand zurückfällt. Die physikalischen Einzelheiten (Termschema, Jablonski-Diagramm) sollten Sie rekapitulieren. Einfachbindungen ($\sigma$-Elektronen) organischer Moleküle werden durch UV- oder sichtbares Licht *nicht* angeregt, lichtabsorbierende Moleküle erleiden also *keine* photochemische Schädigung; Bindungsbrüche treten erst mit energiereicher UV- oder Röntgenstrahlung ein. Im langwelligen, niederenergetischen Infrarot- und Mikrowellen-Spektralbereich werden nur noch Molekül*schwingungen* angeregt.

Bei der Charakterisierung von Biomolekülen, der Analyse von Stoffwechselreaktionen, der Verfolgung von Reinigungs- und Trennoperationen nutzt man ständig die Lichtabsorption und andere optische Eigenschaften der untersuchten Systeme. Insbesondere aromatische Aminosäuren und daher die Proteine, alle Nucleotide und die meisten Metallzentren, Coenzyme und Vitamine haben charakteristische Absorptionsspektren. Wichtige äußere Parameter sind der pH-Wert der Lösung und das Lösungsmittel (Wasser, Ethanol oder andere organische Lösungsmittel); dagegen hat die Temperatur i.a. keinen Einfluss auf Elektronenspektren (warum nicht?). Zum kurzwelligen UV hin (< 200 nm) kann mit normalen Spektralphotometern nicht gemessen werden; hier absorbieren Luft und die $\pi$-Elektronen einzelner Carbonyl- oder anderer Doppelbindungen ("Endabsorption").

Der Informationsgehalt eines Spektrums (Abb.3) liegt in der Lage, Form und Zahl von Absorptionsmaxima ( $\rightarrow$ ein oder mehrere, kürzere oder längere chromophore Systeme), pH-Abhängigkeit ( $\rightarrow$ saure oder basische Eigenschaften der Chromophore) und der Intensität (Extinktion E oder Absorption A). Betrachten Sie als Beispiel das Spektrum von Guanin in Abb. 3:

Chemische und physikalische Grundlagen 55

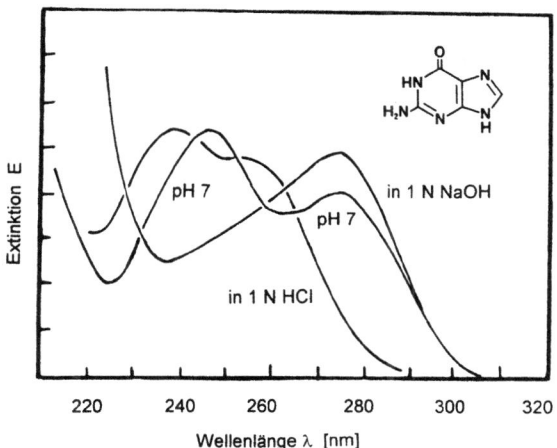

**Abb. 3.** UV-Spektrum der Nucleobase Guanin bei verschiedenen pH-Werten. Das π-Elektronensystem ist nicht sehr ausgedehnt (→ Adsorption im kurzwelligen Spektralbereich), komplex strukturiert (→ mehrere Maxima) und wird durch Protonierung bzw. Deprotonierung an N- und O-Funktionen erheblich verändert (→ Verschiebung der Absorptionsmaxima).

Die Extinktion eines Stoffes in Lösung ist bekanntlich seiner Konzentration c proportional und wird durch den stoffspezifischen Extinktionskoeffizienten ε bestimmt:

**Lambert-Beer'sches Gesetz:** $E = \log \dfrac{I_0}{I} = c \cdot \varepsilon \cdot d$

E = Extinktion, dimensionslos; c = Konzentration in mol·L$^{-1}$; d = Schichtdicke in cm (meist 1); ε = molarer dekadischer Extinktionskoeffizient in [L·mol$^{-1}$·cm$^{-1}$] (wird auch in [cm$^2$·mmol$^{-1}$] angegeben)

Beachten Sie, dass das Lambert-Beer'sche Gesetz einen logarithmischen Zusammenhang beschreibt: E = 1 bedeutet I = 10 %, E = 2 nur noch 1 % der eingestrahlten Lichtintensität $I_0$. Bei Extinktionen > 2 sind daher keine sinnvollen photometrischen Messungen möglich, sondern Sie müssen Ihre Probe entsprechend verdünnen.

Eine Reihe weiterer Phänomene elektromagnetischer Strahlung und der Optik werden an Biomolekülen beobachtet und zur biochemischen Analytik genutzt:

## Fluoreszenz

Desaktivierung des Elektronen-Anregungszustandes nach Lichtabsorption unter Wiederaussendung von Licht; Fluoreszenzlicht ist stets längerwellig (energieärmer) als das absorbierte Licht. Fluoreszenzfähige Reagentien, Antikörper u. a. Proteine werden wegen der hohen Nachweisempfindlichkeit oft verwendet. Da Fluoreszenzlicht in allen Richtungen ausgesandt wird, haben Fluoreszenzküvetten für Fluorimeter vier optisch klare Wände statt zwei.

## Phosphoreszenz

Zeitlich stark verzögerte Wiederausstrahlung von Licht (Nachleuchten, aus einem langlebigen Triplett-Zustand) nach Lichtabsorption.

## Lumineszenz

Lichtenergie, die nicht aus vorheriger Lichtabsorption stammt, sondern – auch im Dunkeln – in bestimmten chemischen Reaktionen aus energiereichen Zwischenstufen frei wird. "Biolumineszenz" der Glühwürmchen und anderer Tiere wird analytisch genutzt ( → Versuch 6.3, ATP-Bestimmung mit Luciferase).

## Lichtbrechung

Richtungsänderung von Lichtwellen beim Übergang von einem Stoff in einen anderen mit unterschiedlicher optischer Dichte (Brechzahl oder Brechungsindex n). Falls die Konzentration c einer Lösung ihrem Brechungsindex proportional ist, kann c durch Messung von n im Refraktometer bestimmt werden, so z. B. die Dichte von Salz- oder Zuckerlösungen in Dichtegradienten.

## Lichtbeugung, Lichtstreuung

Ablenkung von Licht aus seiner Fortpflanzungsrichtung beim Auftreffen auf kleine Teilchen oder Moleküle, die in der Größenordnung der Wellenlänge des Lichts oder noch kleiner sind, ohne Änderung der Wellenlänge (Rayleigh-Streuung, proportional $1/\lambda^4$). Hierauf beruht die Trübheit von an sich durchsichtigen Lösungen in einem seitlich beobachteten Lichtkegel (Tyndall-Effekt). Die Trübung als Maß der Teilchenkonzentration kann man an der Intensitätsabnahme eingestrahlten Lichts im Photometer messen (Turbidimetrie; nicht verwechseln mit Lichtabsorption, es muss vielmehr eine Messwellenlänge jenseits des Absorptionsbereichs von Biomolekülen gewählt werden), oder als im Winkel von 90° abgestrahltes Streulicht (Nephelometrie). Trübungsmessung kommt vor allem bei der Messung der Zelldichte von Bakteriensuspensionen zwischen 500 und 700 nm zur Anwendung ( → Versuch 4.8 c). Sie beobachten Lichtstreuung aber auch in Lösungen hochmolekularer DNA ( → Versuch 7.1).

**Optische Aktivität**

Lösungen der beiden Enantiomeren ("optische Antipoden") chiraler, "optisch aktiver" Stoffe drehen die Ebene linear polarisierten Lichts nach links (–) oder rechts (+). Der Drehwinkel $\alpha$ (in Grad) ist der Konzentration proportional; daher werden Polarimeter zur Analyse chiraler Stoffe, vor allem Zuckern benutzt ( → Kapitel 5). Die Stoffkonstante Spezifische Drehung $[\alpha]$ bezieht sich auf 1 g Substanz in 1 mL Lösung in einem 10 cm (1 dm) langen Polarimeterrohr. (Es gibt auch andere Ausdrucksweisen.) Polarimeter messen mit Licht außerhalb der Absorptionsmaxima der Stoffe, oft bei der sog. Natrium-D-Linie (589 nm). Beachten Sie, dass *keine* Korrelation zwischen der absoluten räumlichen Konfiguration von Molekülen (D bzw. L) und der Drehrichtung von $\alpha$ besteht (z. B. beim Paar D(+)-Glucose / D(–)-Fructose oder bei L(+)-Milchsäure).

**Circulardichroismus (CD)**

Im Bereich von Absorptionsbanden chiraler Moleküle (z. B. Proteine aus L-Aminosäuren, DNA mit D-Ribose) haben rechts- und links *circular* polarisiertes Licht geringfügig unterschiedliche Extinktionskoeffizienten. Daher treten hier Anomalien auf ("Cotton-Effekte"), aus denen sich Aussagen über asymmetrische Sekundärstrukturen machen lassen, z. B. $\alpha$-Helix oder $\beta$-Faltblattgehalt in Proteinen, Rechts- oder Links-Doppelhelix in B- bzw. Z-DNA. CD-Spektroskopie ist eine wichtige, aber technisch aufwendige Methode der Strukturforschung an Biomolekülen.

**Versuch 2.10 : Anthocyane aus Blüten und Früchten**

An Blütenfarbstoffen lassen sich die Prinzipien der Struktur von Chromophoren und der umgebungsbedingten Veränderung von Naturfarben schön demonstrieren. Die Vielfalt der roten und blauen Anthocyane in Klatschmohn, Rose und Rittersporn, in Erdbeere, Kirsche und Heidelbeere, nicht zuletzt in Rotwein, sollten Sie als Naturwissenschaftler(in) sowieso nicht *nur* ästhetisch genießen.

Anthocyane enthalten Zuckerreste als Substituenten, die für die Farbigkeit unerheblich sind. Grundkörper sind die Anthocyanidine mit der in Abb.4 gezeigten Struktur eines mit Hydroylgruppen substituierten 2-Phenylbenzopyrans, das als aromatisches Oxoniumkation (Flavylium-Ion) vorliegt:

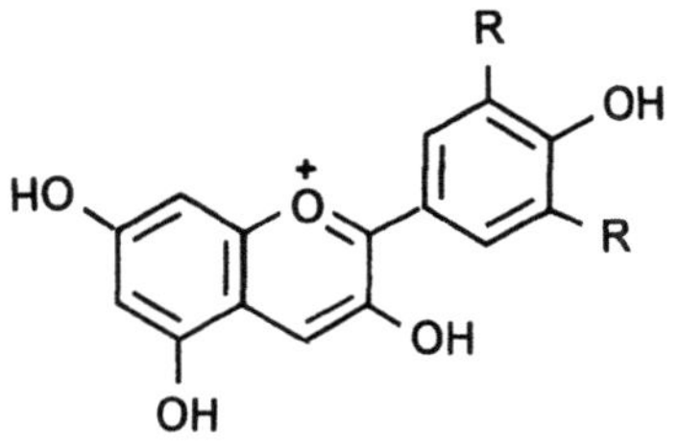

**Abb. 4.** Struktur der Anthocyanidine. Der unterschiedliche Substitutionstyp am rechten Phenylkern kommt durch unterschiedliche Biosyntheseschritte zustande. Beispiele: R = 2 x H: Pelargonidin; 2 x OH: Delphinidin; 2 x $OCH_3$: Malvidin; H und OH: Cyanidin; H und $OCH_3$: Päonidin. In Pflanzen liegen meist Gemische vor.

Die Farbe der Anthocyanidine hängt vom pH-Wert und der Komplexbildung mit Metallionen ab. Wie andere Pflanzenfarbstoffe schlagen sie indikatorartig von rot in saurem nach blau in alkalischem Milieu um. Im sauren liegt ein mesomeres Kation vor, oberhalb pH 8 entsteht durch Deprotonierung ein mesomeres Anion mit noch stärker ausgedehntem delokalisierten π-Elektronensystem.

**Aufgabe:**
Überzeugen Sie sich von den pH-abhängigen Farbänderungen in einem verbreiteten Getränk aus *Vitis vinifera*, das u. a. die Farbstoffe Cyanidin, Delphinidin, Malvidin, Päonidin und Petunidin enthält. Pipettieren Sie je 1 mL nicht zu alten Rotwein zu je 4 mL Wasser (pH-Wert prüfen), 0, 1 N HCl (pH ?) und Pufferlösungen der pH-Werte 3, 5, 7 und 10 und erklären Sie die Farben. Steht ein Photometer zur Verfügung, so können Sie durch Messung der Extinktion bei 515 nm in Abhängigkeit vom pH den $pK_a$-Wert der Anthocyane grob bestimmen (vgl. Versuch 2.3). Welche Molekülstrukturen sind für den sauren $pK_a$-Wert verantwortlich ?

Falls Sie diesem Präparat nicht trauen, extrahieren Sie den Farbstoff Cyanin (zuckerhaltig) bzw. Cyanidin aus Klatschmohn oder roten Rosen. Zerreiben Sie einige Gramm Blütenblätter unter Zusatz von etwas Seesand, 8 mL Wasser und 2 mL Ethanol kräftig im Mörser; versuchen Sie, den pH-Wert zu bestimmen. Die wässrige Mischung wird zur Stabilisierung mit etwas verd. Schwefelsäure angesäuert und durch Filtrieren oder Zentrifugieren eine rote Lösung erhalten. Prüfen Sie deren Farbänderungen durch tropfenweise Zugabe von Sodalösung bis zu alkalischem pH. NaOH führt über grün zu gelben Abbauprodukten.

[Strukturformeln: Cyanidin-Kation (rot, λ≈520 nm) im Gleichgewicht mit chinoider Grenzstruktur; + OH⁻ → Pseudobase mit OH an C-2; + OH⁻, −2 H₂O → Anion (blau, λ≈600 nm)]

rot (λ≈520 nm)

+ OH⁻ →

+ OH⁻
−2 H₂O →

blau (λ≈600 nm)

Cyanidin ist nicht nur der Farbstoff von Mohn, Rose und Preißelbeere, *sondern auch* der blauen Lupine und Kornblume. Das Phänomen ist *nicht* durch pH-Wechsel zu erklären, da alle Pflanzensäfte schwach sauer sind. In blauen Blüten liegen vielmehr bei unverändertem pH-Wert (4-7) $Fe^{3+}$- oder $Al^{3+}$-Komplexe vor. Die Metallionen polarisieren die π-Elektronen des ursprünglichen Farbkations in Richtung der Grenzstrukturen mit chinoidem Ring und längerem durchkonjugiertem π-System, die Lichtabsorption wird längerwellig verschoben.

[Strukturformel: Aluminiumkomplex des Cyanidins mit Cl und H₂O als weiteren Liganden am Al]

Derartige blaue Blütenfarbstoffe sind in Extrakten wenig stabil (warum?). Wandeln Sie daher *in vitro* rotes Cyanidinchlorid in seinen Aluminiumkomplex, den Farbstoff der Kornblume um. Geben Sie zu 5 mL einer methanolischen Farbstofflösung (2 mg/50 mL, sparsam verwenden) etwa 1 mL einer dicken, bis zur Neutralität gewaschenen Aufschlämmung von frisch gefälltem Aluminiumhydroxid $Al(OH)_3$: Nach Umschütteln setzt sich der blaue Farbkomplex an das Hydroxid adsorbiert ab.

## Versuch 2.11 : Spektrale Eigenschaften der Nicotinamidnucleotide

Die beiden Redoxpaare $NAD^+/NADH$ und $NADP^+/NADPH$ = Nicotinamiddinucleotid(phosphat) sind universelle wasserstoff-übertragende Coenzyme der Dehydrogenasen und anderer Oxidoreduktasen; derzeit sind über 400 NAD- oder NADP-abhängige Enzyme verschiedenster Substratspezifität bekannt:

$$\text{Substrat-}H_2 + NAD^+ \rightleftarrows \text{Substrat} + NADH + H^+$$
$$\text{(red)} \hspace{4cm} \text{(ox)}$$

Das funktionell wichtige Strukturelement der Coenzyme ist ihr Nicotinamid-Ring, der durch Addition bzw. -Abstraktion von H– (Wasserstoff mit Elektronenpaar) reversibel zwischen der Pyridinium$^+$- und Dihydropyridin-Struktur wechseln kann. Das Redoxpotential dieses Paares ist mit –320 mV bei pH 7 eines der stärkst negativen unter biochemischen Systemen. Der Adeninring und die beiden verknüpfenden Ribose-5-phosphate nehmen nicht am Wasserstoff-Transfer teil, aber vermitteln die spezifische Bindung an Enzymproteine, ebenso der zusätzliche 2'-Phosphatrest in $NADP^+/NADPH$ ($\rightarrow$ Vers. 4.4, 9.4).

Die Substanzen haben biochemisch nichts mit dem Alkaloid Nicotin zu tun, sondern heißen nach der aus dem Nicotinabbau schon früher bekannten Nicotinsäure = Pyridin-3-carbonsäure. Das freie Nicotinamid oder "Niacin" ist ein Vitamin der B-Gruppe.

Die Redoxreaktion am Pyridinring verläuft stereospezifisch. Dehydrogenasen übertragen Wasserstoff entweder auf die bzw. von der A-Seite ($H_a$) *oder* auf bzw. von der B-Seite ($H_b$) je nachdem wie das Coenzym auf der Enzymoberfläche gebunden und zugänglich ist.

Die oxidierte bzw. reduzierte Form NAD$^+$ bzw. NADH unterscheiden sich sehr charakteristisch im UV-Spektrum. Die oxidierte Form zeigt nur die typische kurzwellige Absorptionsbande des heterocyclischen Adenin-Chromophors bei 260 nm, weil das aromatische $\pi$-Elektronensystem des Pyridins in diesem Spektralbereich kaum absorbiert. Dagegen hat der Dihydropyridin-Chromophor des NADH durch das konjugierte System [ = –N– = – =O ] eine starke Lichtabsorption bei 340 nm (Abb. 5).

**Aufgabe:** Die Häufigkeit der Nicotinamidnucleotid-Coenzyme in der gesamten Biochemie und die charakteristischen spektralen Eigenschaften machen sie zu einem der im Labor am häufigsten analysierten Systeme. Nehmen Sie die Spektren von NADH und NAD$^+$ auf und prägen sie sich ein. Da Sie eine NADH-Lösung bekannter Konzentration erhalten, können Sie aus der gemessenen Extinktion bei $\lambda_{max}$ = 340 nm sowie bei 366 nm (eine andere gängige Messwellenlänge) nach Lambert-Beer den molaren dekadischen Extinktionskoeffizienten $\varepsilon$ berechnen.

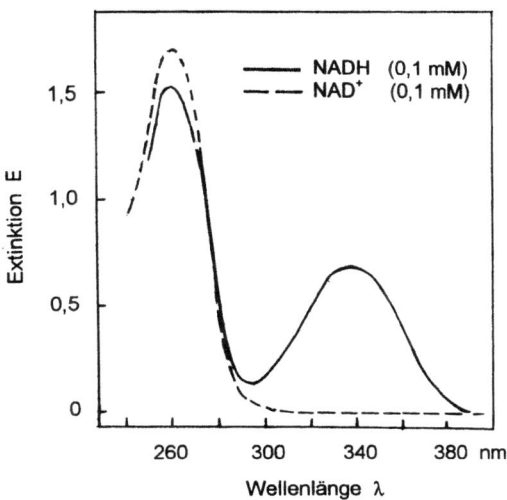

**Abb.5.** Absorptionsspektren 0,1 millimolarer Lösungen von NAD$^+$ und NADH.

*Durchführung*: Stellen Sie aus einer bereitgestellten NADH-Lösung bekannter Konzentration (etwa 10 mM, der genaue Wert wird angegeben) durch präzises Verdünnen mit Wasser eine Lösung zwischen 0,05 und 0,10 mM her. (Beachten Sie z. B. auch, ob die verwendeten Kolbenpipetten einwandfrei funktionieren!)

Gleichen Sie ein registrierendes Spektralphotometer mit einer Quarzküvette mit Wasser im Bereich 400–230 nm bzw. ein Photometer mit fester Wellenlängeneinstellung bei 340 und 366 nm auf Null ab (*nicht gegen Luft!*) und registrieren Sie dann das komplette NADH-Spektrum bzw. die Extinktionen $E_{340}$ und $E_{366}$. Die Küvette nicht entleeren! Berechnen Sie ε und vergleichen Sie das Ergebnis mit den Literaturwerten ( → Versuch 4.4).

Zur Veranschaulichung der spektralen Änderung von NADH zu $NAD^+$ oxidieren (dehydrieren) Sie direkt in der Küvette das NADH. Dafür geben Sie zur Vergleichsküvette mit Wasser und zur Küvette mit NADH-Lösung jeweils 5 µL oder 10 µL einer vorbereiteten Lösung, die 75 mM Na-pyruvat ($CH_3COCOONa$) sowie 0,2 mg/mL Lactatdehydrogenase (LDH) in 0,2 M Na-Phosphatpuffer pH 7,5 enthält. Wenn sich die Extinktion nicht mehr ändert, nehmen Sie wieder ein Spektrum auf und vergleichen es mit dem ursprünglichen NADH-Spektrum. Forschen Sie nach (z. B. in Versuch 4.6), was in der enzymkatalysierten Reaktion passiert ist und stellen Sie eine Reaktionsgleichung auf. Überschlagen Sie, ob die zugesetzte Menge Pyruvat ausreichen konnte, um die vorhandene Menge NADH völlig umzusetzen.

**Verteilung, Adsorption, Chromatographie**

Einblick in die Bio-Chemie von Zellen und Geweben ist nur möglich, wenn man in der Lage ist, das in einem Extrakt aus biologischem Material vorhandene Gemisch der verschiedensten Zellinhaltsstoffe auf definierte Weise in seine zahlreichen Komponenten zu zerlegen. Die dazu entwickelten aufwendigen Trenn- und Analysenverfahren für Makromoleküle (Proteine u. a.) sind Gegenstand von Kapitel 8 und 9. Die Trennung und Identifizierung niedermolekularer Substanzen (Aminosäuren, Zucker, Nucleotide, Vitamine, Farbstoffe u. v. a.m.) ist dagegen vergleichsweise einfach möglich, indem man deren unterschiedliche Verteilungs- und Adsorptionseigenschaften in chromatographischen Techniken nutzt.

Rekapitulieren Sie folgende Tatsache: Sämtliche chemischen Teilchen üben schwache Wechselwirkungskräfte aufeinander aus, die je nach Molekülstruktur ionischer oder dipolarer Art sind, oder einfach Dispersionskräfte (van der Waals'sche Kräfte) darstellen (→ S. 32 und Versuch 2.1). Stehen Stoffgemische in Kontakt mit verschiedenen, nicht homogen mischbaren Phasen – am häufigsten flüssig/flüssig oder flüssig/fest – so kommt es wegen der energetisch unterschiedlich günstigen oder ungünstigen Wechselwirkungen aller anwesenden Stoffe zu einer unterschiedlichen Verteilung oder Adsorption der gelösten Substanzen: Einzelne werden sich mehr in bzw. an einer hydrophilen, andere mehr in bzw. an einer hydrophoben Phase anreichern.

Chemische und physikalische Grundlagen

**Verteilung:** Ein in zwei nicht-mischbaren Flüssigkeiten löslicher Stoff verteilt sich auf beide Phasen in unterschiedlicher Konzentration entsprechend seinem Nernst'schen Verteilungskoeffizienten K (oder $\alpha$). Beispiel: Verteilung von Iod zwischen Wasser und organischen Lösungsmitteln.

$$K = \frac{c\,(\text{Phase}\,1)}{c\,(\text{Phase}\,2)}$$

Wenn Gemischkomponenten verschiedene Werte von K haben, trennt sich ein anfänglich homogenes Gemisch auf; bei der Technik des "Ausschüttelns" ($\rightarrow$ Chemie-Praktikum) wird die Trennung und Verteilung auf zwei Phasen durch mehrfache Wiederholung verstärkt. Praktisch wichtig ist, dass Verteilungskoeffizienten K von der Temperatur abhängig sind.

**Adsorption** nennt man die *reversible* Bindung (Adsorption - Desorption) und damit Anreicherung eines gelösten Stoffes an der Grenzfläche eines festen Stoffes (Adsorbens) durch schwache Wechselwirkungskräfte zwischen Stoff und Oberfläche. Die Bindung folgt i.a. einer Sättigungskurve (der sog. "Langmuir'schen Adsorptionsisotherme").

Ist ein zu Verteilungs- und Adsorptionsgleichgewichten fähiges System sich selbst überlassen, so wird durch Diffusion – d. h. langsam – ein stationärer Zustand erreicht ($\rightarrow$ Versuch 2.2). Stört man die Gleichgewichtseinstellung fortlaufend durch eine über einen festen Träger (ein Chromatographiematerial in einer Säule oder auf einer Platte) auf- oder absteigende mobile flüssige Phase, so werden selbst kleine Unterschiede in den Verteilungs- oder Adsorptions- Gleichgewichten der zu trennenden Stoffe ständig verstärkt und rasche Stofftrennungen erreicht. Dies ist das Prinzip vieler Standard-Chromatographiemethoden.

Für analytische Zwecke ist in der Naturstoff- und Biochemie die schnelle und hochauflösende Dünnschichtchromatographie (DC, englisch TLC = thin layer chromatography) besonders geeignet und häufig angewandt. In diesem Praktikum kommt sie beispielsweise zum Einsatz für die Trennung von

   Blattfarbstoffen (Vers. 2.12)
   Aminosäuren (Vers. 3.1)
   Nucleinsäurekomponenten (Vers. 6.4, 7.3)
   Membranlipiden (Vers. 8.5).

DC-Platten sind mit dünnen (z. B. 0,2 mm) Schichten aus Kieselgel, Cellulose(derivaten) oder synthetischem Polyamid belegt. Auf der festen Phase des sehr feinkörnigen, oberflächenreichen Adsorbens findet unterschiedliche Adsorption der zu trennenden Substanzen statt, und zugleich eine unterschiedliche Verteilung zwischen der fließmittel-imprägnierten Schicht als stationäre Phase und der aufsteigenden flüssigen, mobilen Phase. Die Anteile von Adsorption und Verteilung während einer Trennung hängen vom Adsorbens und der Zusammensetzung des Fließmittels ab; letztere sind oft empirisch optimierte Lösungsmittelgemische. Auch Ionenaustausch-Wechselwirkungen können auf DC-Platten genutzt werden (Versuch 6.4).

Zur Beschreibung des Erfolgs einer dünnschichtchromatographischen Trennung und der Reihenfolge der getrennten Substanzen dienen in der Regel die sog. $R_f$-Werte (*retention factor*), definiert als

$$R_f = \frac{\text{Wanderungsstrecke der Substanz}}{\text{Wanderungsstrecke des Fließmittels}}$$

**Versuch 2.12 : Dünnschichtchromatographie der Blattfarbstoffe**

Der Begriff "Chromatographie" wurde 1906 durch den Botaniker M. Tswett bei der Auftrennung der Blattfarbstoffe geprägt. Grüne Blätter enthalten neben dem dominierenden Chlorophyll a auch Chlorophyll b sowie gelb- und orangefarbene Carotinoide (Carotin und sauerstoffsubstituierte Xanthophylle) als akzessorische Pigmente; ferner sind ggf. $Mg^{2+}$-freie und an anderen Stellen des Moleküls veränderte Chlorophyll-Vorstufen und/oder Abbauprodukte (Protochlorophyllide, Phäophytine, Phäophorbide) zu beobachten (Abb.6). Die Blattfarbstoffe sind i.a. membrangebunden, daher lipophil und kaum wasserlöslich. Ihre Funktionen und das Zusammenwirken in den Photosystemen der Chloroplasten sind Gegenstand der Photobiologie und Pflanzenphysiologie. Die molekulare Ursache der Farben und die Struktur der Chromophore können Sie aus dem vorhergehenden Kapitel (Lichtabsorption) erklären.

Die Trennung der in einem Blattextrakt enthaltenen Photosynthesepigmente gelingt gut auf einer mit Kieselgel beschichteten DC-Platte in einem Fließmittelgemisch mit nur geringem Wassergehalt; unpolare Verbindungen wandern in diesem System am weitesten, stärker polare Substanzen weniger weit. Zur Zuordnung der Substanzflecken nach Trennung müssen Sie also in den Strukturformeln (Abb.6) neben dem jeweiligen Chromophor auch den (un)polaren Charakter der Moleküle begutachten.

**Aufgabe:** Trennen und identifizieren Sie die in einem Extrakt frischer Blätter enthaltenen Photosynthesepigmente.

*Durchführung*: Etwa 3 g frischen Spinat oder Brennesselblätter zerkleinert man grob mit einer Schere, gibt in einem Mörser etwa 0,5 g Calciumcarbonat (zur Neutralisation der Pflanzensäuren), 2 g gewaschenen Seesand und 2 mL Aceton

(*Vorsicht, Brennbar!*) hinzu und verreibt alles zu einem feinen Brei. Es sollten keine Pflanzenteile mehr zu erkennen sein. Die Mischung wird mit 20 mL Aceton übergossen und etwa 20 Minuten zugedeckt (vor Sonnenlicht geschützt) stehen gelassen. Dann filtriert man durch einen Faltenfilter.

Wird die Lösung in einem dunklen Raum beleuchtet (z. B. mit einem Diaprojektor), so sehen Sie die charakteristische rote Chlorophyll-Fluoreszens. Dies ist eine Eigenschaft der gelösten Pigmente *in vitro*; in die lipophilen Thylakoidmembranen eingelagerte Chlorophylle (*in vivo*) fluoreszieren so gut wie nicht, denn die vom Blatt absorbierte Lichtenergie soll ja nicht durch Emission von Fluoreszenzlicht wieder verloren gehen (→ Pflanzenphysiologie).

Pipettieren Sie 1 mL des Blattextraktes in ein Halbmikroreagenzglas (kein Plastik) und versetzen ihn mit 5 Tropfen 1 N HCl. Unter sauren Bedingungen wird das zentrale Kation aus dem Chlorin herausgelöst, und es entsteht ………. . Beobachten Sie die damit einhergehenden Veränderungen.

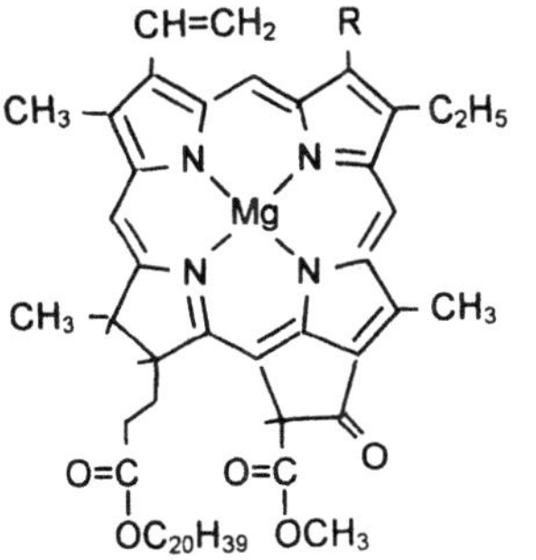

Chlorophyll a: R = CH$_3$
Chlorophyll b: R = CHO

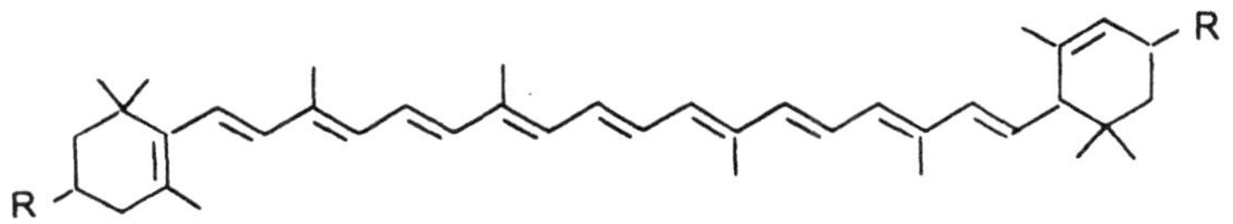

α-Carotin : R = H
Xanthophyll = Lutein : R = OH

**Abb.6.** Blattfarbstoffe: Chlorophylle und Carotine. Magnesium-freie Chlorophylle heißen Phäophytine, nach zusätzlicher Abspaltung des Phytylrestes (C$_{20}$H$_{39}$-) Phäophorbide, der Porphyrin-Grundkörper mit einem *hydrierten* Pyrrolring (in der Strukturformel unten links) heißt Chlorin.

Chromatographiert wird auf einer Kieselgel-beschichteten Dünnschichtplatte (5x10 cm) in Heptan/Isopropanol/Wasser 10:1:0,1 als Fließmittel (*Vorsicht, Brennbar*). Dazu werden der ursprüngliche Blattextrakt (ggf. vorher eingeengt) und die HCl-behandelte Probe mit einer Kapillare auf der Startlinie punktförmig aufgetragen. (Die Startlinie muss sich oberhalb des Flüssigkeitsstandes in der Chromatographiekammer befinden!) Mit einem Fön wird das Aceton vorsichtig verdampft. Da die Konzentration der Farbstoffe im Extrakt schlecht definierbar ist, betupft man die Startlinie an zwei Stellen unterschiedlich häufig mit Probenlösung (z. B. 5 mal, 10 mal). Damit kann man die Konzentration ermitteln, bei der die Farbstoffe gut zu sehen sind, die Flecken aber noch nicht so breit, dass sie auf dem fertigen Chromatogramm ineinander übergehen würden.

Die trockene Karte wird in eine Kammer mit Fließmittel gestellt und etwa 15 Minuten entwickelt. Die Laufzeit hängt von der Raumtemperatur ab (warum?). Markieren Sie die Fließmittelfront mit Bleistift und lassen die Platte unter dem Abzug trocknen. Berechnen Sie die $R_f$-Werte der getrennten Blattfarbstoffe, notieren deren Farben und interpretieren die Reihenfolge und Identität der Verbindungen. Beobachten Sie, ob schon der ursprüngliche Blattextrakt – z. B. wenn er aus welken Blättern gewonnen wurde – Phäophytine enthielt.

Betrachten Sie nochmals die Strukturformeln und Farben der Chlorophylle und Carotine in Abb.6. Erklären Sie, warum das modifizierte Porphyrin-Gerüst des Chlorins und die Chlorophylle *grün* sind und nicht rot wie Porphyrine und Häm (Versuch 2.9), und ferner, warum die Absorptionsbande des $Chl_b$ bei 457 nm längerwellig liegt als die entsprechende des $Chl_a$ bei 432 nm. (Das Spektrum des Chlorophyll enthält noch weitere Maxima.) Warum sind alle Verbindungen lipophil und nicht in reinem Wasser löslich, aber dennoch nach Aussage der DC unterschiedlich polar?

## Fragen

1. Erklären Sie die Wechselwirkungen zwischen DNA und Histonen im Chromatin aufgrund von sauren und basischen Eigenschaften der beteiligten Strukturen.
2. Warum sind Hydrogencarbonat enthaltende Puffer in der Praxis schwer zu handhaben und pH-stabil zu halten?
3. Warum sind die $pK_a$-Werte der Ammoniumgruppe in Glycin und Glycylglycin verschieden?
4. Warum bilden die in der Natur häufig vorkommenden $Ca^{2+}$- und $Al^{3+}$-Ionen mit Ionenradien von 100 bzw. 53 pm keine Porphyrinkomplexe?
5. Ordnen sie folgende Verbindungen nach zunehmender Säurestärke (ggf. die Strukturformeln nachschlagen): Pyridin, Trifluoressigsäure, Buttersäure, Phenol, Citronensäure, Harnstoff.
6. Warum ist Harnsäure eine Säure, obwohl sie keine -COOH-Gruppe trägt? Welche physiologische Bedeutung und Eigenschaften hat die Substanz?
7. Warum hat Imidazol (das ist die funktionell wichtige Struktur der Aminosäure Histidin) einen $pK_a$-Wert von 7 und kann daher in physiologischem Milieu *sowohl* als Säure *wie* als Base fungieren? Zeichnen und beschreiben Sie die jeweils entstehende ionische Species.

$$\rightleftarrows \quad N\diagup\!\!\diagdown NH \quad \rightleftarrows$$

8. Nennen Sie geeignete und auch *un*geeignete Puffer für die Untersuchung von a) Phosphatasen, b) Pepsin, c) Metalloenzymen.
9. Warum sind die $pK_a$-Werte der beiden *cis-trans*-isomeren Dicarbonsäuren HOOC–CH=CH–COOH drastisch verschieden?

   Fumarsäure (*trans*), $pK_{a1} = 3{,}0$, $pK_{a2} = 4{,}3$
   Maleinsäure (*cis*), $pK_{a1} = 1{,}8$, $pK_{a2} = 6{,}0$

10. Milchsäure ist stärker sauer als Essigsäure, ihr $pK_a$-Wert ist ....... .Welchen pH-Wert besitzt ein Kulturmedium von Milchsäurebakterien (Lactobacillen), in dem nebeneinander 0,06 mM freie Milchsäure und 1,2 mM Lactat vorliegen?

11. In Abb.3 sind Struktur und Absorptionsspektrum der Base Guanin wiedergegeben. Zeichnen Sie die protonierte und die deprotonierte Form (für beide gibt es mesomere Grenzstrukturen) und interpretieren die spektralen Änderungen.
12. Nicht alle roten Pflanzenfarbstoffe sind Moleküle mit dem Anthocyanidin-Chromophor. Betrachten Sie die Struktur der in der roten Rübe, in der Haut des Fliegenpilzes und anderswo vorkommenden Betalaine (woher stammt der Name?). Identifizieren Sie die auxochromen Gruppen und schreiben Sie die zweite zugehörige mesomere Grenzstruktur. Beurteilen Sie, ob auch hier pH-Wechsel oder Metallionen zu einer Farbänderung führen würden.

13. Wie ist der pH-Wert von destilliertem Wasser, das mit $CO_2$-haltiger Luft (....... % $CO_2$) in Berührung steht?
14. Was ist ein Fett, was ein Wachs chemisch betrachtet? Mit welchen Lösungsmitteln sind sie aus biologischem Material extrahierbar?
15. Wie viel % Eisen enthält tetrameres Hämoglobin, wie viel g des Metalls also Ihr Blut? Der Gesamt-Eisengehalt des menschlichen Körpers ist aber (>)5 g; in welchen Molekülen bzw. Funktionen ist die nicht unerhebliche Differenz zu suchen?

# 3 Aminosäuren und Proteine

Proteine machen etwa die Hälfte der Trockenmasse typischer Zellen und Gewebe aus. Proteine erfüllen mit ihrer einfachen linearen Sequenz aus nur 20 oder 21 "proteinogenen" Aminosäuren – als Translationsprodukt einer Gensequenz – eine Unzahl verschiedener komplexer Funktionen als Enzyme (Katalysatoren), Transportproteine (Hämoglobin, Albumin), Hormone (Insulin), Abwehrsubstanzen (Antikörper oder Immunglobuline, Toxine), Metallspeicher (Ferritin), Strukturproteine (Keratin, Elastin) u.v.a.m. Nicht wenige dieser erstaunlich vielfältigen physiologischen Wirkungen lassen sich auf grundlegende chemische Eigenschaften der Aminosäuren einzeln und im Polypeptidverband zurückführen. Daher müssen Sie kennen lernen

- die Aminosäuren und einen klassischen Nachweis für Aminosäuren,
- Säure-Base-Verhalten, isoelektrischen Punkt und Löslichkeit von Proteinen,
- reversible und irreversible Denaturierung, Ausfällung und Fraktionierung,
- Methoden zur quantitativen Bestimmung von Proteingehalten,
- das typische Strukturelement einer Disulfidbindung,
- den sauren und enzymatischen Abbau (Proteolyse) durch Proteasen.

Die Sequenzierung von Polypeptiden sowie die Vorgänge der Protein*bio*synthese (Translation) an den Ribosomen werden hier nicht behandelt. Über das aktuelle Forschungsgebiet "Proteomforschung" (Proteomics) zur Identifizierung *sämtlicher* Proteine einer Zelle (als Gegenstück zu Genomics, ihren Genen) sollten Sie im Seminar mehr erfahren.

## Aminosäuren

Bis auf die einfachste Aminosäure Glycin (Aminoessigsäure) sind alle α-Aminosäuren chiral, weil der α-Kohlenstoff vier verschiedene Substituenten trägt. Die in den Proteinen vorkommenden und die meisten der vielen weiteren "nicht-proteinogenen" natürlichen Vertreter – vor allem in Pflanzen und Pilzen zu finden – gehören zur L-Reihe. In Bakterienzellwänden, Antibiotika und anderswo kommen auch einige D-Aminosäuren vor. Da die chemischen Eigenschaften i.a. nicht von der Konfiguration abhängen und synthetische Aminosäuren meist als Gemisch der L- und D-Form (Enantiomerengemisch oder Racemat) vorliegen, verwendet man für praktische Zwecke nicht selten die D,L-Aminosäuren; in Enzymreaktionen muss dagegen die jeweilige Stereospezifität beachtet werden.

```
      COOH                    COOH
        |                       |
NH₂ ─── * ─── R         R ─── * ─── NH₂
        |                       |
        H                       H

   L (bzw. S)              D (bzw. R)
```

Räumliche Anordnung der Substituenten in den beiden Enantiomeren ("optischen Antipoden", Bild und Spiegelbild) chiraler α-Aminosäuren. R ist der Seitenrest mit weiteren C-Atomen (vgl. folgende Tabelle). In der biochemisch gebräuchlichen Projektion der chiralen Moleküle nach E.Fischer steht die Aminogruppe in den L-Aminosäuren nach links. In der R,S-Definition von Chiralitätszentren ("CIP-Regeln") sind dies die S-Aminosäuren *mit Ausnahme von L-Cystein*, in dem das Schwefelatom höherer Ordnungszahl die R-Konfiguration definiert.

## Die in Proteinen enthaltenen ("proteinogenen") Aminosäuren:

| Abk. | Name | R = | Funktionalität |
|---|---|---|---|
| Gly | Glycin | H– | ohne Raumbedarf |
| Ala | Alanin | $CH_3$– | hydrophob |
| Ile | Isoleucin | $C_2H_5(CH_3)CH$– | hydrophob |
| Leu | Leucin | $(CH_3)_2CHCH_2$– | hydrophob |
| Val | Valin | $(CH_3)_2CH$– | hydrophob |
| Phe | Phenylalanin | $C_6H_5CH_2$– | aromatisch, hydrophob |
| Pro | Prolin | $-(CH_2)_3-$ | Ring, Raumbedarf |
| Ser | Serin | $-CH_2OH$ | hydrophil |
| Thr | Threonin | $-CH(OH)CH_3$ | hydrophil |
| Tyr | Tyrosin | $-CH_2-C_6H_4-OH$ | aromatisch, Phenol |
| Cys | Cystein | $-CH_2-SH$ | Thiol, Redoxsystem |
| Sec | Selenocystein | $-CH_2-SeH$ | spezielles Redoxsystem |
| Met | Methionin | $-(CH_2)_2-S-CH_3$ | hydrophob |
| Asp | Asparaginsäure | $-CH_2COOH$ | sauer (Anion) |
| Glu | Glutaminsäure | $-(CH_2)_2COOH$ | sauer (Anion) |
| Asn | Asparagin | $-CH_2CONH_2$ | Amid, polar |
| Glu | Glutamin | $-(CH_2)_2CONH_2$ | Amid, polar |
| Lys | Lysin | $-(CH_2)_4-NH_2$ | basisch (Kation) |
| Arg | Arginin | $-(CH_2)_2-NH-C(NH_2)=NH$ | basisch (Kation) |
| His | Histidin | $-CH_2-$ (Imidazolring) | Imidazol, basisch |
| Trp | Tryptophan | $-CH_2-$ (Indolring) | Indol, hydrophob, Raumbedarf |

Nach den chemischen Eigenschaften der Seitenreste R gruppiert man Aminosäuren in *saure* bzw. *basische* (mit einer zweiten Carboxylgruppe bzw. basischen Funktion im Molekül) und *polare* mit hydrophilen, aber nicht ionisierbaren Seitenresten; die verbleibenden haben durch ihre aliphatischen oder aromatischen Seitenketten *hydrophoben* Charakter. Zwei Aminosäuren tragen schwefelhaltige Substituenten, das seltene Selenocystein ein essentielles Spurenelement. Prolin hat eine sekundäre Aminogruppe und durch die Ringstruktur im Proteinverband besondere räumliche Ansprüche. Prägen Sie sich einige Vertreter der verschiedenen Aminosäuretypen mit Sturkturformel ein!

**Versuch 3.1 : Nachweis von Aminosäuren mit Ninhydrin**

Einen empfindlichen Nachweis auf Aminosäuren in Lösung oder auf Chromatogrammen (Erfassungsgrenze unter 1 µg) ermöglicht die Umsetzung mit dem aromatischen Triketon-Hydrat Ninhydrin. In einer komplex verlaufenden Reaktion wird die Aminosäure dehydriert, in der Hitze decarboxyliert, und die Aminogruppe kondensiert mit zwei Molekülen des Reagenz zu einem blauvioletten Polymethinfarbstoff:

| Ninhydrin | Aminosäure | Ninhydrin | | Farbstoff |

Reaktion: Ninhydrin + Aminosäure (R-CH(NH$_2$)-COO) + Ninhydrin $\xrightarrow{- CO_2, H_2O, R\text{-}CHO}$ Farbstoff

Zu 1 mL einer *neutralen* (überprüfen!) Aminosäurelösung gibt man 2 Tropfen Ninhydrin-Lösung (0,1 % in Alkohol) und kocht auf: violette Färbung. Amine und reduzierende Zucker können stören. Warum geben alle Aminosäuren außer Prolin praktisch die gleiche Farbe?

Trennen Sie einige Aminosäuren durch Dünnschichtchromatographie auf einer Celluloseplatte im Fließmittel *n*-Butanol/Eisessig/Wasser 4:1:1 (zum Prinzip siehe Versuch 2.12). Besprühen Sie nach beendetem Lauf die getrocknete Platte mit Ninhydrin-Lösung und erhitzen sie einige Minuten im Trockenschrank auf 110 °C bis zum Auftreten der Violettfärbung. Gut trennen lassen sich z. B. die Aminosäuren Lysin, Asparaginsäure, Glycin, Alanin, Leucin und Phenylalanin. Aus Cystein wird evtl. in der Hitze gelber Schwefel abgespalten. Berechnen Sie die $R_f$-Werte.

Werden Sie kriminalistisch tätig: Bringen Sie auf weißem Schreibpapier (kein Recyclingpapier) mit etwas feuchten oder verschwitzten Fingern einen kräftigen Fingerabdruck an. Nach Besprühen mit 1 %iger Ninhydrin-Lösung in Ethanol und Verfliegen des Alkohols wird das Papier im Trockenschrank 5-10 min auf 100 °C erhitzt. Wieso ist die typische Aminosäure-Ninhydrin-Reaktion eingetreten?

## Peptide und Proteine

Peptide (Moleküle aus wenigen Aminosäuren) und Proteine (aus hunderten von Aminosäuren) entstehen durch lineare Kondensation der $\alpha$-Amino- und Carboxylgruppen von Aminosäuren unter Wasseraustritt:

$$n \; NH_2-CH(R)-COOH \xrightarrow{-n\,H_2O} \; ...NH-CH(R)-\overset{O}{\overset{\|}{C}}-NH-CH(R)-\overset{O}{\overset{\|}{C}}-NH-CH(R)-\overset{O}{\overset{\|}{C}}-...$$

Die Eigenschaften der so aufgebauten linearen Makromoleküle werden daher bestimmt durch

- die Natur der regelmäßig wiederholten Peptidbindungen $-CO-NH-$ im "Rückgrat" der Polypeptidkette, und durch
- die chemischen Eigenschaften und räumliche Anordnung der zwanzig verschiedenen, i.a. unregelmäßig angeordneten Seitenreste R außen.

Die *Peptidbindung* ist ein planares Bindungssystem mit Beteiligung einer zwitterionischen mesomeren Struktur und partiellem Doppelbindungscharakter der C-N-Bindung:

$$-\overset{\overset{\displaystyle O}{\|}}{C}-\overset{\overset{\displaystyle }{\bar{}}}{\underset{H}{N}}- \; \leftrightarrow \; -\overset{\overset{\displaystyle O^-}{|}}{C}=\overset{}{\underset{H}{N^+}}-$$

Wegen dieser Bindungsart sind Peptidbindungen – obwohl prinzipiell hydrolysierbar – in wässriger Lösung sehr stabil. Chemisch können sie nur unter energischen Bedingungen gespalten werden, biochemisch nur unter Enzymkatalyse durch Proteasen wie Pepsin des Magensaftes oder Trypsin des Pankreas.

# Aminosäuren und Proteine

## Isoelektrischer Punkt

In Aminosäuren neutralisieren sich die saure Gruppe –COOH und die basische Aminogruppe gegenseitig. Die Moleküle liegen als *Zwitterion* und nur in winzigem Ausmaß als neutrale Verbindung vor:

$$NH_2-CH_2-COOH$$
$$\downarrow$$

$^+NH_3-CH_2-COOH \rightleftarrows\ ^+NH_3-CH_2-COO^- \rightleftarrows NH_2-CH_2-COO^-$

$pK_a = 2{,}3$ $\qquad\qquad\qquad pK_a = 9{,}6$

| niedriger pH: | Zwitterion: | hoher pH: |
|---|---|---|
| völlig protoniert | "isoelektrischer Punkt" | völlig deprotoniert |

Aminosäuren besitzen naturgemäß zwei pK-Werte. Die Säurestärke ist gegenüber normalen Carbonsäuren deutlich erhöht (Glycin $pK_{a1}$ = 2,3 gegenüber Essigsäure $pK_a$ = ....), da die Dissoziation des Protons erleichtert ist (wodurch?). In saurer Lösung sind Aminosäuren daher Kationen, in alkalischer Lösung Anionen. Der pH-Wert, bei dem positive und negative Ladung gleich sind (Gesamtladung Null, pH einer Aminosäurelösung ohne Zusätze) heißt *isoelektrischer Punkt* (IP oder IEP); dieser pH-Wert ist

$$IP = \tfrac{1}{2}(pK_{a1} + pK_{a2}) \approx 6.$$

$pK_{a1}$ und $pK_{a2}$ sind in allen Aminosäuren etwa gleich, zusätzliche pK-Werte können die Seitengruppen R mit weiteren sauren oder basischen Substituenten beisteuern, wie in

```
        COO⁻                          COO⁻
         |                             |
 ⁺NH₃–CH                        ⁺NH₃–CH
         |                             |
        CH₂                          (CH₂)₄
         |                             |
        COO⁻                          NH₃⁺
```

Asparaginsäure ($pK_3$ = 3,7), $\qquad$ Lysin ($pK_3$ = 10,5),
bei pH 7 Anion $\qquad\qquad\qquad$ bei pH 7 Kation

### Versuch 3.2 : Titration von Glycin

Wegen der Existenz mehrerer pK-Werte mit entsprechenden Pufferbereichen (pH = pK) sind die Titrationskurven von Aminosäuren mehrfach zusammengesetzt und die pH-Sprünge an den Äquivalenzpunkten bei 100 % Titration nur schwach ausgeprägt (Pfeile in Abb.6). Eine einfache titrimetrische Bestimmung von freien Aminosäuren oder kurzen Peptiden mit Säuren oder Laugen und den üblichen Indikatoren ist daher in der Praxis *nicht* möglich.

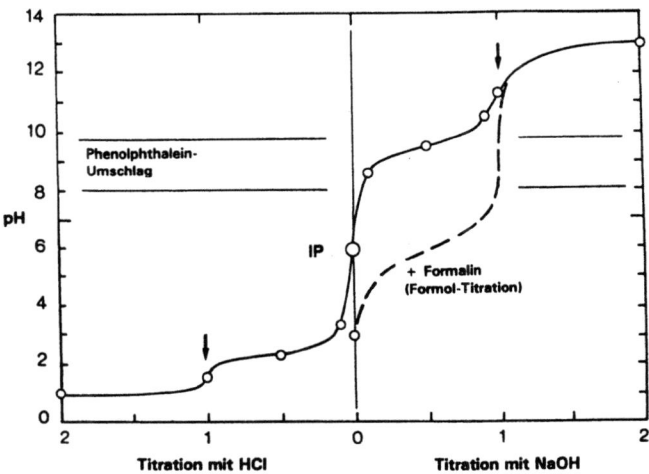

**Abb.7.** Titrationskurve von Glycin mit HCl (nach links) bzw. mit NaOH (nach rechts) sowie in Gegenwart von Formaldehyd (Formoltitration). Berechnen Sie die eingezeichneten pH-Werte beim Titrationsgrad 0,1, 0,5, 0,9 und 1 (10, 50, 90 und 100 % Titration).

Ein Ausweg ist die Titration in Gegenwart von Formaldehyd (wässrige Lösung: Formalin), mit dem die Aminogruppe zur Methylol- oder Methylenverbindung kondensiert, in denen die Basizität des Stickstoffs stark herabgesetzt ist:

$$^+NH_3-CHR-COO^- + \begin{matrix}H\\H\end{matrix}\!\!\!\!\rangle C=O \rightarrow \begin{matrix}HOCH_2-NH-CHR-COO^-\\ \text{bzw. } CH_2=N-CHR-COO^- + H_2O\end{matrix}$$

In der "Aminosäuretitration nach Sörensen" titriert man die Substanz wie eine normale, unsubstituierte Carbonsäure mit gut erkennbarem Äquivalenzpunkt.

Man löst im Erlenmeyerkolben 0,02 mol (    g) kristallines Glycin in 100 mL Wasser, versetzt mit 1 mL Phenolphthalein (1 % in Ethanol) und beginnt mit 0,5 N NaOH zu titrieren. Vergleichen Sie das verbrauchte Volumen NaOH beim Indikatorumschlag mit der theoretisch benötigten Menge. Nun gibt man 10 mL Formalin zu, das zuvor zur Beseitigung der meist darin vorhandenen Spuren

Ameisensäure mit etwas festem $Na_2CO_3$ neutralisiert wurde. Man beobachtet den Indikator (Ursache des Effektes?) und titriert erneut bis zum Umschlag. Ist dies die berechnete Äquivalenzmenge?

*Hinweis*: Das stechend riechende, schleimhaut-reizende Formalin nur unter dem Abzug abmessen, Schutzhandschuhe und Schutzbrille tragen, nicht einatmen. Nach Verdünnung in der Probe im Erlenmeyerkolben kann auf dem Arbeitsplatz weiter titriert werden.

## Isoelektrischer Punkt von Proteinen

Ebenso wie freie Aminosäuren haben Proteinmoleküle einen isoelektrischen Punkt (= pH-Wert), an dem die Summe der positiven gleich der der negativen Ladungen ist und das Molekül insgesamt ungeladen; an diesem Punkt wandern sie beispielsweise nicht in einer Elektrophorese. Da in den IP eines Proteins die Ladungsbeiträge sämtlicher ionisierbaren, sauren und basischen Gruppen eingehen, die im Polypeptidverband unterschiedliche $pK_a$-Werte haben, ist der isoelektrische Punkt für ein Protein i.a. nicht zu berechnen, sondern muss experimentell bestimmt werden. Er ist eine wichtige Eigenschaft jedes individuellen Proteins und verschiedener Proteinfamilien (beispielsweise der basischen Histone, IP = 11, und der schwach sauren Albumine, IP = 5).

Häufig haben globuläre Proteine am isoelektrischen Punkt ein Löslichkeitsminimum. Aus Gründen der Hydratationsenthalpie und der Gesamtentropie von Molekül *plus* Wasser haben sie in Wasser eine native Struktur, bei der die hydrophoben Seitenreste im Inneren, die polaren und ionisierbaren außen angeordnet sind. Deren Ladung wird vom pH-Wert bestimmt:

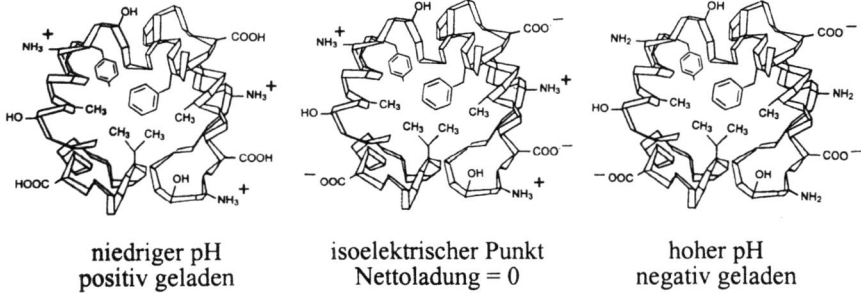

niedriger pH  
positiv geladen

isoelektrischer Punkt  
Nettoladung = 0

hoher pH  
negativ geladen

Ladungszustände eines globulären Proteins in Abhängigkeit vom pH-Wert. Die Sekundärstruktur (Faltung) der Polypeptidkette symbolisiert α-Helix-Abschnitte.

Bei pH-Werten beiderseits des IP sind die Moleküle alle gleichsinnig geladen und stoßen sich ab. Am IP fällt diese Abstoßung weg und die Moleküle können unter intermolekularer Wechselwirkung zwischen + - und - - Ladungen aggregieren: Die Proteine fallen aus oder "flocken aus".

**Versuch 3.3 : Isoelektrischer Punkt und Löslichkeit von Casein**

Diese Verhältnisse erkennt man gut an Casein, dem Haupteiweißbestandteil der Milch (in Kuhmilch: 3 %). Casein ist in reinem Wasser unlöslich, bei schwach alkalischem pH löslich. Sie erhalten eine vorbereitete Lösung von Casein in 0,1 M Na-acetat (Gehalt ca. 5 mg/mL; wie ist der pH-Wert einer 0,1 M Acetatlösung?). Bereiten Sie neun numerierte Reagenzgläser vor, legen eine kleine Tabelle an und beschicken die Gläser mit 0,1; 0,3; 0,6; 1,0; 2,0; 4,0; 6,0; 10,0 und 15 mL 0,1 N Essigsäure, sowie dann in derselben Reihenfolge mit 8,9; 8,7; 8,4; 8,0; 7,0; 5,0; 3,0; 0 und nochmals 0 mL Wasser.

In jedes Reagenzglas pipettieren Sie nun zügig 1,0 mL der Caseinlösung und schütteln um. Notieren Sie den Trübungsgrad in den einzelnen Gläsern (nicht nennenswert – erkennbar – stark – stärker). Berechnen Sie die pH-Werte der entstandenen Puffer-Mischungen auf eine Stelle hinter dem Komma (die abweichenden Volumina in Glas 8 und 9 seien vernachlässigt; natürlich dürfen Sie auch mit Spezialindikatorpapier grob nachmessen) und stellen Sie den isoelektrischen Punkt des Proteins fest. Bringen Sie schließlich in Erfahrung, *warum* (durch welche Zusammensetzung) er in diesem pH-Bereich liegt und welche physiologische Funktion das Casein hat!

Verifizieren Sie den Befund am Naturprodukt: Nehmen Sie einige mL Milch (Magermilch, oder Vollmilch zentrifugieren und Fettschicht abtrennen) und versetzen sie tropfenweise mit Schwefelsäure möglichst genau bis zu dem von Ihnen als IP bestimmten pH-Wert. Benutzen Sie bitte keine Glaselektrode, sondern Spezialindikatorpapier (die Glasmembran einer pH-Elektrode wird durch Fett- und Proteinfilme schnell verschmutzt). Beobachtung? Der Vorgang der "Gerinnung" ist im Detail komplex, weil das Casein kein einheitliches Protein ist.

Eine präzisere und empfindlichere Methode zur Bestimmung der isoelektrischen Punkte von Proteinen ist "isoelektrische Fokussierung" (Kapitel 9).

## Ausfällung von Proteinen

Die Löslichkeit von Proteinen in wässrigem Milieu ist eine ihrer wichtigsten Eigenschaften im zellulären Geschehen wie im experimentellen Umgang mit ihnen. Sie wird nicht nur von den geladenen Gruppen und dem isoelektrischen

Punkt bestimmt (s.o.), sondern auch von der Art und Anzahl weiterer polarer, mehr oder weniger hydrophiler bzw. hydrophober Gruppen (also der Aminosäurezusammensetzung), ferner von deren räumlicher Verteilung. Nach der Löslichkeit unterscheidet man als historische Proteinklassen

- Albumine - in Wasser löslich (Serumalbumin, Ovalbumin, Lactalbumin)
- Globuline - in verdünnten Salzlösungen löslich
  (Immunglobuline, Pflanzen-Speicherproteine u.v.a.m.)
- Protamine - in verdünnten Säuren löslich, da stark basisch
  (z. B. in Spermatozoen)
- Prolamine - alkohollöslich
  (in Getreidesamen, z. B. Gluten des Weizenmehls).

**Versuch 3.4 : Fällung von Proteinen**

Da die "native" Struktur eines Proteins in Lösung durch eine Kombination vieler verschiedener Wechselwirkungskräfte (ionische und dipolare Kräfte, Wasserstoffbrücken, hydrophobe Wechselwirkungen sowie eine geordnete Hydrathülle) aufrechterhalten wird, ist sie störanfällig: Bei Änderungen der Zusammensetzung der Lösung und der äußeren Bedingungen (pH-Wert, Ionenstärke, Temperatur) fallen viele Proteine unlöslich aus und "denaturieren". Da dies Verhalten aber für unterschiedliche Proteine individuell verschieden ist, gibt eine definierte Ausfällung auch die Möglichkeit, Proteingemische in ihre Komponenten zu fraktionieren. Ziel solcher Arbeiten ist i.a., die Ausfällung (Denaturierung) *reversibel* zu gestalten, so dass die gewünschte Proteinfraktion nicht an *Aktivität* verliert und nach Abtrennung anderer Bestandteile unverändert aktiv wieder aufgelöst werden kann.

**Aufgabe**: 1 Spatelspitze (20–30 mg) eines typischen Proteins (Albumin oder Globulin) löst man in 5 mL 0,9 % NaCl-Lösung (physiologischer Kochsalzlösung) und verteilt auf vier Reagenzgläser. Zum ersten gibt man ca. 1 g Ammoniumsulfat, zum zweiten 3 mL Ethanol, zum dritten 1 mL 72 %ige Trichloressigsäure-Lösung (*Vorsicht, Ätzend*) und das vierte wird kurz auf 80–90 °C erhitzt. Was ist zu beobachten? Wie nennt man solche Niederschläge im Gegensatz zu einem kristallinen Salz? Man prüft, ob sich das Protein beim Verdünnen mit Wasser wieder auflöst.

Die Ausfällung von Proteinen durch Säuren und durch Hitze ("Gerinnung" von Eiweiß) ist fast stets mit irreversibler Denaturierung und Inaktivierung verbunden. Wassermischbare organische Lösungsmittel wie Ethanol können oft, aber nicht immer zur reversiblen Fällung verwendet werden. Die isoelektrische Ausfällung (Versuch 3.3) ist nicht angebracht, wenn stark unphysiologische pH-Werte (< 5 oder > 8) angewandt werden müssen.

Die universellste Methode zur Fällung von Proteinen ist daher das "Aussalzen" mit Ammoniumsulfat. Dieses Salz ist selbst bis zu sehr hoher Konzentration in Wasser löslich (bei Sättigung 760 g $(NH_4)_2SO_4$ in 1 Liter Wasser; die Lösung ist 4 M) und entzieht Proteinen die Hydrathülle ohne weitere Veränderungen zu induzieren; daher sind solche Fällungen reversibel.

0,1 g Casein werden in 10 mL 0,1 M Na-acetat-Lösung unter schwachem Erwärmen gelöst. Anschließend wird die Lösung zentrifugiert. 3 mL der überstehenden klaren Caseinlösung werden mit 7 mL einer gesättigten $(NH_4)_2SO_4$-Lösung versetzt. Die Lösung trübt sich durch ausgefallenes Casein. Das gefällte Casein wird abzentrifugiert. Der Niederschlag löst sich in Wasser wieder auf.

Aus Lösungen von Protein-Gemischen (z. B. Zellextrakten) können die verschiedenen Komponenten wegen ihrer unterschiedlichen Aminosäurezusammensetzung und Oberflächennatur durch Ammoniumsulfat *fraktioniert* ausgefällt werden. Man gibt zunächst eine geringe Menge Salz zu, wartet einige Zeit, trennt die ausfallenden Niederschläge durch Zentrifugieren ab, erhöht dann die Salzkonzentration usw. In der Praxis drückt man $(NH_4)_2SO_4$-Konzentrationen in "% Sättigung" aus und benutzt ein Nomogramm zur Ermittlung der Menge an Salz für einen bestimmten Sättigungsgrad (siehe im Tabellen-Anhang, Kap.10).

Derartige Fraktionierungen sind etwas zeitaufwendig und dauern ggf. Stunden. Vergegenwärtigen Sie sich hier nur das Prinzip:

Sie haben 150 mL eines proteinhaltigen Zellhomogenats, aus dem die bis zu 65% Sättigung ausfallenden Proteine isoliert werden sollen. Wie viel Salz wird benötigt? ( _____ g)

Die Ammoniumsulfat-Konzentration in 75 mL einer Enzympräparation, aus der die inaktiven Proteine schon bis 30 % Sättigung abgetrennt wurden, soll auf 60 % Sättigung erhöht werden; wieviel Salz ist erforderlich? ( _____ g)

Was wissen Sie über den pH-Wert von Ammoniumsulfat-Lösungen?

Sie erhalten eine Probe eines unbekannten Proteins. Lösen Sie es in physiologischer NaCl-Lösung und prüfen Sie grob, bei welcher (niedriger, mittlerer, hoher) Ammoniumsulfatkonzentration die Hauptmenge Protein ausfällt. Wagen Sie eine Aussage über die strukturellen Eigenschaften (hochmolekular? klein? sehr hydrophil?) und vergleichen Sie nach Information über die Identität des Proteins Ihre Vorhersage mit der Realität.

## Proteinbestimmung

Da Protein die Hauptmenge aller Stoffe in einem Zellhomogenat ausmacht und analytisch gut zu erfassen ist, eignet sich der Proteingehalt einer Lösung als Bezugsgröße für viele andere zelluläre Stoffe und Aktivitäten, insbesondere Enzymaktivitäten. Ferner muss man die Fraktionierung von Proteingemischen (s.o.) quantitativ verfolgen können. Ausfällen, Trocknen und Wägen von Proteinen ist allerdings *nicht* möglich, weil solche Proben noch Wasser und Salze enthalten. Zur einfachen und raschen photometrischen Messung von Proteinmengen nutzt man häufig die Komplexbildung zwischen Kupfer(II)-Ionen und den Peptidbindungen –CO–NH– in alkalischer Lösung unter Bildung intensiv violett gefärbter Verbindungen:

$$-CO-N\begin{matrix}CH-C\\\\Cu^{2+}\end{matrix}N-\cdots$$

$K^+, Na^+$

Auf dieser Basis gibt es zwei Varianten der Proteinbestimmung von unterschiedlicher Empfindlichkeit für Milligramm- bzw. Mikrogramm-Mengen (a, b). Eine weitere Farbreaktion gehen Proteine mit bestimmten Farbstoffen ein (Methode c). Schließlich kann man Lösungen reiner Proteine anhand ihrer UV-Absorption quantifizieren (d). Für die spektralphotometrische Analyse von Proteinmengen gibt es jedoch in keinem Fall allgemeingültige molare Extinktionskoeffizienten. *Daher müssen alle Methoden mit Referenzproben bekannter, reiner Proteine von typischer Aminosäurezusammensetzung geeicht werden;* als Standardsubstanz ist Rinderserumalbumin (bovine serum albumin, BSA) am besten geeignet und am weitesten verbreitet.

### Versuch 3.5 : Methoden zur Proteinbestimmung

### Variante a: Biuret-Methode

Diese klassische Methode (1949) heißt nach der Komplexbildung von Kupferionen mit dimerem Harnstoff oder "Biuret" ($NH_2-CO-NH-CO-HN_2$). Sie ist spezifisch für Peptide, aber in ihrer Empfindlichkeit auf den mg-Bereich begrenzt und wird daher in der Praxis nicht mehr oft angewandt.

*Ausführung*: 1,5 g CuSO$_4$·5 H$_2$O und 6,0 g K-Na-Tartrat·4 H$_2$O löst man in 500 mL Wasser, rührt 300 mL 10 %ige NaOH ein und füllt auf 1 L auf. (Die Lösung wird ggf. fertig ausgegeben.) Man mischt 1 mL Proteinlösung, die 1–10 mg Protein/mL enthalten soll, mit 4 mL Biuret-Reagenz und läßt 30 Minuten stehen. Die Extinktion wird in Glasküvetten bei 550 nm gegen eine Blindprobe (1 mL Wasser oder Puffer + 4 mL Reagenz) gemessen. Nach Aufstellen einer Eichkurve mit Proteinlösungen bekannten Gehaltes wird der Proteingehalt unbekannter Proben ermittelt.

Soll keine quantitative Analyse ausgeführt werden, so versetzen Sie 4 mL 2 N NaOH mit 2 Tropfen tartrathaltiger CuSO$_4$-Lösung (3 % CuSO$_4$, 6 % K-Na-Tartrat) und verteilen auf zwei Reagenzgläser. Zur einen Probe geben Sie 2 mL 1 %ige Eiweißlösung, zur anderen 2 mL Wasser und vergleichen Sie beide.

**Variante b: Proteinbestimmung nach Folin-Ciocalteu und Lowry**

Eine bewährte und weit verbreitete Standardmethode zur Proteinbestimmung im µg-Bereich ist die "nach Lowry" (1951). Sie kombiniert mehrere farbgebende Reaktionen: In alkalischer Cu$^{2+}$-Lösung bildet sich analog der Biuret-Reaktion ein Kupfer-Protein-Komplex, der eine Phosphomolybdat-Phosphowolframat-Lösung ("Folin-Reagenz") reduziert; für die Reduktion sind die phenolischen Tyrosin-Seitenreste des Proteins entscheidend. Insgesamt entsteht eine tiefblaue Färbung aus Kupfer-Komplexen und niederen Oxidationsstufen von Molybdän und Wolfram; da es hierfür keinen molaren Extinktionskoeffizienten gibt, kann auch die Lowry-Bestimmung nur durch Eichkurven mit BSA quantitativ gestaltet werden.

Solange man das zueinander passende Verhältnis aller Reagenzkonzentrationen im Reaktionsgemisch einhält, kann die praktische Ausführung der Lowry-Reaktion den Gegebenheiten angepasst werden, z. B. der Menge an verfügbarer Proteinlösung, Volumen der Reaktionsgefäße, Pipetten, Küvetten usw. Die hier gegebene Vorschrift ist der biochemischen Praxis mit geringen Proteinmengen und Volumina angepasst.

Die Reagentien können nicht alle zusammen in einer Vorratslösung gemischt werden. Besonders ist zu beachten, dass das Folin-Reagenz nur in saurer Lösung stabil ist, die Reaktion aber bei pH 10 ablaufen muss. Daher ist nach Zugabe von Folin-Lösung zur Kupfer-Protein-Lösung *sofort intensiv* zu mischen, damit die Farbreaktion vor der Zersetzung des Folin-Reagenz erfolgt.

Da Tris-Puffer und Ammoniumsulfat in höherer Konzentration sowie Phenole und SH-Verbindungen die Farbentwicklung stören, führt man oft vor der Proteinbestimmung eine Trichloressigsäure-Fällung durch (vgl. Versuch 3.4); dabei wird zugleich Protein aus hochverdünnten Lösungen ankonzentriert. In diesem Fall muss auch die Eichkurve nach vorheriger TCA-Fällung des BSA erstellt werden. Diese Methode ist in der biochemischen Forschung die gebräuchlichste. Verfahren Sie hier im Praktikum zunächst *ohne* TCA-Fällung.

**Aufgabe:** Sie erhalten eine BSA-Lösung *bekannter* Konzentration (z. B. 5 mg/mL) für die Erstellung einer Eichkurve sowie eine unbekannte Menge Protein als Lösung oder Feststoff. Die Eichkurve kann ggf. von mehreren Gruppen gemeinsam erstellt werden. Achten Sie jedoch wegen der hohen Empfindlichkeit der Methode auf strenge Reproduzierbarkeit aller Arbeitsgänge und führen Sie stets *Doppelbestimmungen* durch. Bestimmen Sie die unbekannte Menge Protein.

*Durchführung*: Die im Reaktionsgemisch erforderlichen Konzentrationen sind

$CuSO_4$  0,5 mM / Tartrat 1 mM
$Na_2CO_3$  0,15 M / NaOH 0,08 M
Folin-Reagenz: 5 % der fertigen, kommerziell erhältlichen sauren Lösung
Protein: 2–200 µg/mL; optimal 10–100 µg/mL; Eichkurve bis 400 µg/mL

*Lösungen* (werden ggf. fertig vorbereitet ausgegeben):

A  1,5 M $Na_2CO_3$ in 0,8 M NaOH; in Plastikflasche haltbar

B  5 mM $CuSO_4$ + 10 mM Di-K- oder Na-K-Tartrat; im Dunkeln ca. 6 Monate haltbar

C  Je 1 Teil A und B wird mit 6 Teilen Wasser (v/v/v) gemischt. Erst vor Gebrauch ansetzen, nur 1 Tag haltbar (diese Lösung ist ggf. fertig vorbereitet)

D  Folin-Ciocalteus-Phenolreagenz (Merck) mit Wasser auf das Vierfache verdünnen, in dunkler Flasche kühl aufbewahren; Haltbarkeit Monate (je verdünnter desto geringer). Für jede neu angebrochene Flasche Reagenz muss eine Eichkurve erstellt werden.

*Arbeitsvorgänge*:

1. Pipettieren Sie alle Proteinproben in Reagenzgläser, ergänzen jede mit Wasser zu 500 µL, setzen je 2,0 mL Lösung C zu und mischen. Eine Blindprobe *ohne Protein* wird in gleicher Weise vorbereitet.

2. Nach Zusatz von je 0,5 mL Reagenz D wird *sofort* intensiv geschüttelt und genau 30 Minuten stehen gelassen. Photometer vorbereiten!

3. Extinktionsmessung. Am günstigsten wird die Färbung bei 750 nm gemessen, doch können auch Messwellenlängen zwischen 578 und 650 nm gewählt werden (ältere Photometer und Vorschriften). Mit Blindprobe ohne Protein $E_{750}$ = 0,00 einstellen, Proben messen. Eine Eichkurve mit 5–8 Messpunkten erstellen und die unbekannte Proteinmenge aus Eichkurve ermitteln.

## Methode c: Proteinbestimmung nach Bradford

Die neuere Proteinbestimmung nach Bradford (Analyt. Biochem. **72**, 248 (1976)) ist bei gleich hoher Empfindlichkeit einfacher, schneller und weniger störanfällig als die Lowry-Methode (Variante b). Sie nutzt die Tatsache, dass sich Triarylmethanfarbstoffe mit ausgedehntem $\pi$-Elektronensystem und Proteine durch hydrophobe und andere Wechselwirkungen aneinander binden, wobei der Farbstoff eine Verschiebung des Absorptionsmaximums erfährt. (Diese Bindungsaffinität wird auch zur Anfärbung von elektrophoretisch getrennten Proteinen auf Polyacrylamid-Gelen genutzt, vgl. Versuch 9.5). Coomassie Brilliantblau G-250 ist in phosphorsaurer-methanolischer Lösung rot, proteingebunden blau, und der spektrale Effekt ist über einen breiten Konzentrationsbereich der Proteinkonzentration proportional. Gewisse Nachteile sind, dass mit BSA und mit anderen Standard-Proteinen erstellte Eichgeraden voneinander abweichen, und dass der Farbstoff an Küvettenwänden haftet; man verwendet daher i.a. Plastik-Einmalküvetten zur photometrischen Messung. Das Farbreagenz wird als standardisiertes Konzentrat fertig bezogen (z. B. Bio-Rad Protein Assay®) und unverdünnt verwendet.

Die Proteinbestimmung kann direkt in Einmalküvetten vorbereitet und durchgeführt werden. Die zu analysierende Proteinlösung mit höchstens 25 µg Protein ergänzt man mit 0,1 M Tris-HCl-Puffer pH 8 auf 800 µL; es kann auch ein anderer Puffer verwendet werden, z. B. der in der Probe bereits enthaltene. Man fügt 200 µL des Farbreagenz zu, mischt mit Plümper oder Schüttler (Schäumen vermeiden) und wartet 5 min (oder auch länger, die entstehende Färbung bleibt eine Stunde lang stabil). Eine Blindprobe enthält nur Puffer und Reagenz. Die Extinktion wird bei 595 nm gemessen und durch Subtraktion des Blindwertes korrigiert. Eine Eichkurve wird mit 1–25 µg BSA erstellt.

Sollen Lösungen von völlig unbekannter Proteinkonzentration analysiert werden, so setzt man diese in verschiedener Verdünnung (z. B. 10-fach, 100-fach) und in unterschiedlichen Probenvolumina (z. B. 20, 50, 100 µL) ein, um zu gewährleisten, dass eine (einige) Proteinmenge(n) in den Messbereich der Eichkurve fallen.

Es ist aufschlussreich, wenn zwei Arbeitsgruppen den Proteingehalt derselben, unbekannten Probe sowohl nach Lowry wie nach Bradford bestimmen und die Werte vergleichen: Eine "wahre", absolut richtige Proteinmenge lässt sich offenbar mit den verschiedenen Farbreaktionen allein nicht ermitteln, wohl aber erhält man innerhalb einer Methode und mit einer dafür erstellten Eichgerade bei korrekter Ausführung stets reproduzierbare Werte.

## Methode d : Photometrische Proteinbestimmung bei 280 nm

Die in jedem Protein enthaltenen aromatischen Aminosäuren Phenylalanin, Tyrosin und Tryptophan absorbieren um 280 nm UV-Licht. (Warum nur diese Aminosäuren?) Eine für viele Proteine zutreffende und viele Zwecke genügende Korrelation zur überschlagsmäßigen Bestimmung der Proteinkonzentration einer Lösung besagt

$$E_{280} = 1 \quad \text{entspricht 1 mg Protein/mL.}$$

Diese rasche und beliebte Abschätzung von Proteinkonzentrationen ist aber *nur* in reinen Proteinlösungen ohne Nucleotide, Coenzyme, Farbstoffe oder andere licht-absorbierende Komponenten anzuwenden (also eher selten!). Sie versagt ferner bei besonders Phe-, Tyr- und Trp-armen Proteinen, und diese Information ist i.a. nicht verfügbar. Daher: Vorsicht bei der Nutzung von $E_{280}$-Daten als einzige Basis für Präzisionsexperimente!

## Thiol- und Disulfidgruppen in Proteinen

Die schwefelhaltige Aminosäure Cystein mit dem Seitenrest R = $-CH_2-SH$ ist als Thiol (Derivat des Schwefelwasserstoffs H-S-H) oxidationsempfindlich. Zwei in räumlicher Nähe befindliche Cysteine können unter Dehydrierung eine Disulfidbindung bilden; das "doppelte" Cystein heißt Cystin.

$$2 \ -SH \ \rightleftarrows \ -S-S- \ + \ 2 \ e^- \ + \ 2 \ H^+$$

Dabei entsteht eine kovalente Verknüpfung zweier verschiedener Polypeptidkettenabschnitte eines Proteins, zwangsläufig verbunden mit einer Änderung der Raumstruktur und meist auch mit Aktivitätsveränderungen:

$$\begin{array}{ll} -NH & \phantom{xxxxxxxx} CO-Peptidkette \\ \phantom{xx} \diagdown & \phantom{xxxxxxx} \diagup \\ \phantom{xxxx} CH-CH_2-S-S-CH_2-CH & \\ \phantom{xx} \diagup & \phantom{xxxxxxx} \diagdown \\ Peptidkette-CO & \phantom{xxxxxxxx} NH- \end{array}$$

Disulfidbindungen sind ein wichtiges Strukturelement von Proteinen, und ihre reversible Bildung unter Dehydrierung (Oxidation) bzw. Trennung unter Reduktion (Hydrierung) sind regulatorisch wichtige Enzymreaktionen.

Es gibt Proteine, deren native Struktur und physiologische Aktivität vom Vorliegen freier Cystein-SH-Gruppen abhängt (insbesondere im reduzierenden Zellinneren), und andere, deren native Proteinfaltung durch Disulfidbindungen gewährleistet sein muss (insbesondere in extrazellulären, sekretierten Proteinen wie beispielsweise dem Hormon Insulin mit drei Disulfidbrücken). Schließlich können Dithiol- $\rightleftarrows$ Disulfidwechsel sogar zur Aktivitätsmodulation von Proteinen dienen, wie bei Chloroplastenenzymen im Licht-Dunkel-Wechsel (Versuch 8.8).

Für die Praxis des Arbeitens mit Proteinen ergeben sich zwei Anforderungen: (1) Der native Thiol- bzw. Disulfidgehalt sollte *in vitro* kontrolliert und eingestellt werden können, und (2) der aktuelle reduzierte bzw. oxidierte Status von Cysteinresten muss häufig experimentell bestimmt werden.

Zu (1): SH-Gruppen sind an der Luft autoxidabel. Da im Labor nicht unter Luftausschluss gearbeitet wird, gibt man zu schutzbedürftigen thiolhaltigen Proteinen einen gewissen Überschuss synthetischer niedermolekularer Thiole, die anderweitig inert sind. Üblich sind 2-Mercaptoethanol $HS-CH_2CH_2-OH$ oder das stärker reduzierende und geruchsfreie (aber teure) Dithiothreit (DTT, $HSCH_2-CHOH-CHOH-CH_2SH$) bzw. sein Isomeres Dithioerythrit (DTE). Disulfidbindungen brauchen dagegen in aerober Umgebung i.a. nicht speziell geschützt oder erzeugt zu werden; ein spezifisches, oxidierendes Reagenz (Diamid) wird in Versuch 8.8 verwendet. Zu (2): Zum Nachweis von Cysteinresten in der freien oder zum Disulfid oxidierten Form kommen chemische Möglichkeiten und Farbreaktionen sowie Enzyme in Frage. Wir demonstrieren sie am Beispiel des Tripeptids Glutathion.

**Versuch 3.6 : Nachweis von Thiolgruppen in Glutathion**

Glutathion ist ein weitverbreitetes und intrazellulär i.a. in hoher Konzentration vorliegendes Tripeptid, nämlich γ-Glutamyl-cysteinyl-glycin. Mit der reduzierten Form (GSH) und der oxidierten Disulfidform (GSSG) stellt Glutathion ein Redoxsystem dar. Die reduzierte Form wird für physiologische Prozesse ständig verbraucht, aber aus der oxidierten Form durch das Enzym Glutathionreduktase (EC 1.6.4.2) und das Coenzym NADPH regeneriert.

Schreiben Sie die Struktur von Glutathion:




Zur selektiven Umsetzung von SH-Gruppen eignen sich mehrere in der Biochemie gebräuchliche Reagentien. Eines ist die 5,5'-Dithio-bis(2-nitrobenzoesäure) = DTNB oder "Ellman's Reagenz". DTNB ist selbst ein Disulfid, das in einer doppelten Umsetzung von SH-Gruppen mit niedrigerem Redoxpotential zu einem gelb gefärbten Nitrothiophenolat-Anion reduziert wird (Thionitrobenzoat, TNB):

$$\text{HOOC-C}_6\text{H}_3(\text{NO}_2)\text{-S-S-C}_6\text{H}_3(\text{NO}_2)\text{-COOH} + 2\ \text{R-SH} \xrightarrow{\text{pH} > 7} 2\ \text{NO}_2\text{-C}_6\text{H}_3(\text{COOH})\text{-S}^- + \text{R-S-S-R}$$

DTNB  TNB (gelb)

**Aufgabe:** Sie erhalten verdünnte Lösungen von Glutathion (0,1 mg/mL), dessen Redoxzustand nicht bekannt ist: Stellen sie fest, ob GSH oder GSSG vorliegt. Versetzen Sie dazu kleine Proben mit einigen Tropfen DTNB-Lösung (0,4 mg/mL in Phosphatpuffer pH 7,5 frisch zubereitet) und beobachten Sie. War die Probe GSH oder GSSG?

Versetzen Sie dann eine weitere Probe GSSG-Lösung (oxidiert, von bekanntem Redoxzustand) mit einem *kleinen* Stückchen des chemischen Reduktionsmittels (H-Donors) Natriumborhydrid $NaBH_4$.. Nach $H^+ + H^- \rightarrow H_2$ entsteht Wasserstoffgas als Nebenprodukt. Geben Sie nach 5 min einige Tropfen Aceton zur Entfernung des Borhydrid-Überschusses zu (erneut Gasbläschen) und prüfen Sie die Probe nach weiteren 5 min wie oben mit DTNB-Lösung. Was ist geschehen? Zur Chemie des oft verwendeten Reduktionsmittels siehe Kapitel 2!

Soll GSSG *enzymatisch* reduziert werden, so erhalten Sie vorbereitete Lösungen von Glutathionreduktase (aus Hefe) und NADPH. Stellen sie mit DTNB fest, ob GSH entstanden ist. Überlegen Sie, welche Blindproben angebracht sind.

## Proteolyse

Die Peptidbindung zwischen zwei Aminosäuren ist zwar grundsätzlich durch Hydrolyse zu spalten, jedoch in wässrigem Milieu in Abwesenheit von Katalysatoren sehr stabil (warum?). Die Hydrolyse kann chemisch durch starke Säuren oder enzymatisch durch Proteasen katalysiert werden. Der letztere Vorgang spielt beim Proteinabbau im tierischen Verdauungstrakt eine große Rolle, aber auch intrazellulär bei der Inaktivierung oder Aktivierung von Proteinmolekülen mit Signalfunktion (Peptidhormone u. a. m.). Im Labor werden Proteasen wie Trypsin und Chymotrypsin zur definierten Spaltung von Proteinen und nachfolgende Strukturaufklärung angewandt ("tryptischer Abbau").

Informieren Sie sich im Lehrbuch über die verschiedenen Typen von Proteasen (Endo- und Exopeptidasen; Serin-, SH-, saure und Metalloproteasen), deren unterschiedliches Vorkommen, die Spezifitäten und gut bekannten Katalysemechanismen.

Wenn Proteasen andere Proteine als Substrate umsetzen, werden nicht sämtliche Peptidbindungen zugleich hydrolysiert, und es entstehen nicht sofort freie Aminosäuren (wie wären diese nachzuweisen?); vielmehr ergibt die Spaltung eines Substrats zunächst mehr oder weniger große Peptidfragmente. Ein noch nicht umgesetztes Substrat (= Makromolekül) und die Produkte unterscheiden sich in der Löslichkeit und können so voneinander differenziert werden. Wie würden Sie vorgehen? Um eine direktere und bessere Erkennbarkeit der Enzymkatalyse zu erreichen, verwendet man als Protease-Substrate gern *gefärbte* Proteine, entweder natürlicher Herkunft (Hämoglobin) oder mit einem Azofarbstoff gekoppelt (z.B. Collagen → "Azocoll"). Für kinetische Präzisionsmessungen werden synthetische niedermolekulare Peptidanaloge benutzt, die von Proteasen gespalten werden und gefärbte Bruchstücke freisetzen (Kapitel 4, Versuch 4.6).

**Versuch 3.7 : Enzymatische Spaltung von Peptidbindungen**

Studieren Sie die Freisetzung von Peptiden aus einem löslichen Protein (Hämoglobin) oder aus Farbstoff-markiertem unlöslichem Collagen als Substrate unter verschiedenen Bedingungen. Über die Eigenschaften dieser beiden wichtigen tierischen Proteine sollten Sie ohnehin Bescheid wissen.

**Aufgabe:** Sie erhalten eine vorbereitete Lösung bzw. Suspension von denaturiertem Rinderhämoglobin (2 % in 0,1 M Phosphatpuffer pH 7,5) *oder* Azocoll® (2 % im gleichen Puffer) sowie Proben verschiedener Proteasen (beispielsweise Elastase oder Chymotrypsin in Lösungen von 0,5 mg/mL). Protokollieren Sie den Enzymtyp und die Herkunft. Als Blindprobe inkubieren Sie jeweils eine Substratprobe *ohne* Enzym. Die Versuchsbedingungen sind für beide Methoden unterschiedlich.

*Proteolyse von Hämoglobin:*

Man mischt im Reagiergefäß (cup) 0,5 mL Hämoglobinlösung mit 50–100 µL Enzymlösung und inkubiert 10 min bei 37 °C. Eine Blindprobe enthält kein Enzym. Dann wird 1 mL 0,3 M Trichloressigsäure zugefügt (was passiert?) und die Mischung nach 10 min bei Raumtemperatur zentrifugiert. Vom Filtrat bzw. Überstand überführt man je 0,5 mL in Halbmikroreagenzgläser und mischt mit 1 mL 0,5 M NaOH sowie 0,3 mL Folin-Reagenz (vgl. Versuch 3.5,b); *sofort* schütteln, 15 min stehen lassen und die Extinktionen der Proben und der Blindprobe registrieren. Interpretieren Sie Unterschiede bei Anwendung unterschiedlicher Enzyme!

*Proteolytische Spaltung von Collagen:*

Man inkubiert je 1,0 mL einer Suspension des unlöslichen Azocoll in 2 mL-Reagiergefäßen mit je 20–50 µL verschiedener Enzyme sowie eine Blindprobe ohne Enzym *genau* 30 min bei 37 °C; öfters umschütteln! Danach werden je 1 mL einer 0,6 M Trichlor-essigsäure zugefügt, gemischt, nach kurzem Stehen zentrifugiert oder filtriert und die Extinktionen der Proben und der Blindprobe verglichen bzw. am besten bei 520 nm photometrisch registriert. Interpretieren Sie den Befund und ggf. auftretende Unterschiede bei der Proteolyse durch unterschiedliche Enzyme.

*Anmerkung*: Der Farbstoff ist auf chemischem Wege kovalent mit dem Protein verknüpft; *diese* Bindungen werden durch die Proteasen *nicht* gespalten, es entsteht kein *freier* Farbstoff!

**Versuch 3.8 : Präparation von L-Tyrosin aus Casein**

Proteine bilden ein natürliches Ausgangsmaterial zur Gewinnung von Aminosäuren, die in teilweise großen Mengen zur Supplementierung von Futtermitteln mit den essentiellen Vertretern, als Vorstufen für Pharmaka und für viele andere Zwecke benötigt werden. Die vollständige chemische Hydrolyse aller Peptidbindungen eines Proteins zu freien Aminosäuren erfordert zwar energische, stark saure Reaktionsbedingungen, kann jedoch gegenüber chemischen Synthesen Vorteile haben, weil dabei unmittelbar die natürlichen L-Aminosäuren erhalten werden. Voraussetzungen sind geeignete und verfügbare Ausgangsstoffe sowie eine geringe Löslichkeit der Produkte, so dass sie aus Hydrolysaten leicht abgetrennt werden können. Beispiele sind die Präparation von L-Arginin aus Gelatine, L-Cystein aus Haaren, L-Histidin aus Hämoglobin (Blut) und L-Tyrosin aus Casein. Massen-Aminosäuren wie Glutaminsäure oder Lysin werden dagegen heute ausschließlich biotechnologisch, durch Fermentation gewonnen.

$$HO-\langle\underline{\phantom{O}}\rangle-CH_2-CH(NH_2)-COOH$$

Tyrosin = *p*-Hydroxyphenylalanin ist eine der selteneren Aminosäuren. In Proteinen geht sie mit der phenolischen OH-Gruppe Wasserstoffbrücken, mit dem aromatischen Ring aber auch hydrophobe Wechselwirkungen ein. Von der freien Aminosäure leiten sich im tierischen Stoffwechsel wichtige Hormone und Neurotransmitter ab (Adrenalin, Dopamin → Biochemie-Buch), in der Pflanze viele aromatische "sekundäre Inhaltsstoffe" (→ Pflanzenbiochemie).

*Durchführung:* Bei der Präparation sollte man den Ansatz nicht zu stark verkleinern, damit genügend Produkt auskristallisiert. Sie können entweder in einer größeren Gruppe 50 – 100 g Casein einsetzen, oder individuell 10 g-Portionen hydrolysieren und dann die Hydrolysate zur Kristallisation vereinigen. *Vorsicht beim Umgang mit konzentrierter Salzsäure und Natronlauge: Schutzbrille, Schutzhandschuhe!*

50 g Casein werden in 300 mL 10 N (32 %ige) HCl suspendiert und 20 Stunden am Rückfluss gekocht. (Man könnte auch von einer entsprechenden Menge an entfettetem Quark (Magerquark) ausgehen, der etwa 17 % Eiweiß, darunter viel Casein enthält.) Das stark saure Hydrolysat wird über eine Glasfritte (kein Filterpapier!) von ungelösten Rückständen befreit, das Filtrat im Vakuum eingedampft, der sirupöse Rückstand in 200 mL heißem Wasser gelöst und der pH-Wert unter Rühren mit konz. NaOH auf 2,4 eingestellt. Man trägt 1 g Aktivkohle ein, filtriert heiß und wäscht das Filter mit wenig heißem Wasser nach. Filtrat und Waschlösung werden vereinigt und nach Abkühlen mit konz. NaOH auf pH 5 gebracht. Die Lösung wird bis zum Erscheinen von Kristallen im Vakuum eingeengt und dann in Eis abgekühlt. Man isoliert den Niederschlag von Tyrosin und kristallisiert ggf. aus wenig heißem Wasser um. Die Ausbeute beträgt etwa 1 g. Die Identifizierung geschieht an Hand des charakteristischen UV-Spektrums ($\lambda_{max}$ in 50 % Ethanol bei 279 nm, in 0,1 N NaOH bei 293 nm) und durch Dünnschichtchromatographie mit Ninhydrin-Nachweis wie in Versuch 3.1.

**Fragen**

1. Manche Proteine enthalten neben den 20 bzw. 21 proteinogenen Aminosäuren noch weitere, die durch posttranslationale Modifizierung entstehen. Wie ändern sich die Eigenschaften eines Proteins, wenn es anstelle von Prolin mehrere Hydroxyprolin-Reste enthält?
2. Welche Gesamtladung ( + , − , 0 ) haben folgende Proteine bei physiologischen pH-Werten um 7?

   Lysozym, IP = 11          Myoglobin, IP = 7,6       Pepsin, IP = 3
   BSA, IP = 4,7             Cytochrom c, IP = 10      Aldolase, IP = 6,7
   Insulin, IP = 5,5         Amylase, IP = 4,7         Trypsin, IP = 10,8

3. Die durchschnittliche Molmasse der natürlichen Aminosäuren ist 138. Welche Molmasse besitzt ein 150 Aminosäuren enthaltendes Protein durchschnittlicher Aminosäurezusammensetzung? (Wasseraustritt bei der Peptidbildung berücksichtigen!) Wie viel Substanz enthält eine 1 mL-Probe einer $10^{-6}$ M (1 µM) Lösung dieses Proteins?

4. Warum sind die Stickstoffatome der Peptidbindungen in Proteinen bei schwach saurem pH-Wert *nicht* protoniert?
5. Wie unterscheiden sich Glutaminsäure und Glutamin bzw. Asparaginsäure und Asparagin? Obwohl manche Proteine reich an Asparagin und Glutamin sind (z. B. Speicherproteine in Pflanzensamen), findet man diese beiden nach einer sauren Hydrolyse im Aminosäuregemisch nicht wieder. Warum nicht?
6. Es gibt viele metallhaltige Enzyme und andere Proteine. Wenn die Metalle nicht in Form spezieller Cofaktoren vorliegen (wie z. B. Eisen im Hämin), sind sie direkt an bestimmte Aminosäureseitenreste im Protein gebunden. Welche davon eignen sich zur Komplexierung von Metallionen?
7. Die meisten Aminosäuren können in der Sekundärstruktur von Proteinen in regelmäßiger α-Helix- oder β-Faltblattanordnung vorliegen. An einer bestimmten Aminosäure *muss* jedoch ein *Knick* in der Polypeptidkette entstehen. Bei welcher?
8. Casein ist ein Phosphoprotein – was ist der physiologische Nutzen der Modifizierung? Suchen Sie in der Liste proteinogener Aminosäuren die Seitenreste, an denen Phosphorsäure kovalent ankondensiert ist und benennen Sie den Bindungstyp.
9. Aus welchen Aminosäuren besteht das Tripeptid Glutathion und was hat es für eine Funktion? Welche Besonderheit besitzt eine der beiden Peptidbindungen?
10. Welche Naturstoffe enthalten D-Aminosäuren? Wie entstehen sie aus den L-Aminosäuren?
11. Neuerdings kennt man eine Reihe von Proteinen (auch im menschlichen Körper), die einen oder einige wenige Reste der Aminosäure Selenocystein (→ Tabelle S.70) enthalten. Ihre Bildung erklärt den Bedarf für das essentielle Spurenelement Selen. Konsultieren Sie ein Chemiebuch, eine Chemikerin oder einen Chemiker und finden Sie Unterschiede der Reaktivität von Selen (in der Oxydationszahl –II) gegenüber seinem nächsten, häufigeren Nachbarelement in der VI. Hauptgruppe des Periodensystems, die für die Funktion von Proteinen von Bedeutung sein könnten.
12. Wie viel Protein enthält ein von Nucleinsäuren und niedermolekularen Stoffen befreiter Zellextrakt von 16 mL Volumen, der im UV-Spektrum bei 280 nm die Extinktion 0,31 aufweist? Warum wird man den berechneten Wert i.a. auf ganze mg (ohne Kommastellen) abrunden?

## 4 Enzymkatalyse, Enzyme und Coenzyme

"Ihre beschränkte Wirkung [die Spezifität von Glycosidasen] ließe sich also durch die Annahme erklären, dass nur bei ähnlichem geometrischen Bau diejenige Annäherung der Moleküle stattfinden kann, die zur Auslösung des chemischen Vorganges nötig ist. ... will ich sagen, dass Enzyme und Glycosid wie Schloss und Schlüssel zueinander passen müssen."
Emil Fischer (Berichte Dtsch. Chem. Gesellsch. **27**, 2985 (1894))

Enzyme sind Katalysatoren, die eine Reaktion von Substraten zu Produkten beschleunigen; sie erhöhen die Reaktionsgeschwindigkeit, aber ändern nichts an der Lage eines Gleichgewichts. Die betreffende Reaktion muss thermodynamisch möglich sein ($\Delta G$ negativ) und auch ohne Katalysator von selbst ablaufen können, wenn auch evtl. nur sehr langsam. Stofflich sind Enzyme Proteine. Wie jeder Katalysator wirkt ein Enzymprotein reaktionsbeschleunigend indem es die Aktivierungsenergie $E_a$ für die Umsetzung zweier Stoffe A und B herabsetzt (Abb.8), beispielsweise durch die Bindung der Reaktanden in unmittelbarer Nachbarschaft nebeneinander, durch den Ausgleich von Ladungen oder Spannungen der Moleküle im Übergangszustand (transition state) $AB^{\ddagger}$, durch allgemeine Säure- und Basenkatalyse, und insbesondere durch genau passende sterische Verhältnisse im aktiven Zentrum (active site) einer spezifischen Proteinfalte oder -tasche ("Schlüssel und Schloss-Prinzip", "induced fit").

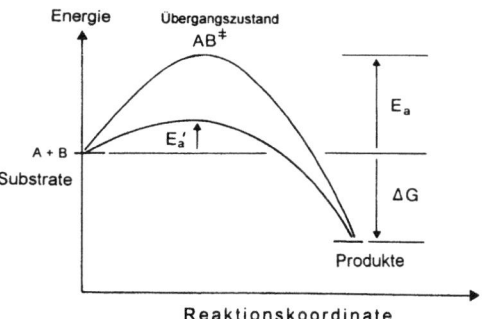

**Abb.8.** Vergleich der Aktivierungsenergien $E_a$ bzw. $E_a'$ für die nicht katalysierte und eine katalytisch beschleunigte Umsetzung zweier Substrate zu Produkten. $AB^{\ddagger}$ = Übergangszustand.

Obwohl viele Enzymreaktionen mechanistisch außerordentlich komplex verlaufen, kann häufig die Theorie von Michaelis und Menten zur Beschreibung angewandt werden. Deren Kernvorstellung ist die Bildung eines energiereichen Enzym-Substrat-Komplexes ES aus Enzym- und Substratmolekülen:

Enzym + Substrat ⇄ Enzym-Substrat-Komplex → Enzym + Produkte

$$E + S \underset{k_{-1}}{\overset{k_{+1}}{\rightleftarrows}} [ES] \overset{k_{+2}}{\underset{\text{oder } k_{cat}}{\rightarrow}} E + P$$

[ES] kann mit dem Übergangszustand AB‡ (s.o.) verglichen werden. Beide sind in der Regel wegen ihres hohen Energiegehaltes *nicht-isolierbare* Molekülspecies, doch lässt sich die Situation an Enzymen durch substrat-ähnliche "transition state analogs" simulieren und beschreiben. Die geschwindigkeitsbestimmende Reaktion ( $k_{cat}$ ) und Produktbildung einer enzymkatalysierten Reaktion ist nach diesem Formalismus proportional der Konzentration des Enzym-Substrat-Komplexes [ES]; die Bedeutung und experimentelle Ermittlung der kinetischen Parameter wird unten näher erläutert. Informieren Sie sich im Lehrbuch über die Michaelis-Menten-Theorie.

Die Wirkung eines Enzyms hängt von seiner Menge, gemessen als mg oder µg Protein, und seiner katalytischen Aktivität ab. Die *Aktivität* gibt an, wie viel Substrat pro Zeiteinheit unter den gegebenen Bedingungen (insbesondere bei definierter Temperatur und pH-Wert, oft pH 7 und 25 °C) umgesetzt wird. Ein µmol pro Minute nennt man 1 (Internationale) Einheit oder unit (U oder IE). Die *spezifische Aktivität* ist Aktivität pro Menge Enzymprotein (in mg).

**Aktivität:** $U = \dfrac{\mu mol}{min}$  **Spezifische Aktivität:** $\dfrac{\mu mol}{min \cdot mg}$

Daneben gibt es willkürlich definierte Einheiten ("Kunitz-Einheit" u. a.), die nicht mehr benutzt werden sollten. Im SI-System der Maßeinheiten hat Enzymaktivität die Dimension katal = mol · s$^{-1}$, die sich allerdings für die Praxis wenig eignet und deshalb nicht überall benutzt wird.

1 katal = 60·10$^6$ units;   1 unit = 0,0167 µkatal = 16,7 nkatal

Eine weitere Bezeichnung für die Aktivität eines Enzyms ist *Wechselzahl* (turnover number). Anschaulich ist dies die Anzahl der Substratmoleküle, die von einem Enzymmolekül pro Sekunde umgesetzt werden (manchmal auch pro Minute ausgedrückt, beachten!). Sie kann nur für reine Enzyme angegeben werden, deren Molmasse bekannt ist (s. Katalase, Versuch 4.2).

In sämtlichen Organismen werden noch ständig neue Enzyme entdeckt, die gereinigt und in Spezifität und Aktivität charakterisiert werden müssen; dies ist eine Hauptaufgabe biochemischer Forschung. Zur praktischen Anwendung kommen Enzyme in großem Maßstab in der Biotechnologie ( → Lebensmittel, Arzneistoffe) und zur analytischen Bestimmung von organischen und anorganischen Stoffen ( → medizinische Diagnostik, Wasser- und Lebensmittelanalytik, Forschung); im folgenden Kapitel bestimmen Sie beispielsweise Zucker enzymatisch. Die Fähigkeit zum richtigen Umgang mit Enzymen ist unabdingbar für sämtliche molekularen Biowissenschaften.

## Enzymnomenklatur

Die Vielzahl der verschiedenen Enzyme lässt sich am besten nach den von ihnen katalysierten Reaktionstypen ordnen. Die Enzyme Commission (EC) der International Union of Biochemistry führt eine Enzymnomenklatur-Liste, die ständig ergänzt und neu publiziert wird. Enzyme sind klassifiziert nach der Katalyse von

| | | |
|---|---|---|
| EC 1. | Oxidoreduktasen | Redoxreaktionen, |
| EC 2. | Transferasen | intermolekularem Gruppentransfer, |
| EC 3. | Hydrolasen | Spaltung durch Wasser (Hydrolyse), |
| EC 4. | Lyasen | Spaltung von Bindungen (incl. C–C) anders als durch Hydrolyse, |
| EC 5. | Isomerasen | intramolekulare Gruppenverschiebungen, |
| EC 6. | Ligasen (Synthetasen) | der Knüpfung von Bindungen. |

Weitere Unterteilungen berücksichtigen die Substratklassen, die Mechanismen und Spezifitäten, beispielsweise
1.1 Dehydrierung von Alkoholen    1.1.1.27  Lactatdehydrogenase
1.2 Dehydrierung von Aldehyden    1.2.1.9   Glyceraldehyd-P-dehydrogenase

Aus der EC-Nummer eines Ihnen unbekannten Enzyms können Sie also bereits ungefähr seine Wirkungsweise erkennen.

In diesem Praktikum werden folgende Enzyme charakterisiert, aus biologischem Material isoliert und zur Analytik verwendet:

*Oxidoreduktasen*

Alkoholdehydrogenase                Glycerinphosphatdehydrogenase
Ascorbatoxidase                     Katalase
Cytochromoxidase                    Lactatdehydrogenase
Fumarase                            Luciferase
Glucoseoxidase                      Malatdehydrogenase
Glutathionreduktase                 Peroxidase
Glyceraldehydphosphatdehydrogenase

*Transferasen*

Glutamat-Oxalacetat-Transaminase    Glutamat-Pyruvat-Transaminase
Phosphoglyceratkinase               Pyruvatkinase

*Hydrolasen*

Amylase
Amyloglucosidase
Chymotrypsin
Elastase
Fructose-bisphosphatase

Lysozym
alkalische Phosphatase
saure Phosphatase
Trypsin
Urease

*Lyasen*

Aldolase                    Ribulosebisphosphatcarboxylase

*Isomerasen*

Triosephosphatisomerase

## Arbeiten mit Enzymen

Enzyme sind fast ausschließlich globuläre Proteine. Beim Arbeiten mit ihnen muss man neben den spezifischen Eigenheiten der betrachteten Reaktion auch die allgemeinen Eigenschaften von Proteinen berücksichtigen, nämlich deren leichte Denaturierbarkeit unter Aktivitätsverlust, Empfindlichkeit gegenüber erhöhter Temperatur und Salzkonzentration, Vergiftung durch Schwermetalle, oxidative Schädigung an der Luft u. dgl. mehr. Eine *R*enaturierung einmal inaktivierter Enzymproteine gelingt i. a. nicht! *Enzympräparate sind daher stets in der Kälte (Eisbad, Kühlschrank) aufzubewahren.* Genauso wichtig ist die korrekte Vorbereitung und Durchführung der Aktivitätsbestimmung oder Produktgewinnung. Achten Sie in den folgenden Versuchen jeweils darauf

- nach welchem Prinzip und wie man den Umsatz (Abnahme von Substrat oder Bildung von Produkt) erkennt oder sichtbar macht,
- in welchem Zeitmaßstab die katalysierte Reaktion und, falls beobachtbar, dieselbe Reaktion in einer Kontrollprobe ohne Katalysator abläuft,
- welche individuellen Eigenschaften die Enzyme haben und wie ggf. in der Zusammensetzung des Reaktionsmediums darauf Rücksicht genommen wird,
- und ob es sich um ein universelles, in allen Organismen vorhandenes Enzym handelt, oder um eins, das nur in bestimmten Zellen für eine spezielle Stoffwechselreaktion benötigt wird.

Die häufigste Methode zur Bestimmung von Enzymaktivitäten sind photometrische Messungen, in denen die zeitliche Abnahme einer Substratkonzentration oder Zunahme einer Produktkonzentration verfolgt wird; nach dem Lambert-Beer'schen Gesetz sind die Extinktionsänderungen $\Delta E$ in umgesetzte Stoffmengen $\Delta c$ umzurechnen. Verfahren Sie wie folgt:

- Enzymlösungen werden in der Kälte aufbewahrt. Eine Verdünnung konzentrierter Enzymlösungen wird jeweils nur für die unmittelbar bevorstehende Versuchsreihe vorgenommen.

- Vermeiden Sie peinlichst Rückstände von Detergentien (Spülmitteln) in Küvetten, Reagenzgläsern u. dgl.: sie wirken auf viele Enzyme hemmend. Am besten verwendet man zum Spülen nur reichlich Wasser.

- Der Proteingehalt der Enzymlösung sollte bekannt sein, entweder durch die Mengenangabe auf kommerziellen Präparaten oder durch eine eigene Proteinbestimmung (Versuch 3.5).

- Bei Präzisionsmessungen muss eine definierte Temperatur (25 oder 37 °C, Thermostat oder Wasserbad) eingehalten werden. Im Praktikum arbeitet man i.a. bei "Raumtemperatur", aber notiert diese im Protokoll. Die verwendeten Pufferlösungen und ggf. andere Zusätze sollten daher bei Versuchsbeginn bereits Raumtemperatur haben, während empfindliche Enzym-, Coenzym- und Substratlösungen möglichst lange gekühlt bleiben.

- Man bereitet in einer Küvette oder einem anderen Reaktionsgefäß das Reaktionsgemisch so vor, dass darin alle Komponenten *bis auf eine* enthalten sind und das Endvolumen schon (fast) erreicht ist (z. B. 0,95 oder 3,00 mL); diese Mischung, in der noch keine Reaktion ablaufen sollte, wird im Photometer auf korrekte und stabile Extinktion überprüft. Dann wird zu definiertem Zeitpunkt mit einem geringen Volumen der noch fehlenden Komponente (z.B. 10–50 µL) *gestartet*. In der Regel startet man mit Enzymlösung, aber auch Substrat- oder Coenzym-Zusatz sind möglich. Rasch mit dem Plümper mischen und die Reaktion (Extinktionsänderung) einige Minuten beobachten und registrieren.

- Wenn sich beim ersten, orientierenden Versuch zu geringe Aktivität zeigt, können Sie evtl. *in dieselbe Reaktionsmischung* nochmals Enzym pipettieren, um besser geeignete Mengenverhältnisse zu erreichen; dieser Versuch kann dann aber nicht quantitativ ausgewertet werden.

### Enzymkinetik

Nach der Theorie von Michaelis und Menten hängt die Aktivität eines Enzyms vom Verhältnis der Hin- und Rückreaktion der ES-Bildung aus E und S ($k_{+1} / k_{-1}$) *und* von der Geschwindigkeit der Produktbildung aus ES ($k_{cat}$) ab.

$$E + S \underset{k_{-1}}{\overset{k_{+1}}{\rightleftarrows}} [ES] \overset{k_{+2}}{\underset{\text{oder } k_{cat}}{\rightarrow}} E + P$$

Da der Enzym-Substrat-Komplex ES nicht direkt gemessen werden kann, fasst man die für seine Bildung und seinen Zerfall geltenden Geschwindigkeitskonstanten k zu einer neuen Konstanten zusammen, der Michaelis-Konstante $K_m$:

$$K_m = \frac{k_{-1} + k_{cat}}{k_{+1}}$$

Für den Fall $k_{cat} \ll k_{-1}$ kann man grob angenähert aber anschaulich E + S $\rightleftarrows$ ES als ein rasch eingestelltes "vorgelagertes Gleichgewicht" und $K_m \approx k_{-1}/k_{+1}$ als die Dissoziationskonstante $K_d$ des Enzym-Substrat-Komplexes betrachten. Wegen solcher Näherungen wird oft streng genommen von "apparenten $K_m$-Werten" $K_{app}$ gesprochen. $K_m$ hat die Dimension einer Konzentration (mol · $L^{-1}$, molar). $K_m$-Werte haben Größenordnungen von $10^{-2}$ bis $10^{-7}$ M (10 mM bis hinab zu 0,1 µM), wobei ein kleiner Wert eine große Affinität zwischen E und S bedeutet und umgekehrt.

Für die Konzentrationsverhältnisse eines Katalysators E und Substrats S ist typisch, dass [E] << [S]. Wird die Substratkonzentration gesteigert, so muss die Konzentration an freiem Enzym rasch gegen Null gehen, da alle Enzymmoleküle als ES vorliegen: Das Enzym ist mit Substrat "gesättigt" und die Geschwindigkeit des Umsatzes erreicht einen Grenzwert, der Maximalgeschwindigkeit $V_{max}$ genannt wird. Der Zusammenhang zwischen Substratkonzentration [S] und Reaktionsgeschwindigkeit v bei gegebener Menge an Enzym entspricht der hyperbolischen Sättigungsfunktion in Abb.9. Das Geschwindigkeitsgesetz ist die sogenannte

**Michaelis-Menten-Gleichung:** $\quad v = V_{max} \dfrac{[S]}{[S] + K_m}$ .

Bei $v = V_{max}/2$ geht daraus hervor $K_m = [S]$ und damit die Definition

> **Der (apparente) $K_m$-Wert entspricht derjenigen Substratkonzentration, bei der die halbmaximale Umsatzgeschwindigkeit erreicht wird.**

Michaelis-Konstanten sind für jedes Enzym und jedes davon umgesetzte Substrat charakteristische Größen. Ihre Kenntnis und experimentelle Bestimmung braucht man beispielsweise um abzuschätzen, ob die in bestimmten Konzentrationen in einem Gewebe, in Zellextrakten oder in einem Enzymtest *in vitro* vorliegenden Substrate durch Enzyme mit maximaler oder weil geringerer Geschwindigkeit umgesetzt werden, was wiederum Voraussetzung für die Interpretation physiologischer Stoffwechselzustände und Regulationsnetzwerke ist. Für die Praxis enzymatischer Analysenmethoden und die optimale Zusammensetzung von Enzymtests müssen $K_m$-Werte ebenfalls bekannt sein.

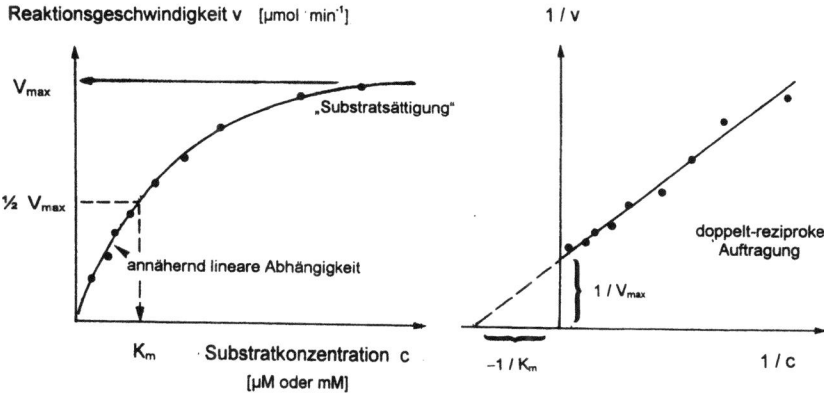

**Abb.9.** Michaelis-Menten- und Lineweaver-Burk-Diagramm der Substratabhängigkeit (Konzentration c) und Umsatzgeschwindigkeit v enzymkatalysierter Reaktionen.

Die für Enzym-Substrat-Kombinationen charakteristischen Parameter $K_m$ und $V_{max}$ bestimmt man durch Messung der Reaktionsgeschwindigkeit v bei unterschiedlichen Substratkonzentrationen c. Aus der direkten Abhängigkeit (Abb.9, links) lassen sich allerdings oft die Werte *nicht* entnehmen, weil bei sehr hoher Substratkonzentration aus praktischen Gründen (Löslichkeiten u. a.) nicht gemessen werden kann und dort der Kurvenverlauf asymptotisch ist. Eine übliche Auswertungsmethode ist daher die doppelt-reziproke Auftragung der Werte in einem Diagramm nach Lineweaver-Burk (Abb.9, rechts). Hier ist zu beachten, dass bei *niedrigen* Substratkonzentrationen mehr Messwerte erhoben werden müssen als bei den hohen Konzentrationen. Auch bei moderner PC-gestützter Auswertung von Photometer-Originaldaten ist eine genügend große Zahl von Einzelbestimmungen wegen der unvermeidlichen Störanfälligkeit von komplexen Enzym-Reaktionsgemischen unerlässlich.

Es gibt noch weitere Auswertungsmöglichkeiten für enzymkinetische Daten (Eadie-Hofstee-Plot, Scatchard-Plot u.a., → Literaturhinweise), die je nach Fall geeigneter sein können als die nach Michaelis-Menten und Lineweaver-Burk. Eine leistungsfähige und weit verbreitete Computer-Software für Enzymkinetik bietet das Programm SigmaPlot.

## Enzymhemmung

Enzyme können durch eine Vielzahl von unphysiologischen und physiologischen Einwirkungen reversibel gehemmt und/oder irreversibel inaktiviert werden. Wie bei Proteinen allgemein führen krasse pH-Änderungen, organische Lösungsmittel und Hitze i.a. zur völligen Denaturierung (Ausnahmen bestätigen die Regel). Charakteristischer sind hemmende Einflüsse, die auf der Reaktivität und Spezifität der an der Katalyse beteiligten Proteindomänen und dem individuellen Reaktionsmechanismus beruhen; Beispiele sind die Affinität von Metallionen zu Cysteinresten (Versuch 4.3) und die chemische Alkylierung von Serin- oder Histidinresten (Versuch 4.7). Physiologisch bedeutsam zur *Regulation* von Enzymaktivitäten und Zellstoffwechsel sind reversible Wechselwirkungen zwischen Enzymproteinen und sog. *kompetitiven* oder *nichtkompetitiven Inhibitoren*. Kompetitive Hemmung erfolgt, wenn einem Substrat sehr ähnliche, strukturanaloge Stoffe am aktiven Zentrum des Enzyms binden, aber nicht umgesetzt werden können, so dass ein unproduktiver EI-Komplex (I = Inhibitor) mit dem Enzym-Substrat-Komplex ES konkurriert und die Umsatzrate herabsetzt. Nicht-kompetitiv wirken an das Enzymprotein bindende Metabolite oder andere Stoffe *ohne* Strukturähnlichkeit zu einem Substrat, so dass EIS-Species entstehen, in denen der Substratumsatz indirekt (z. B. durch Konformationsänderungen) behindert ist; hierzu zählen *feedback*-Inhibitoren in längeren Stoffwechselketten.

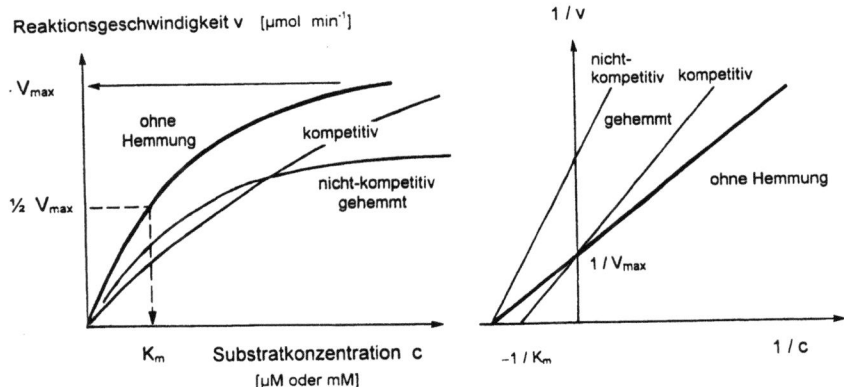

**Abb.10.** Typen der Enzymhemmung: Die Kinetik ohne Inhibitor ist fett dargestellt. Ein kompetitiver Inhibitor verändert nicht $V_{max}$, aber erhöht (verschlechtert) den apparenten $K_m$-Wert für ein Substrat. In Gegenwart nicht-kompetitiver Inhibitoren kann die ungehemmte Umsatzrate nie erreicht werden ($V_{max}$ ist herabgesetzt), aber $K_m$-Werte bleiben unverändert.

Verglichen mit einer Enzymkinetik ohne Inhibitor führen diese beiden Typen von Hemmung zu charakteristischen Abweichungen in der Michaelis-Menten- und der doppelt-reziproken Auftragung (Abb.10); auch gemischte Typen kommen vor. Aus kinetischen Messungen mit und ohne Hemmstoff lässt sich so im Idealfall der Mechanismus eines Inhibitors erkennen. Enzymhemmung und Inhibitoren kommen häufig und zahlreich vor, ihre genaue Analyse kann aber theoretisch und praktisch sehr komplex sein; dafür gibt es Spezialliteratur.

Im folgenden werden Versuche zur Katalyse allgemein, zur Enzymkatalyse und zu Nachweis, Kinetik und Hemmung ("Vergiftung") enzymkatalysierter Reaktionen beschrieben. Am Beispiel von Hydrolasen sowie Dehydrogenasen und ihren Coenzymen verfolgen Sie Enzymreaktionen quantitativ und bestimmen Spezifitäten und andere charakteristische Parameter. Ferner sind vier verschiedene Präparationen zur Anreicherung von Enzymfraktionen aus biologischem Material beschrieben, wobei aus Zeit- und Stabilitätsgründen nur besonders stabile und leicht analysierbare Proteine ausgewählt wurden. Von diesen Präparaten wird in der Regel nur eines bearbeitet. Weitere Enzyme, Reinigungsmethoden und enzymatische Nachweisverfahren sind in folgenden Kapiteln enthalten, so in Versuch 5.4 , Kapitel 8 (Zellorganellen) und Kapitel 9 (Chromatographie).

**Versuch 4.1 : Säurekatalyse der Esterbildung**

Die Protonierung und dadurch hervorgerufene Polarisierung und Reaktivitätssteigerung von Molekülteilen ist eins der einfachsten Prinzipien von Reaktionsbeschleunigung und Katalyse: Säuren bzw. deren Protonen $H^+$ sind die einfachsten, wenn auch wenig spezifischen Katalysatoren für Umsetzungen in homogener Lösung ("allgemeine Säurekatalyse"). Säuren tragen auch häufig zur Enzymkatalyse bei, wo in den aktiven Zentren saure Aminosäurereste oder Metallkationen ("Lewis-Säuren") in spezifischer räumlicher Anordnung und oft in hydrophober Umgebung reaktionsfähigen Substratstrukturen gegenüberstehen. Das Gegenstück, ebenso häufig und wichtig, ist "allgemeine Basenkatalyse" bei der Deprotonierung und Reaktivitätssteigerung von potentiell aciden Strukturen wie z. B. bestimmten C–H-Bindungen.

Wir rekapitulieren nicht-enzymatische Säurekatalyse am Fall der normalerweise sehr langsam verlaufenden Esterbildung zwischen einer organischen Säure und einem Alkohol: Die Addition von Protonen an eine Carboxylgruppe unter Bildung des reaktiven Carboxonium-Ions $[R-C^+(OH)_2]$ erleichtert den Angriff des Alkoholmoleküls R'–O–H und beschleunigt die Gleichgewichtseinstellung zum Ester; die Protonen werden nicht verbraucht sondern wirken rein katalytisch.

$$R-\overset{O}{\underset{\|}{C}}-OH + H^+ \rightleftarrows \left[ R-\overset{OH}{\underset{OH}{\overset{|}{C^+}}} \overset{+R'-OH}{\rightleftarrows} R-\overset{OH}{\underset{OH}{\overset{|}{C}}}-O\overset{+}{\underset{H}{\langle}}R' \rightleftarrows R-\overset{OH}{\underset{+OH_2}{\overset{|}{C}}}-OR' \rightleftarrows \right.$$

$$\left. \overset{-H_2O}{\rightleftarrows} R-\overset{OH}{\underset{+}{\overset{|}{C}}}-OR' \right] \rightleftarrows H^+ + R-\overset{O}{\underset{\|}{C}}-OR' \quad \text{Ester}$$

**Aufgabe:** Mischen Sie in Reagenzgläsern je 2 mL Ethanol, Isopropanol und *n*-Butanol mit je 1 mL Eisessig; setzen Sie eine Mischung doppelt an und stellen ein Glas als Kontrolle zur Seite. Geben Sie zu den anderen Mischungen je 1 Tropfen konzentrierte Schwefelsäure *(Vorsicht, Ätzend! Schutzbrille!)* und erhitzen sie vorsichtig und kurz (nicht zu heftig) zum Sieden. Lassen Sie die Proben 10 min stehen und verdünnen dann mit je 5 mL Wasser: Die in Wasser unlöslichen, charakteristisch riechenden Ester scheiden sich als leichte obere Phase ab, während sich in der Kontrollprobe ohne Katalysator noch kein Ester gebildet haben wird.

**Versuch 4.2 : Katalyse der Zersetzung von Wasserstoffperoxid**

Wasserstoffperoxid entsteht in vielen sauerstoff-umsetzenden (aeroben) physiologischen Prozessen als Nebenprodukt und würde als sog. "reaktive Sauerstoffspecies" (ROS) intrazellulär Schaden anrichten, wenn es nicht wirkungsvoll durch Enzymkatalyse beseitigt würde. Dazu enthalten alle aeroben Organismen hochaktive Katalasen und Peroxidasen (EC 1.1.1.6, 1.11.1.7). Katalase gilt mit einer Wechselzahl von 100 000 als aktivstes Enzym überhaupt. Die Disproportionierung zu Wasser und Sauerstoff

$$2\ H_2O_2 \rightarrow 2\ H_2O + O_2 + \text{Energie}$$

wird auch nicht-enzymatisch durch Metallionen katalysiert, die leicht und reversibel ihre Oxidationsstufe wechseln können. Dabei sind diejenigen Metalle katalytisch wirksam, die auch in den aktiven Zentren der $H_2O_2$-zersetzenden Enzyme an der Katalyse beteiligt sind, nämlich Eisen-Porphyrine oder Mangan-Komplexe.

*Heterogene Katalyse*: Zwei Proben 3 %iger $H_2O_2$-Lösung werden mit je einer Spatelspitze feingepulvertem Braunstein $MnO_2$ sowie Hämin (aus Versuch 2.9) versetzt. Beobachten Sie die Mischungen und prüfen Sie mit dem Thermometer die Temperatur. Die Reaktion mit Hämin verläuft langsamer, aber sie sollte merklich sein.

*Enzymkatalyse*: Man fülle in mehrere Reagenzgläser je 5 mL 10 %ige $H_2O_2$-Lösung; eines bleibt ohne Zusatz (Kontrolle). Zu den anderen gibt man 0,5 mL hochverdünnte reine Katalase-Lösung bzw. je 1–2 mL zellfreien Extrakt aus Hefe, frischer Kartoffel oder Leber, die man durch *kräftiges* (!) Zerreiben im Mörser mit etwas Wasser und Seesand und Abzentrifugieren der Gewebe- und Zellreste frisch hergestellt hat. In welchen Fällen tritt Sauerstoffentwicklung ein? Prüfen Sie auch hier auf evtl. Temperaturerhöhung. Kochen Sie die restlichen Enzymlösungen im Reagenzglas auf und wiederholen Sie die Serie.

*Anmerkung*: Aus der hier beobachteten, wahrscheinlich sehr unterschiedlichen Katalaseaktivität der verschiedenen Extrakte dürfen Sie nicht direkt auf physiologische Unterschiede im Katalasegehalt der Zellen schließen; dazu müsste der Aufschluss standardisiert sein und Proteinbestimmungen durchgeführt werden.

### Versuch 4.3 : Vergiftung und Reaktivierung eines Enzyms: Urease

Ein in Mikroorganismen und Pflanzen verbreitetes, sehr aktives Enzym ist die Harnstoff spaltende Urease (EC 3.5.1.5):

$$NH_2-CO-NH_2 + 2\ H_2O \rightarrow 2\ NH_4^+ + CO_3^{2-}$$

Unkatalysiert wird Harnstoff erst bei starkem Erhitzen gespalten. Erwärmen Sie eine Spatelspitze Harnstoff trocken im Reagenzglas und weisen Sie den entweichenden Ammoniak mit feuchtem Indikatorpapier und ggf. am Geruch nach.

Unter Enzymkatalyse verläuft die Harnstoffspaltung bei Normaltemperatur. Bereiten Sie in mehreren Reagenzgläsern je 5 mL 10 %ige Harnstoff-Lösung vor und versetzen sie mit 2 Tropfen des Indikators Bromthymolblau. Dieser Indikator schlägt während einer pH-Wert-Erhöhung bei pH 6 von gelb nach grün und bei pH 7,6 von grün nach blau um. Fügen Sie zu einem Glas 0,1 mL hochverdünnte Urease-Lösung und beobachten Sie die Farbveränderung. Steht ein Leitfähigkeitsmessgerät zur Verfügung, so verfolgen Sie die Harnstoffspaltung auch damit. (Wieso ändert sich die Leitfähigkeit der Lösung?)

Wie viele andere Katalysatoren wird Urease durch kleine Mengen von Schwermetallen "vergiftet", die an Enzymgruppen binden, die für die Katalyse essentiell und besonders exponiert und reaktiv sind; häufig sind dies SH-Gruppen der Aminosäure Cystein. Geben Sie zu weiteren Reagenzgläsern mit Harnstoff-Lösung und Indikator (1) ein Kriställchen Quecksilberchlorid (*Gift!* Wird gesondert ausgegeben), (2) ein Kriställchen Kupfersulfat, (3) 0,5 mL einer neutralen 0,1 M Cystein-Lösung *und dann* ein Kriställchen Kupfersulfat. Dann versetzen Sie alle Gläser mit Enzym und vergleichen die Urease-Wirkung. Erklären Sie die Schutzfunktion von Cystein gegen Schwermetall-Inaktivierung!

**Versuch 4.4 : Aktivität und Kinetik von Alkoholdehydrogenase**

Enzyme, die Redoxreaktionen katalysieren, benötigen Coenzyme zur Aktivität. Eine besonders große und verbreitete Gruppe solcher Enzyme sind die Dehydrogenasen. Sie katalysieren reversibel den Transfer von Wasserstoff (H oder besser $H^-$, Wasserstoff mit Elektronenpaar, streng zu unterscheiden von $H^+$) zwischen Substraten und Produkten. Während sich die Enzymproteine in der Substratspezifität unterscheiden (z. B. Alkohol-, Lactat-, Malatdehydrogenase), nutzen sie für die Dehydrierungs/Hydrierungsreaktion meist die gleichen Coenzyme. Am häufigsten sind das die Nicotinamidnucleotid-Coenzyme $NAD^+$ bzw. NADH (Nicotinamid-adenin-dinucleotid) von stark negativem Redoxpotential (–320 mV). Deren Struktur und charakteristische Spektren kennen Sie aus Versuch 2.11; rekapitulieren Sie die Details!

Alkoholdehydrogenasen (ADH, EC 1.1.1.1) werden in einer Vielzahl von Mikroorganismen, pflanzlichen und tierischen Geweben gefunden. Am besten bekannt sind die Enzyme aus Leber (Molmasse 84 000 Da) sowie aus Hefe (140 000 Da). Das Hefe-Enzym kann leicht selbst präpariert werden (Versuch 4.8 a). Alkoholdehydrogenasen katalysieren die Hydrierung von Aldehyden bzw. die Dehydrierung von Alkoholen (Ethanol und andere primäre Alkohole). Für welche physiologische Reaktion dient ADH in der Hefe? In Säugern ist die Hauptfunktion – neben der Detoxifizierung von Alkohol – eine andere (→ Lehrbuch oder Seminar). In der reversiblen Reaktion

$$CH_3-CH_2-OH + NAD^+ \rightleftarrows CH_3-CHO + NADH + H^+$$

wirken die Coenzyme $NAD^+$ bzw. NADH genau betrachtet als "Cosubstrate", da sie stöchiometrisch umgesetzt werden.

Die Aktivität NAD$^+$/NADH-umsetzender Dehydrogenasen lässt sich photometrisch bestimmen, indem man die zeitliche Änderung der Lichtabsorption des beteiligten Coenzyms verfolgt. Reduziertes NADH (mit chinoider Dihydropyridin-Struktur) hat eine langwellige Absorptionsbande bei 340 nm, die oxidierte Form NAD$^+$ aber nicht (Versuch 2.11, Abb.5). Der molare Extinktionskoeffizient für NADH ist $\varepsilon$ = 6300 bei 340 nm ($\lambda_{max}$, häufigste Messwellenlänge) bzw. 6100 bei 334 nm bzw. 3400 bei 366 nm (für Messungen in Filterphotometern).

Alkoholdehydrogenasen enthalten proteingebundene Zinkionen und einen für die Aktivität essentiellen Cystein-Rest mit SH-Gruppe. Um *in vitro* die Gleichgewichtsreaktion von Alkohol zu Aldehyd möglichst nach rechts zu verschieben, setzt man den Alkohol in großem Überschuss ein und fängt den entstehenden Aldehyd als Semicarbazon ab. Soll ein Aldehyd zum Alkohol reduziert werden, entfällt natürlich dieser Zusatz. Erklären Sie aufgrund dieser Informationen die Zusammensetzung des Testgemischs. Welche praktisch-analytische Anwendung von ADH-Bestimmungen – mit ggf. unangenehmen Folgen – kennen Sie?!

**Aufgaben**: Spektroskopischer ADH-Test mit reinem Enzym, Aktivitätsberechnung. Bestimmung des $K_m$-Wertes für (alternativ) Ethanol, Acetaldehyd (muss monomer in Lösung vorliegen und vorbereitet werden) oder NAD$^+$.

Vergleichen Sie die Aktivität des Hefe-Enzyms gegenüber Ethanol mit dem Umsatz von Methanol, *n*-Propanol, Isopropanol und Ethylenglykol.

*Enzymtest*: Mit Ethanol als Substrat im Überschuss, bei alkalischem pH-Wert und durch Abfangen des Reaktionsproduktes ist die Geschwindigkeit der NAD$^+$-Reduktion der Enzymmenge proportional. Messgröße ist die Extinktionszunahme bei 340 nm oder einer naheliegenden Wellenlänge (s. o.).

Benötigte Lösungen:  0,1 M Na-pyrophosphat/Glycin-Puffer pH 9
3 M Ethanol
Semicarbazidhydrochlorid in Wasser (250 mg/mL)
10 mM NAD$^+$ in Wasser.
10 mM reduziertes Glutathion (GSH) in Puffer

*Durchführung*: In eine Küvette 2,5 mL Puffer und je 0,1 mL der anderen vier Lösungen pipettieren, mischen; im Photometer auf konstante Extinktion (muss sehr gering sein) kontrollieren. Reaktion durch Zugabe von bis zu 0,1 mL Enzymlösung (bei kleinerem Volumen durch Wasser ausgleichen) starten und die Extinktionszunahme einige Minuten lang registrieren. Es ist ratsam, zuerst die Menge an Enzymlösung bzw. die Verdünnung der ausgegebenen ADH so zu variieren, dass die Steigung der Umsatzkurve bei Anfangsgeschwindigkeit etwa

etwa 45–50° nicht überschreitet; höhere Geschwindigkeiten sind schlecht auszuwerten.

Führen Sie nach eigener Konzeption eine genügende Zahl von Aktivitätsbestimmungen mit passend verdünnter Substrat- bzw. Coenzymlösung durch, die eine zur Auswertung ausreichende Serie von c(Substrat)/v-Wertepaaren ergeben. Rechnen Sie die gemessenen Extinktionsänderungen $\Delta E$/min in $\Delta c$ und Stoffmenge/min um und tabellieren die Werte als Geschwindigkeit v bei der jeweiligen Substratkonzentration c.

ADH ist nicht absolut substratspezifisch für Ethanol bzw. Acetaldehyd. Bei der Ermittlung der Substratspezifität und Aktivität gegenüber anderen Alkoholen (s.o.) müssen Sie jedoch eine höhere Enzymmenge anwenden (ausprobieren) und ggf. längere Reaktionszeiten hinnehmen.

Zur Bestimmung von $K_m$-Werten tragen Sie die Substratkonzentrationen gegen die Geschwindigkeiten v (µmol/min) direkt auf und beurteilen die Sättigungskurve daraufhin, ob ihr der $K_m$-Wert verlässlich genug entnommen werden kann. Andernfalls muss die doppelt-reziproke Auftragung nach Lineweaver-Burk vorgenommen werden (Abb.9). Literaturwerte für $K_m$ finden Sie in Bergmeyer, Methoden der enzymatischen Analyse und anderen Enzym-Handbüchern.

### Versuch 4.5 : Bestimmung von Transaminasen

Transaminasen oder Aminotransferasen (EC 2.6.1) katalysieren die reversible gegenseitige Umwandlung von α-Ketosäuren (systematischer Name: 2-Oxocarbonsäuren) und α-Aminosäuren:

$$R-\underset{\underset{O}{\|}}{C}-COO^- + R'-\underset{\underset{NH_2}{|}}{CH}-COO^- \rightleftarrows R-\underset{\underset{NH_2}{|}}{CH}-COO^- + R'-\underset{\underset{O}{\|}}{C}-COO^- \quad (1)$$

Dies ist eine der häufigsten Reaktionen des Intermediärstoffwechsels sämtlicher Organismen. Zwei der vielen Transaminasen, GOT und GPT (s. u.) sind wichtige und häufig bestimmte Indikatorenzyme der klinischen Diagnostik von Herz- und Leberschäden. Da die Austauschreaktion zwischen Oxo- und Aminofunktionen keine direkte Quantifizierung von Substraten oder Produkten erlaubt, ist die Bestimmung der Transaminase-Aktivität auch ein typisches Beispiel für gekoppelte Enzymtests, in denen das Produkt der eigentlichen Reaktion (1) als Substrat eines zweiten (Hilfs)Enzyms dient, dessen Reaktionsablauf (2) experimentell einfach, z. B. über $NAD^+/NADH$ wie im vorhergehenden Versuch verfolgt werden kann:

$\rangle C=O + NADH \rightleftarrows \rangle CH-OH + NAD^+$  (2)

Transaminierung verbindet den Stoffwechsel der Zucker und Fettsäuren, deren Kohlenstoff-Gerüste in verschiedenen Stoffwechselprozessen zu Ketosäuren umgewandelt werden, mit der Bildung bzw. dem Abbau der Aminosäuren. Etwa 100 derartige Reaktionen sind bekannt. Von besonders zentraler Bedeutung sind die reversiblen Umsetzungen zwischen Glutaminsäure (Glutamat), dem primären Produkt des Stickstoff-Einbaus in Biomoleküle, und den Ketosäuren Pyruvat, Oxalacetat und α-Ketoglutarat = 2-Oxoglutarat einerseits und den Aminosäuren Alanin und Asparaginsäure (Aspartat) andererseits.

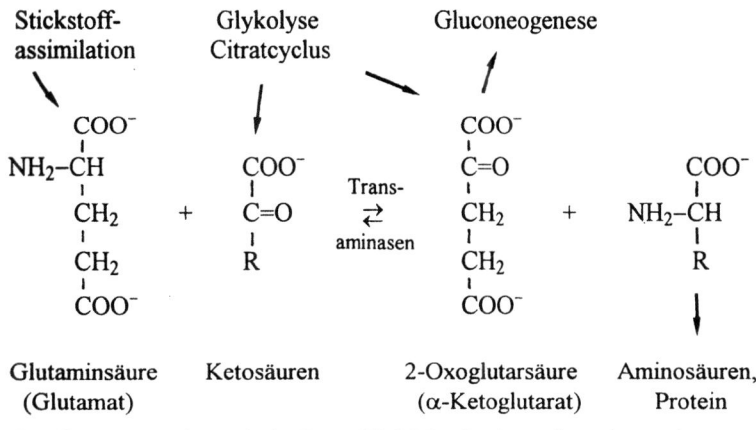

R = CH$_3$ : Pyruvat bzw. Alanin; R = -CH$_2$COO$^-$ : Oxalacetat bzw. Asparaginsäure

Alle Transaminasen benötigen als Coenzym Pyridoxalphosphat; dessen Vorstufe ist in tierischen Organismen Vitamin B$_6$ = Pyridoxol oder Pyridoxin. An der Aldehydfunktion des Coenzyms wird eine Substrat-Aminosäure als Schiff-Base (Azomethin) kovalent gebunden und aktiviert. Schreiben Sie das Reaktionsprodukt und informieren Sie sich im Lehrbuch über den kompletten Reaktionscyclus! Achten Sie darauf, ob und wie das Coenzym Pyridoxalphosphat bereits in Abwesenheit von Substrat an das Enzymprotein (Apoenzym) gebunden ist.

GOT und GPT (EC 2.6.1.1 und 2.6.1.2) setzen Glutamat mit Oxalacetat bzw. Pyruvat unter Transaminierung zu den Aminosäuren Aspartat und Alanin um (s. o.). Diese beiden universell verbreiteten, aktiven und stabilen zellulären Enzyme werden bei Gewebezerstörungen frei und treten in den tierischen Blutkreislauf über, wo sie normalerweise keine Funktion haben. Da Leber und Herz besonders aktiven Aminosäurestoffwechsel und Transaminase-Gehalte aufweisen, sind mehrfach erhöhte Serum-Transaminasespiegel charakteristisch für Hepatitis bzw. Herzinfarkt. Reich an GOT ist auch das Gehirn. Die Bestimmung von Transaminasen sind daher Routinemethoden der klinischen Chemie.

**Aufgabe:** Aktivitätsbestimmung von GPT oder GOT im gekoppelten spektralphotometrischen Test. Beide Enzyme sind kommerziell erhältlich. (Die Präparation aus Schweineherz ist in Methods Enzymology Bd. XVIIA beschrieben.) Da bei Messungen in Serumproben dort ebenfalls vorhandene störende Aktivitäten, insbesondere Glutamatdehydrogenase, durch Korrekturen berücksichtigt werden müssen, wird das Prinzip der Aktivitätsbestimmung hier mit den reinen Enzymen geübt. Weil die Transaminierung (Reaktion 1) voll reversibel ist, wird i. a. in der Gegenrichtung mit α-Ketoglutarat als Substrat gemessen, so dass Kopplung mit den leicht verfügbaren Dehydrogenasen LDH bzw. MDH und NADH möglich ist. Transaminasen sind streng spezifisch für **L-Aminosäuren**.

**(a) Glutamat-Pyruvat-Transaminase oder L-Alanin-Aminotransferase**

$$\text{Alanin + Ketoglutarat} \underset{}{\overset{\text{GPT}}{\rightleftarrows}} \text{Pyruvat + Glutamat} \quad (1)$$

$$\text{LDH} \downarrow \text{+ NADH}$$

$$\text{Lactat + NAD}^+ \quad (2)$$

*Lösungen:* 0,1 M K-phosphat-Puffer pH 7,4 enthaltend 1,0 M L-Alanin (stabil)
10 mM NADH in Wasser (*auf Eis*)
Lactatdehydrogenase LDH, 0,5 mg/mL in Puffer (*auf Eis*)
(*Anmerkung*: Bei Vermessung von Serumproben soll die LDH nicht als Ammoniumsulfat-Fällung vorliegen)
0,5 M Ketoglutarat Di-Na-Salz in Wasser (*auf Eis*)

*Messung:* Man pipettiert in 1 mL-Küvetten

0,80 – 0,85 mL Puffer + Alanin
50 – 100 µL GPT-haltige Probe (je nach Aktivität)
25 µL NADH-Lösung
25 µL LDH,

beobachtet die Extinktion bei 340 nm (wie erwartet? konstant?) und startet die Reaktion mit 50 µL Ketoglutarat-Lösung.

Die Extinktionsabnahme bei 340 nm wird einige Minuten lang registriert und aus $\Delta E$/min sowie $\varepsilon$ (NADH) der Alanin-Umsatz bzw. die GPT-Aktivität berechnet (in µmol/min · ml Probenlösung). Vergleichen Sie den Wert mit typischen Transaminase-Werten im Serum (nachzuschlagen in Bergmeyer, Methoden der Enzymatischen Analyse).

### (b) Glutamat-Oxalacetat-Transaminase oder L-Aspartat-Aminotransferase

$$\text{Aspartat} + \text{Ketoglutarat} \underset{}{\overset{\text{GOT}}{\rightleftarrows}} \text{Oxalacetat} + \text{Glutamat} \qquad (1)$$

$$\text{MDH} \downarrow + \text{NADH}$$

$$\text{Malat} + \text{NAD}^+ \qquad (2)$$

*Lösungen:* 0,1 M K-phosphat-Puffer pH 7,6 enthaltend 0,25 M L-Aspartat
10 mM NADH in Wasser (*auf Eis*)
Malatdehydrogenase MDH 0,5 mg/mL in Puffer (*auf Eis*)
(*Anmerkung:* Wie bei GPT/LDH!)
5 mM Pyridoxalphosphat in Wasser (*auf Eis*)
0,5 M Ketoglutarat Di-Na-Salz in Wasser (*auf Eis*)

*Messung:* Analog der Bestimmung von GPT (Fall a) in 1 mL-Küvetten mit

0,80 – 0,85 mL Puffer + Aspartat
50 – 100 µL GOT-haltige Probe (je nach Aktivität)
20 µL NADH-Lösung
10 µL Pyridoxalphosphat-Lösung
20 µL MDH,

starten mit 50 µL Ketoglutarat-Lösung.

Die Auswertung erfolgt wie im Fall der Glutamat-Pyruvat-Transaminase.

### Versuch 4.6 : Enzymatische Bestimmung von Metaboliten: Pyruvat, ADP

Mit Substraten bekannter Konzentration kann man unbekannte Enzymaktivitäten und kinetische Parameter ermitteln, mit Enzymen bekannter Aktivität umgekehrt die Konzentration bzw. Menge eines Substrats. In diesem Fall registriert man die eintretende Extinktionsänderung bis zum *Endwert*, an dem alles Substrat verbraucht ist und ermittelt aus $\Delta E$ (nicht $\Delta E$/min!) die umgesetzte Menge. Dauert die Erreichung eines Endwertes zu lange, so muss man die Enzymmenge erhöhen und/oder die eingesetzte Probenlösung verringern oder verdünnen. Diese Methode ist die Basis einer großen Zahl enzymatischer Analysen von Zuckern, Säuren, Alkoholen und vielen anderen Stoffen in

Lebensmitteln und Getränken ( → Beispiele in Kapitel 5), der Blutalkoholbestimmung, und der Analyse von pathologischen Stoffwechselprodukten (Aminosäuren, Fettsäuren, Ketonkörpern u. a. im Plasma oder Serum) in der medizinischen Diagnostik. Enzyme für derartige Bestimmungen, besonders auch in Analysenautomaten, sind in standardisierter Form kommerziell erhältlich.

Exemplarisch werden in diesem Versuch Pyruvat und Adenosindiphosphat ADP, zwei Intermediate des Energiestoffwechsels bestimmt. Um die in einem Zellextrakt oder in Serumproben zu berücksichtigenden Nebenreaktionen und Kontrollen zu vermeiden, wird mit definierten Lösungen in Puffer gearbeitet. Die benötigten Enzyme sind L-Lactatdehydrogenase (LDH, EC 1.1.1.27) aus Herz und Pyruvatkinase (PK, EC 2.7.1.40) aus Kaninchenmuskel, beide von hoher spezifischer Aktivität. Sie katalysieren folgende Reaktionen:

$$\text{Glucose, Glykolyse} \rightarrow \underset{\text{Phosphoenol-pyruvat (PEP)}}{\begin{array}{c} COO^- \\ | \\ C-O-P \\ || \\ CH_2 \end{array}} \xrightarrow[PK]{ADP \quad ATP} \underset{\substack{\text{Pyruvat} \\ \downarrow \\ \text{AcetylCoA, Citratcyclus}}}{\begin{array}{c} COO^- \\ | \\ C=O \\ | \\ CH_3 \end{array}} \xrightarrow[LDH]{NADH \quad NAD^+} \underset{L(+)\text{Lactat}}{\begin{array}{c} COO^- \\ | \\ CH-OH \\ | \\ CH_3 \end{array}}$$

**Aufgabe:** Bestimmen Sie die in einer Probe enthaltenen unbekannten Mengen an Pyruvat und ADP.

Zur Probe fügt man in der Küvette NADH und Phosphoenolpyruvat (PEP) im Überschuss; diese Komponenten reagieren zunächst nicht miteinander. Nach Zusatz von LDH wird das vorhandene Pyruvat unter Verbrauch einer stöchiometrischen Menge NADH zum Lactat reduziert (wie verändert sich $E_{340}$ ?). Bei anschließender Zugabe von PK reagiert das vorhandene ADP mit PEP zu ATP (ein Fall von "Substratkettenphosphorylierung") und Pyruvat, das wie oben durch LDH umgesetzt wird. Der Verbrauch an NADH entspricht nun dem vorhandenen ADP. Die Enzymlösungen erhalten Sie in passend vorbereiteter Konzentration (z. B. 0,5 mg /mL) und Aktivität; protokollieren!

*Durchführung:* In eine Küvette pipettiert man

0,85–0,9 mL 0,1 M Tris-HCl-Puffer pH 7,6, je 5 mM an KCl und MgCl$_2$
20 µL PEP-Lösung (40 mM) *(auf Eis)*
20 µL NADH-Lösung (10 mM) *(auf Eis)*
50–100 µL Pyruvat und ADP enthaltende Probenlösung *(auf Eis)*

mischt mit dem Plümper und registriert etwa 1 min lang die Extinktion bei 340 nm. Wie hoch sollte $E_{Anfang}$ sein? (Berechnen!) Nach Zugabe von 10 µL Lactatdehydrogenase wird die Extinktionsabnahme bis zum Endwert registriert: $\Delta E_1$ → Pyruvatmenge.

Nach Zugabe von 10 µL Pyruvatkinase wird die Extinktionsänderung erneut registriert: $\Delta E_2$ → ADP-Menge. Extinktionskoeffizienten für NADH: Siehe Versuch 2.11 und 4.4. Die Bestimmung wird zweimal durchgeführt. Vergleichen Sie die Ergebnisse mit dem den Assistenten bekannten Gehalt der Probelösung.

*Hinweise zur Durchführung und Kontrolle*: Die Erreichung des Endwertes soll rasch, aber noch gut zu beobachten sein (im Minutenbereich); eine passende Geschwindigkeit kann durch Anpassung der Enzymmengen (geringere oder höhere Verdünnung bzw. Volumen) erzielt werden. Geht die Extinktion in einem der Schritte bis (fast) auf Null zurück, so ist die Substratmenge zu hoch und die Probenlösung muss im Volumen reduziert oder verdünnt werden.

Zur Kontrolle des Systems kann man beide Enzyme mit ihren jeweiligen Substraten separat auf Aktivität testen; dabei würde auch eine (in der Praxis gelegentlich vorkommende) gegenseitige Verunreinigung erkannt. Zusatz weiterer 50 oder 100 µL Probelösung zum Schluss und erneute Extinktionsabnahme zeigen, ob ein genügender Überschuss an NADH vorhanden und die Enzymaktivitäten ausreichend stabil waren.

**Versuch 4.7 : Spezifität und Hemmung von Serinproteasen**

Eine große Gruppe weitverbreiteter Enzyme sind die Proteasen (EC 3.4), die im katabolen Stoffwechsel die Hydrolyse der stabilen Peptidbindung –CO–NH– katalysieren. Von den gut bekannten Verdauungsfermenten des Pankreas wirken Chymotrypsin und Trypsin als *Endo*peptidasen auf Peptide und Proteine ver-schiedenster Molekülgröße, während Carboxypeptidase A eine Exopeptidase ist. Sie werden als enzymatisch inaktive Vorstufen (sog. Proenzyme oder "Zymogene" wie z. B. Chymotrypsinogen) gebildet. Proteasen sind i.a. kleine, aus 100–300 Aminosäuren bestehende Proteine mit Molmassen von 15 000 – 30 000 Da, die keine Coenzyme benötigen. Ihre Reaktionsmechanismen und die Aminosäuren der aktiven Zentren sind gut bekannt. In den Serin-Proteasen (EC 3.4.21; darunter Chymotrypsin und Trypsin, Elastase, Subtilisin) sind Histidin- und Serinreste für die Katalyse verantwortlich und am Serin acylierte, kovalent verknüpfte Enzym-Substrat-Zwischenprodukte ("Acyl-Enzyme") nachweisbar. In den SH-Proteinasen (EC 3.4.22; Papain, Ficin und andere pflanzliche Enzyme) sind Cysteinreste, in sauren und in Metalloproteinasen (3.4.23, 3.4.24, Pepsin bzw. Carboxypeptidase) sind Glutaminsäurereste bzw. Zinkionen an der

Katalyse beteiligt. Die meisten Enzyme hydrolysieren außer Peptidbindungen auch Aminosäureamid- und Aminosäureesterbindungen. Studieren Sie im Lehrbuch den klassischen Mechanismus der Proteolyse durch Chymotrypsin oder Trypsin!

*Aktivitätsbestimmung*: Rekapitulieren Sie Versuch 3.7. Als Alternative zu natürlichen hochmolekularen Substratproteinen sind synthetische, niedermolekulare und dadurch lösliche Substrate mit di- oder tripeptidähnlicher Struktur gebräuchlich, bei deren Spaltung farbige Reste freigesetzt werden, insbesondere gelbe Nitrophenylverbindungen (vgl. Versuche 2.4 und 4.8 b). Durch geeignete Substitution kann man die Substratspezifität der jeweils untersuchten Proteinase berücksichtigen: Chymotrypsin spaltet Peptid- oder Esterbindungen, die von den *aromatischen* Aminosäuren Phenylalanin oder Tyrosin ausgehen und wird daher spezifisch mit dem Substrat Glutaryl-L-phenylalanin-*p*-nitranilid (GPNA, Struktur 1) bestimmt. Trypsin dagegen spaltet Bindungen neben den *basischen* Aminosäuren Lysin oder Arginin und hydrolysiert spezifisch N-Benzoyl-L-arginin-*p*-nitranilid (BAPA, Struktur 2) unter Freisetzung von *p*-Nitroanilin.

*Enzymhemmung*: Zur spezifischen *Enzymwirkung* gehört als Gegenstück auch im physiologischen Geschehen oft eine spezifische *Enzymhemmung*. Die hydrolytische Aktivität von Proteasen wird in vielen Organismen durch spezifische Inhibitoren reguliert; warum ist das sinnvoll? Protease-Inhibitoren wie die in Pankreas, Serum, Eiklar, Sojabohne vorkommenden sind selbst Proteine, aber Hydrolyse resistent und bilden mit den Enzymen inaktive Komplexe. Serinproteasen werden ferner durch toxische Chemikalien inaktiviert, die alkylierend oder acylierend auf die essentiellen Serin- oder Histidinreste wirken, z. B. Halogencarbonylverbindungen (s. u.) und Säurefluoride. (Die hohe Toxizität solcher Verbindungen *in vivo* beruht vorwiegend auf ihrer Reaktion mit der ebenfalls zu Serin-Enzymen gehörenden Acetylcholinesterase des Zentralnervensystems, weniger auf der Hemmung von Verdauungsenzymen.) Die spezifische Hemmung von Proteasen nutzt man schließlich im Labor aus, um einen unkontrollierten proteolytischen Abbau in biochemischen Präparationen zu unterdrücken; ein gängiger Protease-Hemmstoff für diesen Zweck ist beispielsweise Phenylmethylsulfonylfluorid PMSF ($C_6H_5-CH_2-SO_2F$).

α-Chymotrypsin und Trypsin der Bauchspeicheldrüse sind zwei einander sehr ähnliche Enzyme (245 bzw. 229 Aminosäuren, Molmasse 24 000 Da), die wegen ihrer charakteristischen Spezifität gegenüber bestimmten Peptidbindungen für Forschungszwecke – bei der Sequenzierung und Strukturbestimmung von Proteinen – verwandt werden. Sie sind sehr schwierig von gegenseitiger Verunreinigung zu befreien, weil beide aus derselben Quelle isoliert werden. Mit spezifischen Inhibitoren erreicht man auf einfache Weise die Inaktivierung jeweils einer von beiden Proteasen: Die synthetischen α-Chlorketone Tosylphenylalanin-chlorketon bzw. Tosyl-lysin-chlorketon (TPCK, **3** bzw. TLCK, **4**) besitzen substratanaloge Strukturen und werden am Enzym gebunden, können aber nicht umgesetzt werden sondern alkylieren und blockieren ihrerseits die Serinreste der aktiven Zentren.

$$HOOC-(CH_2)_3-\overset{O}{\underset{\|}{C}}-NH-CH(CH_2C_6H_5)-\overset{O}{\underset{\|}{C}}-NH-C_6H_4-NO_2 \quad \mathbf{1}$$

$$C_6H_5-\overset{O}{\underset{\|}{C}}-NH-CH((CH_2)_3-NHC(NH_2)_2^+\,Cl^-)-\overset{O}{\underset{\|}{C}}-NH-C_6H_4-NO_2 \quad \mathbf{2}$$

$$Tosyl-NH-CH(CH_2C_6H_5)-\overset{O}{\underset{\|}{C}}-CH_2Cl \quad \mathbf{3}$$

$$Tosyl-NH-CH((CH_2)_4-NH_3^+\,Cl^-)-\overset{O}{\underset{\|}{C}}-CH_2Cl \quad \mathbf{4}$$

( Tosyl = Toluolsulfonyl-  $CH_3-C_6H_4-SO_2-$ )

**Aufgabe:** Differenzieren Sie die Substratspezifität der nahe verwandten Verdauungsenzyme Chymotrypsin und Trypsin

*Durchführung*: Sie erhalten Lösungen kommerzieller Präparate von Chymotrypsin und Trypsin, jeweils in 50 mM Phosphatpuffer pH 8,0, sowie 10 mM Lösungen der beiden Substrate Glutarylphenylalanin-*p*-nitranilid (GPNA, **1**) und Benzoyl-arginin-*p*-nitranilid (BAPA, **2**). Prüfen Sie, welches Substrat von welchem Enzym umgesetzt wird und ob die Enzymproben frei von gegenseitiger Verunreinigung sind. Stellen Sie dazu durch Verdünnen 1 mM Substratlösungen im gleichen Puffer her und starten die Reaktion mit einer kleinen Menge Enzymlösung. Die Bildung von p-Nitranilin wird an der Gelbfärbung nach Augenschein oder besser im Photometer bei 405 oder 410 nm beobachtet ($\varepsilon_{410}$ = 8800). Setzen Sie in weiteren Proben zu beiden Enzymen je 10 µg des natürlich vorkommenden Trypsin-Inhibitors aus Sojabohnen zu und beobachten die Wirkung.

Eins der beiden Enzympräparate mit Haupt- und Nebenaktivität (mit Assistenten besprechen) inkubieren Sie nun in zwei Parallelproben 15 min lang mit einem Überschuss der substratanalogen Inhibitoren TPCK bzw. TLCK. Welche Verbindung sollte spezifisch welches Enzym inaktivieren? Testen Sie dann die Aktivität der beiden Enzymproben sowie zum Vergleich die einer unbehandelten Enzymlösung erneut mit den Substraten GPNA und BAPA und vergleichen und diskutieren Sie die Aktivitäten.

*Anmerkung*: Die synthetischen Substanzen **1 – 4** sind in Wasser schwer löslich (warum?). Sie erhalten Stammlösungen, die neben Puffer auch organische Lösungsmittel wie Methanol oder Dimethylsulfoxid enthalten; Sie können von den angegebenen Verdünnungen im Test nicht grob abweichen, weil die Substanzen in der wässrigen Testlösung sonst unlöslich ausfallen.

## Die Präparation von Enzymen

Nehmen wir an, Sie haben über das Vorkommen neuer unerwarteter Produkte eine bislang unbekannte Stoffwechselreaktion entdeckt – das geschieht noch immer regelmäßig, vor allem in Mikroorganismen und Pflanzen, aber auch in tierischen Geweben – die von einem oder mehreren ebenfalls noch nicht beschriebenen Enzymsystemen katalysiert sein muss. Es ist Ihre Aufgabe, diese Enzyme aus einem zellfreien Rohextrakt, in dem sie sich kaum oder gar nicht charakterisieren lassen, zu isolieren und so weit anzureichern, dass ihre Spezifität, Aktivität und Regulation eindeutig beschrieben werden kann. Dass man heute evtl. mit molekulargenetischen Methoden schon vorab die entsprechenden *Gene* identifizieren, klonieren und überexprimieren kann, mag einen Versuch wert sein; aber weder ist dessen Erfolg garantiert noch enthebt er Sie der Notwendigkeit, das System auch unter seinen natürlichen Bedingungen – im "Wildtyp" – vollständig zu analysieren. Mit dem Aufschwung der Proteomforschung als unentbehrliche Parallele zur aktuellen Genomforschung wird die Beschreibung von Enzymen und Enzymmechanismen auf molekularer Ebene sogar noch zunehmen.

Zur Präparation eines Enzyms in aktiver Form brauchen Sie alle in Kapitel 1 bis 3 beschriebenen Techniken zum Aufschluss von biologischem Material, beim Umgang mit Zellextrakten und Proteinen und müssen konsequent alle Vorsichtsmaßnahmen gegen Denaturierung (Kühlung!) beherzigen. Zwar sind bei einer Enzympräparation im Idealfall hohe Proteinausbeute *und* hohe Aktivität zugleich das Erstrebenswerte: Doch bei Ihren ersten Versuchen in Enzymologie, wo Sie dieses Ideal kaum erreichen, ist eine gute Aktivität unter gewissen Ausbeuteverlusten immer noch erfolgreicher als eine hohe Proteinausbeute mit null Aktivität.

Um die letztgenannte Frustration zu vermeiden, sollten bei einer Enzymisolierung die präparativen Schritte sowie Aktivitäts- und Proteinbestimmungen prinzipiell parallel gehen. Auch wo fertig ausgearbeitete Vorschriften zu befolgen sind, kann es durch geringe Variationen in Ausgangsmaterial und Versuchsbedingungen immer zu Abweichungen kommen, durch die eine Enzymaktivität nicht in der vorgesehenen sondern in einer benachbarten Proteinfraktion enthalten ist. Wenn Sie das nicht kontrolliert haben, arbeiten Sie mit der falschen, inaktiven Fraktion weiter und vergeuden Zeit und Material. Organisieren Sie daher stets schon beim Zellaufschluss die Durchführung der Enzymtests. In der Regel wird eine Referenzprobe aktiven Enzyms vorhanden sein, mit der Sie das Funktionieren des Enzymtests verifizieren können.

Der Erfolg der Anreicherung eines Enzyms geht aus vielen experimentellen Daten hervor, die man in einer *Reinigungstabelle* zusammenfasst. Dies ist eine Standardform der Dokumentation in der gesamten biochemischen Literatur und für die Beschreibung eines neuen Enzyms obligatorisch; daran muss man sich halten und frühzeitig gewöhnen. Die Reinigungstabelle verzeichnet für jeden Reinigungsschritt vom zellfreien Extrakt über Fällungen und chromatographische Trennungen bis zum homogenen Protein die Primärdaten, nämlich Volumina, Proteingehalte (mg/mL) und Aktivitäten (units/mL) der aktiven Fraktionen; daraus abgeleitet sind Gesamtproteinmenge, Gesamtaktivität und spezifische Aktivitäten (units/mg Protein) der Fraktionen. Schließlich berechnet man aus der durch unvermeidliche Verluste bedingten Abnahme der Gesamtaktivität im Verlauf der Präparation die Ausbeute in % (Rohextrakt = 100 %) und aus der mit zunehmender Reinheit zunehmenden spezifischen Aktivität den Reinigungsfaktor gegenüber dem Rohextrakt. Die ebenfalls beobachtete starke Abnahme der Gesamtproteinmenge ist trivial, weil man ja nicht-aktive Begleitproteine abtrennt.

**Reinigungstabelle:**

| Reinigungsschritt | Volumen [mL] | Protein [mg/mL] | Aktivität [U/mL] | spezif. Aktivität [U/mg] | Gesamtaktivität [U] | Ausbeute % | Reinigungsfaktor |
|---|---|---|---|---|---|---|---|
| Rohextrakt | | | | | | 100 | 1 |
| nach Fällung | | | | ↓ | ↓ | ↓ | ↓ |
| Gelfiltration | | | | | | | |
| Ionenaustauschchromatographie | | | | | | | |
| u. a. Schritte | | | | nimmt zu | nimmt ab | nimmt ab | nimmt zu |

Ein möglichst hoher Reinigungsfaktor im Fortgang einer Enzymreinigung ist das entscheidende Erfolgskriterium der gesamten Arbeit. Allerdings gibt es kein theoretisches Maximum, sondern der Wert hängt davon ab, ob es sich beim untersuchten Enzym um ein im Ausgangsmaterial und dessen aktuellem Stoffwechselzustand häufiges Protein handelt (die Enzyme der Glykolyse im Muskel, ADH in Hefe, Rubisco in Chloroplasten), oder ob es nur einen sehr geringen Anteil aller zellulären Proteine ausmacht (z. B. die Enzyme der DNA-Replikation). Reinigungsfaktoren variieren somit von Fall zu Fall zwischen 10- bis 10000-fach!

In den hier beschriebenen vier Präparationen

(a) Alkoholdehydrogenase aus Bäckerhefe
(b) saure Phosphatase aus Weizenkeimen
(c) Lysozym aus Eiklar (Hühnerei)
(d) Aldolase aus Kaninchenmuskel

kann man vergleichsweise einfach eine aktive Enzymfraktion aus biologischem Material isolieren, weil das Ausgangsmaterial – physiologisch bedingt – eine große Menge davon enthält und weil diese Enzyme gegen Denaturierung durch pH- und Temperaturänderungen stabiler sind als andere Proteine. (Beachten Sie: Derartige Bedingungen sind für die meisten Enzympräparationen *nicht* gegeben!) Wählen Sie in Absprache mit Assistenten und Praktikumsleiter ein Ausgangsmaterial und informieren Sie sich über dessen Biologie und Biochemie. *Arbeiten Sie zügig und bereiten alle Schritte und den Enzymtest so vor, dass eine erste Aktivitätsbestimmung Ihres Präparates möglichst noch am selben Praktikumstag erfolgen kann.*

Eine höhere Reinigung und kinetische Charakterisierung der Enzyme ist in diesen Versuchen nicht vorgesehen, kann aber bei Interesse leicht angeschlossen werden. Chromatographische Reinigungstechniken dafür sind in Kapitel 9 erläutert. Frieren Sie auf jeden Fall von allen Ihren Präparaten dieses Versuches mehrere 1 mL-Proben ein und bewahren sie auf (Beschriftung nicht vergessen!), um später den erreichten Reinheitsgrad elektrophoretisch zu analysieren (Versuch 9.5). Da Sie nur wenige Anreicherungsschritte mit dem zellfreien Extrakt vornehmen, kann eine komplette Reinigungstabelle nicht erstellt werden. Protokollieren Sie dennoch alle verfügbaren Daten für jeden Schritt in der oben beschriebenen Standardform.

### Versuch 4.8 : Isolierung von Enzymen aus biologischem Material

Achten Sie in den verschiedenen Präparationen darauf, wie das biologische Material aufgeschlossen wird, was die physiologische Funktion des Enzyms ist, wie der Enzymtest funktioniert (am besten üben Sie ihn mit einer authentischen Enzymprobe) und auf welcher Reinigungsstufe die Enzymaktivität erstmals sinnvoll gemessen werden kann!

## (a) Alkoholdehydrogenase aus Hefe (EC 1.1.1.1)

Hefen haben sehr widerstandsfähige Zellwände – aus welchem Material? – und müssen daher mechanisch durch Zusatz von Sand, Glaskugeln o. dgl. unter heftiger Bewegung aufgeschlossen werden.

**Aufgabe:** Isolieren Sie ADH aus Bäckerhefe. Das Präparat kann nach Versuch 9.4 noch weiter gereinigt werden.

*Durchführung:* Verrühren Sie 10 g Bäckerhefe in 10 mL 0,07 M $Na_2HPO_4$-Lösung, geben 10–15 g Quarzsand hinzu und zerreiben die Mischung mindestens 5 Minuten lang *kräftig* im Porzellanmörser. (Alternativ schließt man Hefen maschinell mit Glaskugeln in einer Zellmühle, einem Homogenisator "nach Merckenschlager" oder ähnlichem Gerät auf; hierbei ist externe Kühlung erforderlich.) Lassen Sie die Hauptmenge Sand im Mörser zurück und zentrifugieren aus dem Homogenat die Zellen und Zellfragmente ab. Im gelblich-klaren Überstand – Volumen messen! – werden die Enzymaktivität (Versuch 4.4) und die Proteinkonzentration bestimmt (Versuch 3.5).

Anreicherung des Enzyms: ADH ist ein relativ stabiles Enzym und übersteht eine begrenzte Hitzebehandlung, bei der andere Proteine denaturieren. Halten Sie den zentrifugierten Hefe-Rohextrakt 15 min lang in einem Wasserbad bei *genau* 55 °C, zentrifugieren die Mischung nach Abkühlen und verwerfen den Niederschlag. Im klaren Überstand erneut Enzymaktivität und Proteingehalt messen. Wie sollten sich die Werte gegenüber der ersten Bestimmung verändert haben?

Aus dieser Lösung kann das Enzym mit Ammoniumsulfat bei 60 % Sättigung ausgefällt und so in konzentrierter Form abzentrifugiert werden. Es wird wieder aufgelöst, durch Dialyse entsalzt und erneut zur Aktivitätsbestimmung verwendet. Zur spezifischen Anreicherung von Dehydrogenasen kommt die Methode der Affinitätschromatographie in Frage (→ Versuch 9.4).

## (b) Isolierung der sauren Phosphatase aus Weizenkeimen

In der Gruppe der Phosphorsäureester-spaltenden Hydrolasen (EC 3.1.3) unterscheidet man je nach pH-Optimum "alkalische" und "saure" Phosphatasen (EC 3.1.3.1 bzw. 3.1.3.2). Im Pflanzenreich dominieren saure Phosphatasen, da Pflanzenzellen wegen ihres charakteristischen Säurestoffwechsels i. a. schwach saures Milieu aufweisen. Die Phosphatasen sorgen hier u. a. für die Freisetzung von anorganischem Phosphat (wozu benötigt?) aus Phosphatspeichern wie Phytinsäure = Inosit-hexaphosphorsäure (Inosit → Biochemie-Buch).

Phosphatasen sind einfache, säure- und hitzestabile Enzymproteine. Die pflanzlichen sauren Phosphatasen sind aus Speichergeweben (Samen, Knollen) oder während der Keimung ( → erhöhter Stoffwechsel und Phosphatbedarf) leicht und in hochaktiver Form zu isolieren. Besonders geeignet sind frische Kartoffelknollen, Samen oder Keimlinge von Senf (*Sinapis alba*) und Weizen (*Triticum aestivum*).

Für die Isolierung von Enzymen aus Pflanzenextrakten allgemein typische Schritte sind die Entfernung von störenden Polysacchariden (welche?), Gerbstoffen und/oder Pigmenten. Mit der verbleibenden Proteinlösung werden Fällungen vorgenommen, die so konzipiert sind, dass das gesuchte Enzym jeweils in Lösung (im Überstand) verbleibt, während inaktive Proteine ausfallen und abzentrifugiert werden. Mit den so erhaltenen Enzymlösungen müssen noch am selben Tag Aktivitätstests durchgeführt werden. Was wird passieren, wenn Sie eine nur partiell gereinigte Enzymfraktion längere Zeit lagern?

**Aufgabe:** Isolieren und untersuchen Sie die saure Phosphatase aus Weizenkeimen. Der proteinreiche Embryo enthält die Hauptmenge der Enzyme eines Getreidesamens. Da keine Feinreinigung vorgenommen werden soll, genügt als Ausgangsmaterial eine Weizenkeim-Fraktion, wie sie beim Mahlen erhalten wird.

*Durchführung:* Homogenisieren Sie 5 g Weizenkeime (z. B. aus einem örtlichen Mühlenbetrieb) mit 50 mL Wasser in einem Haushaltsmixer und lassen dann zur Extraktion noch 30 min bei Raumtemperatur auf dem Magnetrührer rühren. Der unlösliche Rückstand wird abzentrifugiert und der Überstand (Rohextrakt) abdekantiert; der Niederschlag wird verworfen. Bewahren Sie vom Rohextrakt je 1 mL in Cups für die Aktivitäts- und Proteinbestimmung auf.

Zu je 10 mL Rohextrakt fügt man langsam unter Rühren oder Schütteln 5 mL gesättigte Ammoniumsulfat-Lösung und lässt die Mischung im Eisbad noch 10 min rühren. Dieser Schritt entspricht .... % Ammoniumsulfatsättigung. Das ausgefallene Protein wird abzentrifugiert und verworfen. Nehmen Sie erneut 1 mL-Proben vom Überstand für Aktivitäts- und Proteinbestimmung.

Phosphatase wird im Gegensatz zu den meisten anderen Enzymen bei 60 °C noch nicht denaturiert. Inkubieren Sie daher den Überstand der Ammoniumsulfatfällung unter Rühren 5 min bei 60 °C in einem Wasserbad (aber halten Sie diese Bedingungen *genau* ein!) und kühlen die Probe dann auf Eis ab. Es fällt erneut Protein aus, das abzentrifugiert wird. Das Enzym im Überstand ist nun für Aktivitätstests genügend rein.

*Aktivitätsbestimmung:* Phosphatase-Aktivitäten bestimmt man i. a. mit dem synthetischen, unphysiologischen Substrat p-Nitrophenylphosphat (vgl. Versuch

2.4), dessen Spaltprodukt *p*-Nitrophenol gelb gefärbt ist. Warum muss die Durchführung etwas anders sein als im Fall der alkalischen Phosphatase?

$$NO_2-C_6H_4-O-PO_3H^- + H_2O \rightarrow NO_2-C_6H_4-OH + H_2PO_4^-$$

Enzymlösung: Da die wie oben präparierte Phosphatase meist sehr aktiv ist, verdünnen Sie 1 mL 10-fach mit Wasser und führen damit die Enzymtests aus. Sollte sich zu geringe Aktivität zeigen, testen Sie die unverdünnte Lösung.

Substratlösung: 5 mM *p*-Nitrophenylphosphat in 0,05 M Citratpuffer pH 5,0.

Pipettieren Sie in Halbmikroreagenzgläser je 0,2 mL Substratlösung. Eines bleibt ohne Zusatz (= Blindprobe), in drei andere pipettieren Sie 10, 20 bzw. 50 µL Enzymlösung. Ein weiteres Reagenzglas erhält zusätzlich zur Substratlösung 0,1 mL einer 30 mM Natriumfluorid-Lösung und dann Enzym; Fluoride sind effiziente Inhibitoren der meisten Phosphatasen.

In zwei zusätzlichen Bestimmungen prüfen Sie auch die Enzymaktivität in den zurückbehaltenen Proben vom Rohextrakt und der Ammoniumsulfatfraktionierung (s.o.). Hier genügt eine Einzelbestimmung.

Alle Gläser werden 15 min bei Raumtemperatur oder vorzugsweise 37 °C inkubiert. Dann fügt man zu jedem 2,0 mL 0,05 N NaOH (warum?) und beobachtet die Unterschiede. Quantitativ wird die Färbung durch Extinktionsmessung bei 405 oder 412 nm bestimmt ($\varepsilon = 18500$ L·mol$^{-1}$·cm$^{-1}$).

**(c) Präparation von Lysozym aus Hühnereiweiß**

Lysozym oder Muramidase ist eine Glycosidase (EC 3.2.1.17), die eine hydrolytische Spaltung zwischen β(1-4)-verknüpften N-Acetylmuraminsäure- und N-Acetylglucosamin-Resten im Peptidoglycan von Bakterienzellwänden katalysiert und so zur Lyse der Zellen führt. Das Enzym dient damit tierischen Organismen zur Bakterienabwehr und ist u.a. in Tränenflüssigkeit, Speichel, Schleimhäuten und Leukocyten reichlich vorhanden. Das Eiweiß der Vogeleier enthält besonders viel (bis zu 5 %) Lysozym. Bakteriophagen codieren eigene Lysozyme zum Eindringen in die Bakterienzelle.

Das Lysozym im Hühnereiweiß ist durch seine geringe Größe (129 Aminosäuren, Molmasse 14 400 Da) mit vier intramolekularen Disulfidbrücken ein besonders stabiles Protein. Wegen des stark basischen isoelektrischen Punnktes (IP = 11) istr das Molekül bei neutralem pH-Wert geladen, gut löslich und kann so von anderen weniger löslichen Proteinen abgetrennt werden.

Ausschnitt aus der Peptidoglykan-Kette des Mureins mit abwechselnd N-Acetylglucosamin- und N-Acetylmuraminsäure-Resten; mit deren Milchsäure-Seitenketten sind kurze Peptidketten zur Quervernetzung verknüpft. Die Lysozym-katalysierte Hydrolyse ist durch die Pfeile markiert. Welche Substituenten stehen nach Hydrolyse an den endständigen Zuckern?

Lysozym dient damit tierischen Organismen zur Bakterienabwehr und ist u. a. in Tränenflüssigkeit, Speichel, Schleimhäuten und Leukocyten reichlich vorhanden. Das Eiweiß der Vogeleier enthält besonders viel Enzym (bis zu 5 % der Proteine). Bakteriophagen haben eigene Lysozyme zum Eindringen in die Bakterienzelle.

Das Lysozym im Hühner-Eiweiß ist durch seine geringe Größe (129 Aminosäuren, Molmasse 14 400 Da) mit vier intramolekularen Disulfidbrücken ein besonders stabiles Protein. Wegen des stark basischen isoelektrischen Punktes (IP = 11) ist das Molekül bei neutralem pH-Wert gut löslich und kann so von anderen, dort unlöslichen Proteinen abgetrennt werden.

Die Enzymkatalyse der Spaltung von Glycosidbindungen im Peptidoglykan stellt einen besonders einfachen Fall von Säurekatalyse dar, doch verlangt die Spezifität Poly- oder Oligosaccharide als Substrate; niedermolekulare Glycoside werden nicht umgesetzt. Die Aktivitätsbestimmung von Lysozym erfolgt daher am einfachsten durch Einwirkung auf ganze gefriergetrocknete Bakterienzellen (z. B. *Micrococcus luteus,* früher *M. lysodeikticus* genannt), die in Puffer suspendiert sind und durch Lichtstreuung eine *trübe* Suspension bilden; bei der Lyse der Zellen wird die Lösung klarer. Diese Aufhellung kann photometrisch verfolgt werden (vgl. Kap. 2: "Trübungsmessung" oder Turbidimetrie, nicht mit Lichtabsorption verwechseln).

**Aufgabe**: Präparation und Aktivität von Lysozym aus Hühnereiern

*Durchführung*: Das Eiweiß von 2 Hühnereiern wird durch ein grobmaschiges Tuch oder Netz filtriert und ergibt etwa 30 mL Material. Man fügt 60 mL kaltes Wasser zu und homogenisiert die Mischung durch langsames Rühren *ohne viel Luft einzubringen.* Die Lösung wird in der Kälte durch die Zugabe verdünnter

Salzsäure über einen Zeitraum von mindestens 10 min auf pH 7,5 eingestellt (nicht saurer!). Das ausfallende Protein entfernt man durch Filtration über Glaswolle in einem Trichter, misst das Volumen und stellt in der Lösung eine Konzentration von 50 mM NaCl plus 50 mM Tris-EDTA, pH 8,2 her, indem man 1/10 Vol. einer 10-fach konzentrierten Salzlösung hinzufügt; ggf. muss erneut filtriert werden. Verwenden Sie diese Lösung zur Aktivitäts- und Proteinbestimmung. Zur weiteren Reinigung des basischen Proteins kommt eine CM-Cellulose-Chromatographie in Frage (Versuch 9.3), die dann jedoch unmittelbar oder am folgenden Tage beginnen sollte.

*Enzymtest*: Gefriergetrocknete Zellen von *M. luteus* werden in 0,1 M Na- oder K-phosphat-Puffer pH 7 suspendiert (0,3 mg/mL, frisch ansetzen) und die Suspension *vor* der Messung auf 37 °C temperiert. Man schüttelt gut auf und pipettiert 2,8 mL bzw. 0,9 mL der Suspension in eine 3- bzw. 1-mL-Küvette. Gemessen wird die Trübung bei 450 nm oder längeren Wellenlängen. Fügen Sie ein geeignetes Volumen Enzymlösung zu (z. B. 100–200 µL, ggf. passend verdünnen), rühren gründlich um und verfolgen die Extinktionsabnahme. Aus dem linearen Bereich der Kurve wird die Aktivität als µg lysierte Bakterien pro Minute ermittelt und angegeben.

**(d) Aldolase aus Kaninchenmuskel**

Aldolasen (Aldehyd-Lyasen, EC 4.1.2) sind universell verbreitete Enzyme. Sie katalysieren die chemisch einfache, reversible Knüpfung bzw. Spaltung von C–C-Bindungen unter Beteiligung von *Alde*hyd- und *Alkohol*-Funktionen (→ Organische Chemie, Aldol-Kondensation oder –Addition). Im Stoffwechsel sind solche Reaktionen unter Zuckern häufig zu finden:

$$\begin{array}{c} \text{H} \quad\;\; \text{H} \\ | \quad\;\;\; / \\ -\text{C}-\text{C} \\ | \quad\;\; \backslash\backslash \\ \text{OH} \quad \text{O} \end{array} + \begin{array}{c} \text{H} \\ | \\ \text{H}-\text{C}-\text{C}- \\ | \quad\;\; || \\ \text{OH} \;\; \text{O} \end{array} \;\rightleftarrows\; \begin{array}{c} \text{H} \;\; \text{H} \;\; \text{H} \\ | \quad | \quad | \\ -\text{C}-\text{C}-\text{C}-\text{C}- \\ | \quad | \quad | \quad || \\ \text{OH} \;\; \text{OH} \;\; \text{OH} \;\; \text{O} \end{array}$$

Aldehyd          durch C=O aktivierte      Kondensationsprodukt
(Aldose)         Methylengruppe            (Ketose)

In dem zentralen Prozess der Glykolyse (Zuckerspaltung zur Energiegewinnung) werden auf diese Weise Hexosen ($C_6$) zu Triosen (2 x $C_3$) zerlegt; zur Gluconeogenese (Kohlenhydratbildung aus anderen Metaboliten) läuft die Reaktion in der Gegenrichtung. Katalysator ist Fructose-1,6-bisphosphataldolase ("die" Aldolase, EC 4.1.2.13):

Fructose-1,6-bisphosphat $\rightleftarrows$ Glycerinaldehyd-3-phosphat (GAP)
+ Dihydroxyacetonphosphat (DHAP)

Der Reaktionsmechanismus von Aldolasen ist gut bekannt. Zur Katalyse wird die Ketogruppe der Fructose durch kovalente Bindung an einen Lysinrest des Enzyms als Schiff'sche Base aktiviert, oder in mikrobiellen Aldolasen durch Zink-Ionen polarisiert. Die Phosphatreste sind an der eigentlichen Aldolreaktion *nicht* beteiligt, aber dienen der spezifischen Substratbindung an das Enzymprotein. Informieren Sie sich im Lehrbuch über den Aldolase-Mechanismus!

Enzyme der Glykolyse sind in der Skelettmuskulatur der Tiere in besonders hoher Konzentration vorhanden. (Warum?) Muskel ist daher eine bevorzugte Quelle zu ihrer Isolierung. Die Fructosebisphosphataldolase aus Kaninchenmuskel ist ein tetrameres Enzym der Molmasse 4 x 40 = 160 kDa.

**Aufgabe**: Extraktion von Aldolase, Fällung mit Ammoniumsulfat. Spektralphotometrischer Aktivitätstest unter Verwendung von zwei Hilfsenzymen, kompetitive Hemmung durch ein Substratanaloges

*Durchführung*: Die von den Hinterläufen eines Kaninchens abgelöste Muskulatur kann für zwei oder drei Präparationen verwendet werden. Das Tier sollte nach dem Töten bald enthäutet und/oder gefroren worden sein. Lagern in gefrorenem Zustand ist möglich.

Stellen Sie vorab eine gesättigte Ammoniumsulfatlösung her. Man zerkleinert das gekühlte Muskelfleisch durch einen vorgekühlten Fleischwolf und fängt die Masse in einem *vorher gewogenen* Weithalsbecherglas, das in Eis steht, auf. Man fügt das dem Gewicht entsprechende Volumen an kaltem dest. Wasser zu und extrahiert die Proteine 10 min lang unter gelegentlichem Rühren in der Kälte. Der Extrakt wird über eine Lage Mull und/oder Miracloth in ein anderes Becherglas abgegossen und sofort in der Kälte durch Zusatz von 0,1 N NaOH auf pH 7,5 eingestellt. (Es werden etwa 5 mL oder mehr für 100 mL Extrakt benötigt; langsam zugeben und pH verfolgen!) Das Volumen wird gemessen.

Eine bei Raumtemperatur gesättigte Lösung von Ammoniumsulfat wird mit konz. Ammoniak auf pH 7,5 gebracht; dabei nicht die konzentrierte Salzlösung direkt am pH-Meter prüfen, sondern zur pH-Messung jeweils kleine Proben mit Wasser auf etwa das 10-fache verdünnen. Kühlung ist hier *nicht* sinnvoll, da Salz auskristallisieren würde.

Man mischt nun gleiche Volumina an Muskelextrakt und gesättigter Ammoniumsulfat-Lösung unter langsamen Rühren und lässt die Mischung einige Stunden in der Kälte stehen (ggf. über Nacht). Der entstehende Niederschlag, der keine Aldolase-Aktivität zeigen sollte, wird abfiltriert oder abzentrifugiert.

Das Volumen des klaren Überstandes wird erneut gemessen und die Ammoniumsulfatsättigung durch Zugabe gesättigter Lösung auf 55 % gebracht. Nach Stehen in der Kälte fällt Aldolase aus; das Enzym wird durch Zentrifugation isoliert. Es kann am besten als Suspension in wenigen mL gesättigter Ammoniumsulfatlösung aufbewahrt werden. Zum Gebrauch zentrifugiert man eine Probe der Suspension, gießt ab und löst das Sediment in wenig dest. Wasser. In einem aliquoten Teil dieser Lösung wird der Proteingehalt bestimmt.

*Aktivitätsbestimmung:*

Da sich Substrat und Produkte spektroskopisch nicht unterscheiden, muss eine Folgereaktion unter Verbrauch von NADH gemessen werden. Dazu wird das gebildete Dihydroxyacetonphosphat durch zugesetzte Glycerinphosphatdehydrogenase (GDH, EC 1.1.1.8) zum Glycerinphosphat umgesetzt; um auch das zweite Aldolase-Produkt, Glycerinaldehydphosphat zu erfassen, enthält der Ansatz zusätzlich Triosephosphatisomerase (TIM, EC 5.3.1.1). Die beiden Hilfsenzyme sind als optimiertes Gemisch kommerziell erhältlich.

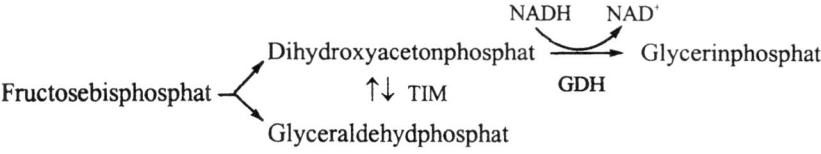

*Enzymtest:*

Lösungen: 0,05 M Tris-HCl-Puffer pH 7,5
0,03 M Fructose-1,6-bisphosphat in Puffer
0,15 mM NADH in Puffer
TIM/GDH: Enzymgemisch ggf. mit Wasser auf 2 mg/mL verdünnen

In eine 1 mL-Quarzküvette pipettiert man 1,0 mL der NADH-Lösung in Puffer und fügt 10 µL TIM-GDH und 10 µL Substratlösung in Puffer zu. Man beobachtet etwa 1 min, ob die Extinktion des Gemisches bei 340 nm konstant bleibt und startet dann die Reaktion durch Zusatz von 10 µL (ggf. mehr) Aldolase-Lösung. Die Extinktionsabnahme bei 340 nm wird registriert.

*$K_m$-Wert-Bestimmung und Hemmung:*

Soll der $K_m$-Wert für Fructose-1,6-bisphosphat bestimmt werden, so wird bei einer geeigneten, konstanten Menge an Enzymlösung die Substratkonzentration im Testgemisch variiert und die Enzymkinetik graphisch ausgewertet ( → Einführung und Versuch 4.4).

Sie erhalten eine Lösung von Hexit-1,6-bisphosphat $^-O_3PO$-$(CHOH)_6$-$OPO_3^-$; Hexit ist der sechswertige Alkohol, der durch chemische Reduktion der Ketogruppe in Fructose mit Natriumborhydrid entsteht (→ Kapitel 5) und deshalb nicht mehr die Aldolspaltung eingehen kann. Messen Sie eine Enzymkinetik wie oben unter Zusatz der doppelten und/oder fünffachen Konzentration an Hexitbisphosphat (bezogen auf die höchste angewandte Substratkonzentration). Beurteilen Sie aus der Graphik, welche Wirkung der substratanaloge Stoff im Enzymsystem hat.

**Fragen**

1. Welche Aktivität besitzt eine Enzymprobe, die innerhalb einer Stunde den Umsatz von 0,9 mmol eines Substrats katalysiert?

2. Die Aktivität von Enzymen hängt von (mindestens) zwei äußeren Parametern in so starkem Maße ab, dass man sie bei der Analyse von Enzymreaktionen tunlichst konstant hält. Welche sind das?

3. Von eukaryontischen Organismen kann Hefe bekanntlich unter Gärung anaerob leben und braucht dabei eine aktive Alkoholdehydrogenase zur Oxidation von Reduktionsäquivalenten (NADH) unter Bildung des Endproduktes Ethanol. Die meisten anderen Eukaryonten leben aerob, oxidieren NADH letztlich mit Sauerstoff und besitzen nur wenig ADH, *es sei denn*, es herrschten besondere biologisch-physiologische Umstände. Warum haben z. B. Reispflanzen oder die bekannte Fliege *Drosophila* einen hohen Gehalt an ADH?

4. Eine NADH-Lösung hat bei 340 nm die Extinktion E = 0,47. Die Molmasse von NADH ist 663. Wie ist die *Konzentration* dieser Lösung, und wieviel Substanz (*Menge*) ist in 100 µL dieser Lösung enthalten?

5. Einer der häufigsten Reaktionstypen im katabolen (abbauenden) Stoffwechsel ist die Hydrolyse, katalysiert durch Hydrolasen. Welche Arten von Bindungen in Biomolekülen können direkt durch Wasser gespalten werden, wie bezeichnet man die entsprechenden Enzymgruppen? Konsultieren Sie die Enzymnomenklatur unter EC-Gruppe 3.

6. Bei der enzymatischen Blutalkohol-Bestimmung mit ADH wird für eine korrekt vorbehandelte ("enteiweißte") Probe von 0,10 mL Serum ein Verbrauch von 1,5 µmol $NAD^+$ registriert. Wie viel ‰ Alkohol enthielt die Probe? Der Dichteunterschied zwischen Alkohol und Wasser sei vernachlässigt.

7. Das Enzym Fumarase katalysiert die reversible Umwandlung von Malat in Fumarat bzw. umgekehrt:

$$^-OOC-CH_2-CHOH-COO^- \rightleftarrows {}^-OOC-CH=CH-COO^- + H_2O$$

a) Was ist das für ein Reaktionstyp, wird ein Coenzym benötigt?
b) Wo kommt das Enzym vor, an welchem Stoffwechselgeschehen ist es beteiligt? (Vgl. Versuch 8.1!)
c) Warum kann die Reaktion direkt im UV-Bereich spektralphotometrisch verfolgt werden?
d) Warum sind Succinat und Tartrat (Salze der Bernsteinsäure bzw. Weinsäure) kompetitive Inhibitoren?
e) Ermitteln Sie aus der folgenden Wertetabelle graphisch den ungefähren $K_m$- Wert für Malat. Die verwendete Substrat-Stammlösung war 2 mM und das Testvolumen 1,0 mL. $\varepsilon$ beträgt 2400 $L \cdot mol^{-1} \cdot cm^{-1}$ bei 240 nm.

| $\Delta E_{240} \cdot min^{-1}$ | 0,029 | 0,06 | 0,079 | 0,094 | 0,103 | 0,098 |
|---|---|---|---|---|---|---|
| µL Substratlösung/Test | 1 | 2 | 4 | 6 | 8 | 10 |
| Substratkonz. im Test [µM] | | | | | | |

Der $K_m$-Wert beträgt:

8. Viele Enzyme benötigen Metallionen zur Erhöhung der katalytischen Aktivität, insbesondere zur besseren Bindung von Substraten. Welche Übergangsmetalle enthält das aktive Zentrum von
    Katalase (Versuch 4.2)
    Urease (Versuch 4.3)
    Alkoholdehydrogenase (Versuch 4.4)
    Cytochromoxidase (Versuch 8.4) ?

9. Eine Faustregel über die Temperaturabhängigkeit chemischer Reaktionsgeschwindigkeiten besagt, dass eine Temperaturerhöhung um 10° C eine Reaktion um das 2- bis 4-fache beschleunigt. Das trifft auch für viele enzymkatalysierte Reaktionen zu, jedoch nur bis etwa 40–50 °C; darüber sinkt die

Geschwindigkeit von Enzymreaktionen meist stark oder bis auf Null ab. Warum? (Ausnahmen bei "Thermophilen" bestätigen die Regel.)

10. Die meisten wasserlöslichen Vitamine, die vom Organismus als essentielle Nahrungsstoffe aufgenommen werden müssen, werden im Stoffwechsel modifiziert (z. B. durch Phosphatgruppen) und fungieren dann als Coenzyme. Identifizieren Sie die Coenzym-Formen der Vitamine $B_1$, $B_6$ und $B_{12}$ sowie des Vitamin-$B_2$-Komplexes und ordnen sie typischen Reaktionsmechanismen und Enzymklassen zu.

11. Enzyme, die Peptidbindungen unter Hydrolyse spalten (EC 3.4, Peptidasen, Proteasen) sind sehr zahlreich und nutzen chemisch unterschiedliche katalytische Zentren. Nennen Sie Vorkommen, Funktion, Mechanismus und ggf. Anwendung der folgenden Enzyme:

    Carboxypeptidase     Enterokinase
    Papain               Pepsin
    Rennin               Streptokinase
    Thrombin             Trypsin

    *Anmerkung:* Kinasen sind an sich Enzyme, die Phosphatreste von ATP auf Substrate übertragen. Einige Proteasen tragen aus historischen Gründen (wenn auch inzwischen irreführend) die Bezeichnung "Kinase".

12. Vielleicht nicht ganz ernst gemeint: Welches ist das erste Enzym der Internationalen Enzymnomenklatur und welchen Verdacht schöpfen Sie aus dieser Wahl der Nr. 1 über die Zusammenkünfte der ersten Enzymologen-Kommission 1956-1961?!

## 5 Zucker und Polysaccharide

Die durch Lichtenergie getriebene Assimilation (chemisch: Reduktion) von anorganischem Kohlendioxid zu Zuckern in der "oxygenen" Photosynthese der grünen Pflanze ist der prinzipiell und mengenmäßig bedeutendste Prozess der Biosphäre. Neben Intermediaten des Calvin-Cyclus mit 3, 4, 5 und 7 C-Atomen entstehen die Hexosen Glucose und Fructose als wichtigste Produkte, nach der Bruttogleichung

$$6\ CO_2\ +\ 12\ H_2O\ \rightarrow\ C_6H_{12}O_6\ +\ 6\ H_2O\ +6\ \mathbf{O_2}$$

wobei der entwickelte Sauerstoff bekanntlich aus der Wasserspaltung stammt.

Zucker, insbesondere Glucose, dienen direkt oder indirekt fast allen anderen Lebewesen als Nahrung und als energieliefernde Metabolite, ferner als Ausgangsmaterial für Biosynthesen (z. B. Glucose → Ribose → Nucleinsäuren) und monomere Bausteine für Oligo- und Polysaccharide, die in großer Zahl und Strukturvielfalt überall vorkommen.

### Eigenschaften

Zucker sind chemisch (Poly)Hydroxyaldehyde bzw. –ketone und ihre Eigenschaften sind durch diese beiden Strukturelemente bestimmt. Sie sind

- gut wasserlöslich und hydrophil, bis auf einige schwerlösliche oder unlösliche Polysaccharide (zum Beispiel?),
- reaktiv, durch intra- oder intermolekulare Addition einzelner OH-Gruppen an die Carbonylfunktion zu Acetalen und/oder glycosidischen Bindungen,
- chiral ("optisch aktiv"), weil in den C-Ketten stets ein oder mehrere C-Atome vier verschiedene Substituenten tragen; Hexosen mit n = 4 solcher asymmetrischen Zentren können prinzipiell in $2^4 = 16$ Stereoisomeren existieren,
- sie können als Oligo- und Polymere in verschiedenen Verknüpfungsarten (z. B. 1→3, 1→4, 1→6 u.a.m.) aufgebaut sein,
- aber wegen des Fehlens chromophorer Gruppen und spezifischer Substituenten sind sie oft schwierig voneinander zu differenzieren und quantitativ zu bestimmen, insbesondere in Gemischen.

Rekapitulieren Sie typische Zuckerstrukturen (Konfiguration und Konformation, glycosidische Verknüpfung) anhand der folgenden Formeln. Zeigen Sie an den offenkettigen Formen der Glucose und Fructose, wie die Zugehörigkeit eines Moleküls zur D-Reihe der Zucker nach E. Fischer definiert wird.

```
    CHO                                    CH2OH
    |                CH2OH                  |                HOCH2    O      OH
 H-C-OH              ___O                   C=O                  \   /
    |              /      \ OH              |                  HO\ /
 HO-C-H           /  OH    \             HO-C-H                   X       CH2OH
    |         HO \         /                |                    / \
 H-C-OH           _____/               H-C-OH               OH
    |                OH                     |
 H-C-OH                                   H-C-OH
    |             D-Glucose                 |
  CH2OH                                   CH2OH              D-Fructose
```

Beachten Sie, dass nur in der Sessel-Konformation der β-D-Glucose *sämtliche* Substituenten (–CH$_2$OH und –OH) in der räumlich und energetisch günstigsten equatorialen Stellung angeordnet sind:

```
              CH2OH
         HO  ___/__O
            /      \
         HO _____/ β  OH
              HO
```

In den Versuchen dieses Kapitels kommen nur Zucker mit der in der Natur dominierenden Stereochemie vor (D-Glucose, D-Fructose, L-Ascorbinsäure). Die polarimetrische Bestimmung (Messung der Drehung der Ebene polarisierten Lichts, → Optik) von Zuckern wird als biochemische Methode selten angewandt (Ausnahme: Saccharose-Spaltung durch Invertase). Der Drehsinn aller genannten Zucker (+ bzw. –, rechts- bzw. linksdrehend) ist aber zur Charakterisierung wichtig und wird üblicherweise mit angegeben. Er hat *keinen* erkennbaren ursächlichen Zusammenhang mit der durch D- bzw. L- gekennzeichneten räumlichen Struktur der Chiralitätszentren.

Die wichtigsten Monosaccharide und ihre Funktionen sind

| | |
|---|---|
| D(+)Glucose | universeller Metabolit und Baustein |
| D(+)Galaktose | spezifisch, in Glykoproteinen, Milchzucker |
| D(+)Mannose | spezifische Funktionen, häufig in Pflanzen |
| D(–)Fructose | Ketozucker, universeller Metabolit, in Saccharose |
| D(+)Glucosamin | Aminozucker, Baustein von Chitin u. a. |
| D(+)Xylose | Pentose, Baustein von Xylan (Holz) |
| D(–)Ribose | die Pentose der Nucleinsäuren |
| D(+)Ribulose | als Bisphosphat $CO_2$-Akzeptor der Photosynthese |
| D(+)Glycerinaldehyd | Triose, universeller $C_3$-Metabolit. |

## Umwandlungen der Zucker untereinander

Das stabile Primärprodukt der $CO_2$-Assimilation in Pflanzen, aber auch der Gluconeogenese aus Lactat oder "glucoplastischen" Aminosäuren im tierischen Stoffwechsel ist die D-Glucose. Sie ist einerseits über Glykolyse und Veratmung eine Hauptenergiequelle der meisten Organismen, und wird andererseits in andere Zucker und Zuckerderivate umgewandelt, die in Biosynthesen eingehen oder anderen Strukturen Spezifität verleihen; Beispiele sind die D-Ribose der Nucleinsäuren und der D-Glycerinaldehyd für Glycerin (→ Lipide), Pyruvat und andere $C_3$-Metabolite, sowie D-Galaktose und L-Fucose in Blutgruppensubstanzen. Ein längerer Biosyntheseweg und biotechnologischer Prozess führt von D-Glucose zur L-Ascorbinsäure (Vitamin C).

Solche vielfältigen Umwandlungen sind biochemisch leicht möglich und leicht zu verstehen, weil ein Zucker schon chemisch betrachtet – z.B. Glucose als Pentahydroxyhexanal, Fructose als Pentahydroxyhexan-2-on – eine Vielzahl von Reaktionsmöglichkeiten aufweist, die *in vivo* allesamt unter spezifischer Enzymkatalyse ablaufen. Die wichtigsten Reaktionen und daran beteiligten Enzymklassen (in Klammern) sind

- die Veresterung von OH-Gruppen mit Phosphorsäure bzw. ATP zu Zuckerphosphaten (katalysiert durch Kinasen)

- die Oxidation (Dehydrierung) der Aldehydfunktion zu Carbonsäuren (→ Gluconsäure; Dehydrogenasen)

- die Reduktion zu Zuckeralkoholen ( → Hexite; Dehydrogenasen)

- die gegenseitige Isomerisierung von Aldosen und Ketosen (Isomerasen; Glucose ⇌ Fructose; Beispiel s. u.)

- Konfigurationsumkehr an einem chiralen C-Atom (z.B. Glucose ⇌ Galaktose; Epimerasen)

- die Oxidation der primären $CH_2OH$-Gruppe zu Zuckercarbonsäuren (Gluc*uron*säure; Dehydrogenasen)

- die Substitution einer OH-Gruppe durch eine $NH_2$-Gruppe ( → Glucosamin, Aminozucker; Aminotransferasen)

- schließlich die reversible Spaltung und Knüpfung der C–C-Ketten nach Art einer Aldolspaltung bzw. -kondensation (Aldolasen und Transaldolasen, vgl. Versuch 4.8 d); so kann aus Hexose entweder Triose + Triose oder Tetrose ($C_4$) + $C_2$-Fragment werden, aus Tetrose + Triose eine Heptose ($C_7$), daraus Pentose ($C_5$) + $C_2$-Fragment usw. Im Calvin-Cyclus der $CO_2$-Fixierung finden Sie mit all diesen Intermediaten das produktivste Beispiel von Zuckerumwandlungen der ganzen Biochemie.

Meistens geschehen diese Umwandlungen an "aktivierten Zuckern" (Zuckerphosphaten, UDP-Zuckern), weil völlig unsubstituierte Zucker mangels ionischer Gruppen nicht sehr spezifisch an Enzymproteine gebunden werden können.

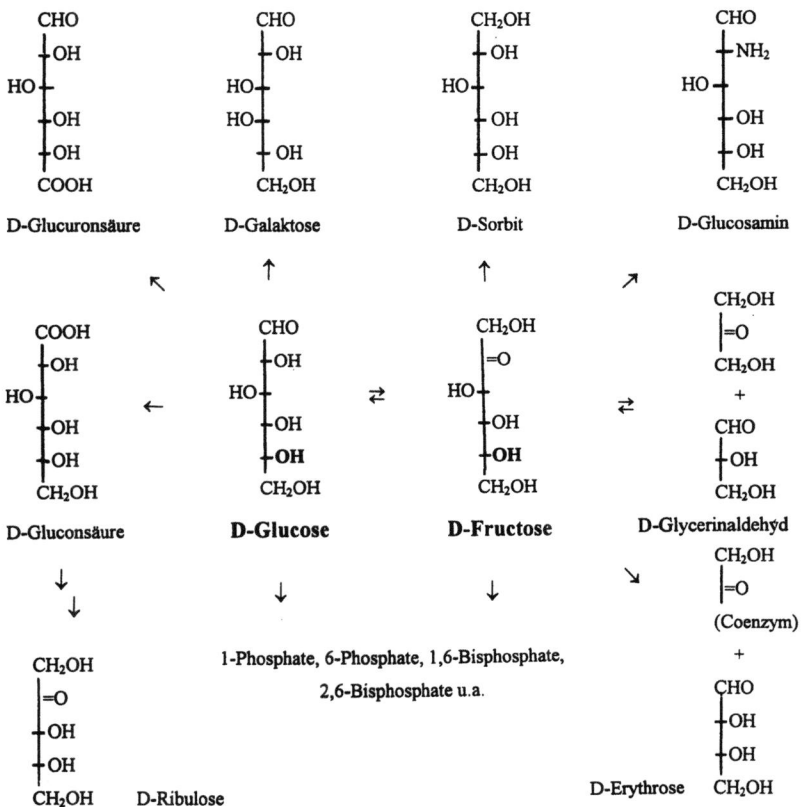

Enzymkatalysierte Reaktionen an D-Glucose und D-Fructose (Details vgl. Text). Zur besseren Übersichtlichkeit sind die Zucker in linearer Kette und nicht in der Ringform dargestellt. **Fett: Die Position der die Zugehörigkeit zur D-Reihe definierenden OH-Gruppen.**

Eine besonders charakteristische und wichtige Umlagerungsreaktion zwischen Zuckern (die "Lobry de Bruyn-van Ekenstein-Umlagerung") führt zur Gleichgewichtseinstellung von Aldosen und Ketosen (z. B. Glucose und Fructose, Xylose und Xylulose) in alkalischer Lösung. Sie verläuft über das Endiol. Die Reaktion verhindert eine chemische Unterscheidung der verschiedenen Zucker, die aufgrund der unterschiedlichen Reaktivität von Aldehyden und Ketonen eigentlich denkbar wäre.

$$\begin{array}{c} H \\ | \\ C=O \\ | \\ H-C-OH \\ | \end{array} \rightleftarrows \begin{array}{c} H \\ | \\ C-OH \\ || \\ C-OH \\ | \end{array} \rightleftarrows \begin{array}{c} H \\ | \\ H-C-OH \\ | \\ C=O \\ | \end{array}$$

Diese Übersicht der Reaktionsmöglichkeiten an Zuckern zeigt beispielhaft, wie eine chemisch-molekulare Betrachtung von biochemischen Stoffumwandlungen die ansonsten verwirrende Vielfalt der Stoffwechselprodukte und -prozesse besser durchschaubar macht.

### Die glykosidische Bindung

Zucker gehören als Aldehyde bzw. Ketone (Aldosen, Ketosen) chemisch zu den Carbonylverbindungen, die sich bekanntlich durch ihre Fähigkeit zur Addition anderer Verbindungen an die C=O-Bindung auszeichnen. Handelt es sich um die Addition von Hydroxylgruppen desselben Moleküls (intramolekular) oder eines zweiten Zuckers, so entstehen die charakteristischen Ringformen der Monosaccharide (als Sechsring-Pyranosen oder Fünfring-Furanosen, s. o.) bzw. Disaccharide. Die entstehenden Verbindungen (chemisch: Acetale oder Ketale) heißen bei den Zuckern Glycoside.

$$)C=O \underset{}{\overset{H^+}{\rightleftarrows}} )\overset{+}{C}-OH + HO-R \rightleftarrows {>}C{<}^{OH}_{OR} + H^+$$

Man erkennt einen glycosidischen Kohlenstoff an der Verknüpfung mit *zwei* O-Atomen bzw. in N-Glycosiden mit einem O- und einem N-Atom. Eine glycosidische Bindung ist energiereicher als eine Esterbindung, aber nicht so energiereich wie eine Säureanhydrid-Struktur. Auch die Katalyse der Bildung und der Spaltung glycosidischer Bindungen durch Säuren ($H^+$) entspricht genau der Chemie der Carbonylverbindungen.

Glycoside (Oligo-, Polysaccharide) werden unter Säurekatalyse hydrolysiert; Glycosidasen enthalten dementsprechend saure katalytische Gruppen.
In basischem Medium sind Glycoside stabil.

Durch wiederholte Addition von Zuckerresten an ein Disaccharid entstehen Oligo- und Polysaccharide. Biosynthetisch werden dazu aktivierte Zucker wie UDP-Glucose benötigt, aber das ist für die entstehenden Strukturen unerheblich.

Da ein glycosidischer C von zwei verschiedenen Seiten mit der neuen Bindung substituiert sein kann, existiert dort eine neue Verknüpfungsisomerie und ein weiteres Chiralitätszentrum; die beiden "Anomeren" bezeichnet man als α bzw. β:

α-glykosidische Bindung          β-glykosidische Bindung

Ein wichtiges Beispiel für diese Isomerie ist die α-1→4 bzw. β-1→4-Verknüpfung von Glucoseresten zu Stärke bzw. Cellulose und damit zu zwei Polymeren mit höchst unterschiedlichen Eigenschaften (welcher Art?).

In Di-, Tri-, Oligosacchariden ist i. a. ein endständiger Zuckerrest mit einem nicht substituiertem glykosidischem C vorhanden und bildet dort ein "reduzierendes Ende"; Beipiele: Maltose = Glucosyl-1→4-glucose und Lactose (Milchzucker) = Galaktosyl-1→4-glucose. Wenn aber zwei Zucker mit ihren beiden glycosidischen C aneinander kondensiert sind, liegt ein "nichtreduzierendes Disaccharid" vor. Das ist der Fall in Saccharose = Glucosyl-1→2-fructose sowie in Trehalose = Glucosyl-1→1-glucose, einem in Pilzen und Insekten verbreiteten Zucker.

Von der Vielfalt von Polysacchariden werden experimentell nur Stärke und Glykogen betrachtet. Alle anderen sind ebenfalls biologisch und strukturell interessant: Bearbeiten Sie Frage 12 am Ende des Kapitels!

**Versuch 5.1 : Reduzierende und nicht-reduzierende Zucker**

Das Reduktionsvermögen von Zuckerlösungen gegenüber Metallionen wie $Cu^{2+}$ oder $Ag^+$ zu $Cu^+$ bzw. metallischem Silber ist Grundlage klassischer Tests auf Zucker. *Reduzierend* wirken Aldosen und die mit ihnen in Gleichgewicht stehenden Ketosen sowie unter den Di- und Oligosacchariden solche, an denen mindestens eine Aldehydfunktion bzw. (im Ring) Halbacetalfunktion an C1 frei ist. *Nicht-reduzierend* sind Zucker, deren beide Aldehyd- bzw. Ketofunktionen miteinander verknüpft sind, sowie weitere Zuckerderivate. Derartige Reaktionen können nicht die Identität von Zuckern anzeigen und sind modernen enzymatischen Verfahren der Zuckerbestimmung i. a. in Spezifität und Empfindlichkeit unterlegen, können aber noch als rasche qualitative Tests gelten. Die Abscheidung von Silberspiegeln aus Silbernitrat auf Glasoberflächen durch Zuckerlösungen ist technisch wichtig, aber als biochemische Methode ohne Bedeutung.

**Fehling'sche Lösung:**

Alkalische Kupfer(II)salzlösungen werden durch reduzierende Zucker unter Abscheidung von rotem, unlöslichem Kupfer(I)oxid reduziert. Durch einen zugesetzten Komplexbildner (Tartrat = Salz der Weinsäure) muss verhindert werden, dass in der alkalischen Lösung auch Kupfer(II)hydroxid ausgefällt wird. Die Fehling-Probe hat noch immer Bedeutung als qualitativer Test auf reduzierende Zucker.

Reaktionsgleichung:

$$2\ Cu^{2+} + R\text{--}CHO + 5\ OH^- \rightarrow Cu_2O + R\text{--}COO^- + 3\ H_2O$$

Aldehyd                             Carboxylat

(Die Reaktion verläuft mechanistisch über komplizierte Zwischenstufen.)

*Durchführung*:

Fehling'sche Lösung I:   70 g $CuSO_4 \cdot 5\ H_2O$ in 1 L Wasser
Fehling'sche Lösung II: 340 g KNa-Tartrat in 1 L 2,5 N NaOH

Man mischt gleiche Volumina I und II (Beobachtung?), fügt die zu analysierende Probe zu (z. B. 5 mg Festsubstanz oder 1 mL mit 5 mg Zucker/mL) und erwärmt im siedenden Wasserbad. Eine Blindprobe ohne Zucker wird mit analysiert.

Vergleichen Sie Proben von Glucose (oder Mannose oder Galaktose), Fructose, Maltose, Saccharose (oder Trehalose) sowie von Sorbit oder Mannit auf ihre Reduktionskraft; identifizieren Sie die Strukturen! Eine Lösung von D-Sorbit (auch Glucit, engl. glucitol genannt; woher hat der Naturstoff seinen Namen?) stellen Sie selbst her: 10 mg Glucose werden in 2 mL Wasser mit einer Spatelspitze $NaBH_4$ gemischt (Chemie → Kap.2), nach 10 min der Hydrid-Überschuss mit einigen Tropfen Essigsäure zerstört, *bis kein Wasserstoff mehr entsteht* ($H^+ + H^- \rightarrow H_2$) und dann die Lösung getestet.

**Bestimmung nach Nelson:**

Eine quantitativ nutzbare Variante von höherer Empfindlichkeit und stabilerer Farbentwicklung als die Fehling-Probe ist die Bestimmung reduzierender Zucker nach Nelson. Hier erfolgt Reduktion von sechswertigem Molybdän in einer Heteropolysäure zu farbigen niederen Oxidationsstufen (Molybdänblau).

Lösung A: 25 g $Na_2CO_3$, 25 g KNa-Tartrat, 20 g $NaHCO_3$ und 200 g $Na_2SO_4$ in 800 mL Wasser lösen und auf 1,0 L auffüllen.

Lösung B: 7,5 g $CuSO_4 \cdot 5\ H_2O$ in 50 mL Wasser lösen, mit 1–2 Tropfen konzentrierter Schwefelsäure versetzen.

Lösung C: Am Tage des Gebrauchs 25 Teile A mit 1 Teil B unter Schütteln mischen.

Lösung D: 12 g Ammoniummolybdat in 200 mL Wasser lösen und 10 mL konz. Schwefelsäure zusetzen. Mit einer Lösung von 1,5 g Na-arsenat ($Na_2HAsO_4 \cdot 7\ H_2O$) in 12 mL Wasser mischen und auf 250 mL auffüllen. Die Lösung zur Entstehung des Arsenmolybdatkomplexes 24 Stunden bei 37 °C inkubieren. In brauner Flasche aufbewahren.

*Durchführung*: Zu 1,0 mL einer glucosehaltigen Lösung (0–200 µg Glucose/mL) 1 mL Reagenz C zufügen und im Reagenzglas genau 20 min in siedendem Wasser erhitzen; rasch abkühlen und 1 mL Reagenz D zufügen. Unter Schütteln ca. 5 min stehen lassen ($CO_2$-Entwicklung) und dann mit Wasser auf insgesamt 10 mL auffüllen. Die Farbe des Molybdänblau-Komplexes bleibt lange Zeit stabil. Im Photometer bei 520 nm die Extinktion messen; mit Blindprobe (ohne Glucose) auf Null abgleichen. Es ist eine Eichkurve erforderlich.

**Versuch 5.2 : Glucosebestimmung mit Glucoseoxidase**

Die Analytik von Zuckern beruht heute überwiegend auf ihrer Umsetzung mit spezifischen Enzymen. Solche Enzyme sind in großer Vielzahl kommerziell erhältlich, weil die Bestimmung von Zuckern in Lebensmitteln und Getränken eine häufige praktische Aufgabe ist; in einigen der folgenden Versuche lernen Sie daher auch etwas Lebensmittelchemie. Die primären Umsetzungen der verschiedenen Substrate (Zucker) müssen meist mit unphysiologischen Farbreaktionen gekoppelt werden, um eine Detektion der farblosen Substrate und/oder Produkte zu erreichen.

Nur wenige Enzyme setzen *freie* Glucose um, denn die meisten Reaktionen des Zuckerstoffwechsels verlaufen an Zucker*phosphaten*. Zur Glucosebestimmung geeignet ist die Kombination Hexokinase/Glucose-6-phosphatdehydrogenase

# Zucker und Polysaccharide

(Glucose + ATP → Glucose-6-phosphat + ADP / dann + NADP⁺ → NADPH; hier nicht beschrieben) sowie mikrobielle Glucoseoxidase (EC 1.1.3.4: Glucose + $O_2$ → Gluconolacton + $H_2O_2$). Diese Reaktion (1) muss mit Peroxidase (EC 1.11.1.7, Reaktion 2) zur $H_2O_2$-Bestimmung gekoppelt werden.

D-Glucose + $O_2$  →[Glucose-oxidase]  D-Gluconolacton + $H_2O_2$   (1)

$H_2O_2$ + o-Dianisidinhydrochlorid  →[POD]  chinoider Farbstoff + 2 $H_2O$   (2)
(= 3,3' Dimethoxybenzidin)

**Aufgabe:** Bestimmen Sie µg-Mengen Glucose enzymatisch.

*Lösungen:* D-Glucose (2 mg/mL in Wasser; die Konzentration wird angegeben)

Pufferlösung (0,12 M Na-phosphat pH 7) mit geeigneten Konzentrationen an Glucoseoxidase (aus *Aspergillus niger*) und Peroxidase (aus Meerrettich)

Lösung von Dianisidinhydrochlorid (5 mg/mL, in Wasser).

*Hinweis:* o-Dianisidin ist ein krebserzeugender Gefahrstoff (R 45-22, S 53-44). Nur die fertige verdünnte Lösung verwenden, Exposition vermeiden. Die Toxizität ist jedoch wesentlich geringer als die des unsubstituierten Benzidins; dessen Verwendung ist vollkommen verboten.

*Durchführung*: Pipettieren Sie in acht Halbmikroreagenzgläser je 1,0 mL der gepufferten Enzymlösung, 0,1 mL der Dianisidinhydrochlorid-Lösung und schütteln kurz um. Das erste Reagenzglas erhält als Blindprobe 0,1 mL Wasser, weitere verschiedene Volumina (10–100 µL) Glucoselösung. Das letzte Glas erhält eine unbekannte Menge Glucose. Die Volumenunterschiede brauchen *nicht* ausgeglichen zu werden. Inkubieren Sie die Gemische 15 min bei 37 °C und fügen dann zu jedem Glas 4 mL 5 N HCl; umschütteln! Durch die Säure werden die Enzymreaktionen gestoppt und der entstandene Farbstoff in die stabilere protonierte Form überführt. *Vorsicht*: 5 N HCl ist eine *starke* Säure. **Sauber pipettieren, Schutzbrille!**

Überführen Sie die Lösungen in 3 mL-Glasküvetten und bestimmen die Extinktionen bei 540 nm (im Filterphotometer: 546 nm). Erstellen Sie eine Eichkurve zwischen 0 und 200 µg Glucose und ermitteln die unbekannte Menge.

**Versuch 5.3 : Bestimmung von Saccharose**

*Der* Zucker, (+)-Saccharose (Rohr- oder Rübenzucker, englisch sucrose) ist α-D-Glucosyl-β-D-fructose in 1→2-Verknüpfung. Reduziert Saccharose die Fehling'sche Lösung? Was ist ihre physiologische Funktion in der Pflanze?

Die quantitative Bestimmung von Saccharose ist offensichtlich eine wichtige und häufige Aufgabe. Allerdings gibt es keinen spezifischen chemischen Nachweis für das Molekül. Wo Saccharose in hoher Konzentration ohne nennenswerte Mengen anderer Zucker vorliegt (z. B. bei der Zuckerproduktion), kann die polarimetrische Messung des Drehwertes einer Lösung zur Konzentrationsbestimmung dienen ("Saccharimeter"). Andernfalls muss das Disaccharid durch Säure oder enzymatisch hydrolysiert und die freigesetzte Menge Glucose bestimmt werden. In Gemischen misst man zuerst nur freie Glucose und nach Spaltung die Gesamtglucose; die Differenz ist ein Maß für Saccharose. Eine empfindliche Standardmethode der biochemischen und Lebensmittel-Analytik kombiniert das Enzym Invertase (= β-Fructosidase; woher stammt der Trivialname?) zur Spaltung und Hexokinase/Glucose-6-phosphatdehydrogenase zur Glucosebestimmung; da drei Enzymaktivitäten aufeinander abgestimmt werden müssen, sind die Messungen experimentell aufwendig.

Etwas einfacher kann Saccharose nach Säurehydrolyse mit einer Farbreaktion auf reduzierende Zucker erfasst werden. Reagenz ist 3,5-Dinitrosalicylsäure (2-Hydroxy-3,5-dinitrobenzoesäure):

Sie wird in alkalischer Lösung durch Glucose zu Aminonitrosalicylsäure reduziert und diese zu gefärbten Folgeprodukten. Diese Reaktion dient auch zum Nachweis von Zuckern bei der Säulen- oder Papierchromatographie.

# Zucker und Polysaccharide

**Aufgabe:** Bestimmen Sie den Zuckergehalt in verschiedenen Sorten einfacher Corn Flakes ("Cerealien", mit und ohne Ballaststoffe, aber ohne Früchte, Nüsse, Schokolade o. dgl.) und vergleichen Sie ihn mit den auf der Packung angegebenen Werten.

*Reagenzlösung:* 1 g 3,5-Dinitrosalicylsäure unter Erwärmen in 20 mL 2 M NaOH lösen. 30 g KNa-Tartrat in 50 mL Wasser unter Erwärmen lösen. Beide Lösungen mischen und mit Wasser auf 100 mL auffüllen.

*Durchführung:* 5 g Probenmaterial werden *am Tage vor dem Versuch* im Mörser zerrieben, die Hauptmenge trocken in einen passenden Dialysierschlauch gefüllt und Reste aus dem Mörser mit 25 mL destilliertem Wasser in den Schlauch überführt. Man verschließt ihn und dialysiert *in der Kälte* über Nacht gegen 500 mL (messen!) destilliertes Wasser. Nach Ende der Dialyse misst man die Volumina im Schlauch und im Dialysat und prüft beide mit Iodlösung ( → folgender Versuch) auf die Anwesenheit gelöster Stärke. Wo befinden sich niedermolekulare Zucker?

Da der Zuckergehalt stark variabel sein kann, müssen zwei verschiedene Mengen des Dialysats analysiert werden. Pipettieren Sie in vier Reagenzgläser, bezeichnet mit 1+, 1− und 3+, 3− zweimal 1,0 mL Dialysat + 2 mL Wasser sowie zweimal 3,0 mL Dialysat ohne Wasser und stellen die Gläser 1−, 3− zur Seite; diese Lösungen werden zur Kontrolle *nicht* hydrolysiert. In die Gläser 1+ und 3+ pipettiert man je 0,1 mL 1 M HCl. Alle Gläser inkubiert man 25 min in einem siedenden Wasserbad und kühlt sie anschließend in Wasser wieder ab.

Zum Nachweis der vorhandenen Glucose fügt man nun je 0,5 mL 2 M NaOH sowie 0,5 mL Reagenzlösung zu und erwärmt erneut 5 min im siedenden Wasserbad. Die entstandene Färbung wird nach Abkühlen bei 540 nm photometrisch registriert; evtl. muss die Probe vor der Messung mit Wasser definiert verdünnt werden. Die Saccharosemenge wird aus einer Eichkurve ermittelt. Falls die *nicht* säure-hydrolysierten Proben ebenfalls positive Werte zeigen (d.h. von Beginn an reduzierende Zucker enthielten), so müssen diese vom Messwert der hydrolysierten Proben abgezogen werden. Drücken Sie den Zuckergehalt Ihrer Frühstücksnahrung in Prozent aus.

*Eichkurve:* Von einer Stammlösung mit 5 mg Saccharose/mL werden 0,1, 0,2, 0,3, 0,4 und 0,5 mL (entsprechend 0,5, 1, 1,5, 2 und 2,5 mg Zucker) sowie eine Blindprobe ohne Zucker mit Wasser auf je 3,0 mL ergänzt und die Proben wie oben hydrolysiert und photometrisch analysiert.

**Versuch 5.4 : Stärkeverzuckerung durch Amylase oder Amyloglucosidase**

Die 1,4-Glycosidbindungen zwischen den Glucoseresten des Polysaccharids Stärke sind in Wasser stabil und chemisch nur unter stark sauren Bedingungen beim Erwärmen zu hydrolysieren. Amylasen katalysieren die Spaltung der Stärke über größere Bruchstücke (Dextrine) zum Disaccharid Maltose (1→4-Glucosyl-glucose) und schließlich zu freier Glucose. (Sie kennen diese Reaktion im Speichel: Was schmecken Sie nach längerem Kauen von Brot?) Amylasen sind weitverbreitete Enzyme: Aktive Präparationen stammen z. B. aus Pankreas, der Süßkartoffel oder Malz; diese Präparation – falls dafür Zeit ist – wird unten beschrieben. Die beiden Typen α-Amylase und β-Amylase (EC 3.2.1.1, 3.2.1.2) sind nach der Konfiguration an C1 der Produkte, nicht der Substrate benannt.
Amyloglucosidasen (Glucoamylase, γ-Amylase, EC 3.2.1.3) sind pilzliche oder bakterielle Enzyme, die auch die 1 → 6-glycosidisch verknüpften Verzweigungen im Amylopektin-Anteil der Stärke zu hydrolysieren vermögen. Sie werden in großer Menge technisch zur Umwandlung von Stärke in Glucosesirup für die Getränkeindustrie eingesetzt; nach einer zusätzlichen enzymatischen Glucose-Fructose-Isomerisierung hat der Flüssigzucker ("Isoglucose", "high fructose corn syrup", HFCS) eine ähnliche Süßkraft wie Saccharose.

Stärke (Amylose)                                  Glucose

**Aufgabe:** Nachweis des Stärkeabbaus durch amylolytische Enzyme

*Durchführung*: Sie erhalten eine Präparation von Amylase oder Amyloglucosidase, die ca. 0,2 mg Protein/mL enthält (Aktivität ggf. in Vorversuch testen).

Bereiten Sie 25 mL einer 0,1 %igen Stärkelösung (sog. "lösliche Stärke" oder Amylose, auf pH 7 eingestellt) und versetzen sie mit wenigen Tropfen Iodlösung (0,1 % Iod in 2 %iger KI-Lösung, mit HCl schwach angesäuert; dunkel aufbewahren), so dass eine schwache durchscheinende Blaufärbung entsteht. Verteilen Sie von dieser Lösung je 5 mL auf vier Reagenzgläser. Ein Glas bleibt als Kontrolle unverändert, zum zweiten und dritten fügt man 0,5 mL bzw. 1 mL Amylaselösung, zum vierten 1 mL Enzymlösung, die vorher 5 Minuten gekocht

(100 °C! Amylasen sind hitzestabil) und dann wieder abgekühlt wurde. Umschütteln! Bei Abbau der Stärke geht die Iod-Stärke-Farbe über rotviolettblassgelb verloren. Beobachten Sie die Farbänderungen im Laufe der Zeit (Minuten protokollieren). Steht ein Wasserbad zur Verfügung, so inkubiere man auch Proben bei 40 °C; welchen Effekt erwarten Sie? Die Reaktion kann im Photometer bei 578 oder 623 nm kontinuierlich verfolgt werden.

*Anmerkung*: Amylase wird durch Detergentien sehr leicht inaktiviert. Die Reagenzgläser müssen *sauber* und mit Wasser *gründlich* gespült sein.

**Amylase aus Malz:**

Keimende Getreidesamen enthalten aktive amylolytische Enzyme zur Mobilisierung der Stärke. Eine durch Calciumionen stabilisierte α-Amylase läßt sich leicht aus Malz anreichern. 50 g Malz (aus der Brauerei) werden zu Mehl gemahlen und *unter dem Abzug* mit 150 mL Ether einige Zeit extrahiert (Becherglas abdecken; gelegentlich schütteln, keinen Magnetrührer verwenden, *keine Flammen!*). Der Ether wird dekantiert und das an der Luft getrocknete Mehl eine Stunde bei Raumtemperatur mit 100 mL 0,2 %iger Calciumacetat-Lösung unter Zusatz von 0,1 mL Octylalkohol gerührt oder geschüttelt. (Der Octylalkohol dient zum Herabsetzen der Oberflächenspannung zwischen Mehl und wässriger Phase.) Man zentrifugiert die Suspension, verwirft den unlöslichen Rückstand und erwärmt die Lösung 15 min lang auf *genau* 70 °C. Danach kühlt man die Präparation auf Eis, zentrifugiert und verwirft den Niederschlag. Testen Sie die Proteinlösung wie oben mit Stärkelösung als Substrat und Iod auf Amylase-Aktivität. Setzen Sie zu einer zweiten Enzymprobe vor dem Test eine Spatelspitze EDTA zu und bestimmen erneut die Aktivität. Beobachtung?

Das Enzym kann zur Aufbewahrung und weiteren Reinigung in der Kälte durch Zusatz von 1 Vol. eiskaltem Aceton (*Vorsicht, brennbar!*) ausgefällt und durch Zentrifugation gesammelt werden. Der Niederschlag wird in einem geringen Volumen Calciumacetat-Lösung suspendiert und in der Kälte verwahrt.

**Versuch 5.5 : Präparation von Glykogen**

Glykogen ist ein typisch tierisches Polysaccharid – wo ist es lokalisiert? – und nur selten in Pflanzen zu finden; welches Polysaccharid dominiert in Pflanzen? Zeichnen Sie auf der folgenden Seite schematisch einen Strukturausschnitt aus Glykogen mit etwa 5 – 6 Glucoseresten und einer typischen Verzweigung aus α-1→4- und 1→6-glycosidischen Bindungen:

**Aufgabe:** Isolieren Sie Phytoglykogen aus Zuckermais. Die klassische Isolierung aus tierischen Geweben ist im Praktikum ungünstig, weil beispielsweise die Leber geschlachteter Tiere vom Schlachthof nur wenig Glykogen enthält (warum?).

*Arbeitsanleitung:* 25 g Maiskörner (auf Zuckermais achten! Normaler Futtermais enthält kaum Glykogen) werden vor Versuchsbeginn einige Zeit in 25 mL kaltem Wasser eingeweicht und im Mixer einige Minuten homogenisiert. Man presst durch ein Tuch, befeuchtet den Rückstand erneut mit Wasser und presst wieder aus. Aus dem milchigen Saft werden durch Zentrifugieren Fasern und Stärke entfernt und verworfen. Die schwach gefärbte Lösung, die Proteine und Glykogen enthält, erwärmt man im Wasserbad auf 95 °C und hält sie 15 min bei dieser Temperatur. Denaturiertes Protein fällt aus und wird durch Zentrifugieren abgetrennt; die Lösung zeigt die bläulich-weiße Trübung von hochmolekularem Glykogen. Das Polysaccharid wird nun durch Zusatz von 3 Volumina Methanol (*Brennbar, keine Flammen!*), 30 min. Erwärmen im Wasserbad (gelegentlich schütteln) und Wiederabkühlen ausgefällt. Der Überstand wird abdekantiert und die Behandlung mit 3 Vol. Methanol in der Wärme wiederholt, um klebrige Bestandteile zu entfernen. Das rohe Glykogen sammelt man durch Dekantieren oder kurzes Zentrifugieren, breitet es auf einer *vorher gewogenen* kleinen Porzellan- oder Petrischale (nicht auf Filterpapier) aus und lässt es unter dem Abzug trocknen. Zur völligen Befreiung von Protein kann es in siedendem Wasser gelöst, von Ungelöstem befreit und durch Fällung mit Methanol erneut gewonnen werden. Wiegen Sie die Ausbeute (2,5 g oder mehr).

*Charakterisierung:* Prüfen Sie, ob das Material ebenso wie Stärke mit Iodlösung reagiert. Das isolierte Glykogen soll durch chemische und/oder enzymatische Hydrolyse in die Monomeren zerlegt und dann deren Natur nachgewiesen werden. Unter welchen Bedingungen sind Glycosidbindungen chemisch spaltbar, welche Enzyme hydrolysieren Polysaccharide wie Stärke oder Glykogen?

Man erwärmt 50 mg Glykogen in einem mit Schliffstopfen und Feder verschlossenen Reagenzglas mit 5 mL 0,5 N HCl 2–3 Stunden lang im siedenden Wasserbad. Bei Neutralisation der abgekühlten Lösung mit NaOH würde viel

NaCl entstehen, das bei einer ggf. geplanten Isolierung der frei-gesetzten monomeren Zucker stört. Daher wendet man eine (allgemein brauchbare) Neutralisation ohne Salzeintrag an: Man fügt einen Spatel voll feuchten Anionenaustauscher in der $OH^-$-Form zu (z. B. Typ Dowex 1x2, mit Wasser *neutral gewaschen*; wird ggf. fertig vorbereitet ausgegeben), entfernt das Harz nach kurzer Zeit, prüft die Lösung auf neutralen bis schwach alkalischen pH-Wert und testet mit Fehling' scher Lösung auf Glucose.

Wie bestimmen Sie einen eventuell vorhandenen Restgehalt an Protein?

**Versuch 5.6 : Ascorbinsäure**

L(+)-Ascorbinsäure oder Vitamin C ($C_6H_8O_6$) gehört biosynthetisch und strukturell zu den Zuckern, unterscheidet sich aber erheblich in der chemischen Reaktivität und Funktion: Ascorbinsäure ist stärker dehydriert als eine einfache Hexose, besitzt eine Endiol-Struktur und fungiert physiologisch vorwiegend als Reduktionsmittel und Antioxidans zur Eliminierung reaktiver Sauerstoffspecies. Sowohl in der Biosynthese wie bei der technischen Darstellung entsteht Ascorbinsäure aus D-Hexosen (D-Glucose, D-Mannose), doch bedingen die Oxidations- bzw. Dehydrierungsschritte eine Konfigurationsumkehr, so dass die Substanz der L-Reihe zuzuordnen ist.

Ascorbinsäure ⇌ (+2H / −2H) Dehydroascorbinsäure

Das Endiol-System der Ascorbinsäure (welcher Teil der Strukturformel ist das?) verleiht dem Molekül, wie der Name sagt, saure Eigenschaften ($pK_a = 4{,}0$), charakteristische Lichtabsorption (Absorptionsmaximum 265 nm bei pH 7), und den Charakter eines starken Reduktionsmittels. Bei der Oxidation entsteht über eine radikalische Zwischenstufe (Monodehydroascorbat, hier nicht dargestellt) die Dehydroascorbinsäure. Ascorbinsäure-Lösungen sind in schwach saurem Milieu (pH 3,5) gegen Luftsauerstoff und andere Einflüsse am stabilsten; sie sollten außerdem gegen Licht geschützt werden. In alkalischen und schwermetallhaltigen Lösungen wird Vitamin C zersetzt.

Als tägliche Mindestaufnahme an Vitamin C wird für Erwachsene 50–150 mg empfohlen. Bei der analytischen Bestimmung von Ascorbinsäure in Lebensmitteln und Getränken wird die Reduktion spezieller Farbstoffe zum farblosen Leukofarbstoff ausgenutzt (vgl. Kapitel 2). Für biochemische Zwecke verwendet man das Enzym Ascorbatoxidase (AAO, EC 1.10.3.3; aus Pflanzengewebe, z. B. Zucchini isoliert). Bei der Extraktion und Bestimmung von Ascorbinsäure wird zum Ansäuern häufig Metaphosphorsäure verwendet, die als mäßig starke, nicht-oxidierende, Metallionen komplexierende Säure dafür besonders geeignet ist. Metaphosphorsäure $HPO_3$ entsteht durch Wasserabspaltung aus Phosphorsäure $H_3PO_4$ und ist oligomer. Alternativ kommen Citronensäure oder Trichloressigsäure zur Anwendung.

**Aufgabe**: Bestimmen Sie nach Absprache den Ascorbinsäuregehalt in einem klaren, hellen Fruchtsaft, in frisch ausgepresstem, 10-fach mit Wasser verdünntem und filtriertem Zitronensaft, in anderen Pflanzenextrakten, Weißwein oder in Bier (durch Rühren von Kohlensäure befreit)

(a) durch Redoxtitration, oder (b) spektralphotometrisch mit Hilfe von AAO.

Beachten Sie zur Angabe des Vitamin C-Gehaltes in %, mg oder g/L, mg/g Frischgewicht o. dgl. die angewandte Menge an Ausgangsmaterial und alle Verdünnungen oder Aliquotierungen!

*Durchführung*:

(a) Redoxtitration. 10 oder 20 mL Probe, je nach Ascorbinsäure-Gehalt, werden mit 20 mL Metaphosphorsäure-Essigsäure gemischt und bei Bedarf durch ein Faltenfilter filtriert. Die Säure enthält 3 g $HPO_3$ und 8 mL konz. Essigsäure in 100 mL Lösung.

Reagenz für die Redoxtitration ist eine 1 mM Lösung von 2,6-Dichlorphenolindophenol (Tillmans-Reagenz), das zur Leukoform reduziert wird (Redoxindikator, Gleichung bitte ergänzen):

$$O=\underset{Cl}{\overset{Cl}{\bigcirc}}=N-\bigcirc-O^-\ Na^+ \quad \rightarrow$$

Die Maßlösung enthält 29 mg Farbstoff-Na-Salz in 100 mL 2,5 mM $NaHCO_3$-Lösung und wird in brauner Flasche, vor Sonnenlicht geschützt und verschlossen aufbewahrt. Man legt 5 oder 10 mL ascorbinsäurehaltige Probelösung vor und titriert *rasch* mit der Dichlorphenolindophenol-Lösung bis eine deutlich sichtbare Rosafärbung mindestens 15 s lang bestehen bleibt. Das Volumen der verbrauchten Maßlösung (Titrant) sollte nicht zu gering sein; ggf. mehr Probelösung vorlegen. Führen Sie eine Doppelbestimmung durch und bilden den Mittelwert.

Berechnen Sie die Ascorbinsäure-Menge in der Probe, in einem Liter Getränk oder einer ganzen, vollständig ausgepressten Zitrone. Wie viel brauchen Sie demnach zur Deckung des Tagesbedarfs?

*Anmerkung*: Bei dieser Art der Durchführung werden nur Näherungswerte erhalten, weil der Titer der Reagenzlösung und evtl. störende andere Reduktionsmittel nicht berücksichtigt sind.

(b) Enzymatische Bestimmung. Diese empfindliche Methode eignet sich für Pflanzenextrakte mit geringerem Vitamin C-Gehalt. Die durch AAO katalysierte Oxidation (Dehydrierung) von Ascorbat zu Dehydroascorbat kann bei 265 nm direkt spektralphotometrisch verfolgt werden, sofern keine anderen lichtabsorbierenden Substanzen anwesend sind. Als Puffer dient 0,2 M Citrat/0,2 M $Na_2HPO_4$, pH 6,4. Man mischt in 1 mL-Quarzküvetten bis zu 200 µL ascorbathaltiger Probe (s. u.) mit 800 (bzw. mehr) µL Puffer, beobachtet kurz im Photometer, ob die Extinktion stabil ist und startet die Reaktion *rasch* durch Zugabe von 10 µL passend verdünnter AAO-Lösung. Die Extinktionsabnahme sollte nach spätestens 10 min beendet sein. $\Delta E = 0,015$ entspricht 1 nmol Ascorbatumsatz pro mL Testgemisch bzw. $\Delta E = 0,09$ ca. 1 µg Ascorbat/mL. Berechnen Sie die Menge in der zum Test benutzten Probe sowie den Gehalt des Ausgangsmaterials an Vitamin C (z. B. in µg pro g oder mL).

Extraktion: Wiegen Sie rasch ca. 2 g in Stücke geschnittene Früchte oder Gemüse ab (Vitamin C-reich sind neben Citrusfrüchten Kiwi, Broccoli, frische Kartoffeln) und zerstoßen sie im Mörser in 10 mL eiskalter 5 %iger Metaphosphorsäure. Alternativ mischen Sie 2 mL frisch ausgepressten Saft mit der Säure. Das Homogenat/die Mischung wird rasch über Glaswolle oder Miracloth filtriert und wenn erforderlich noch rasch in der Kälte 10–15 min zentrifugiert. Der Überstand (Volumen messen) kann direkt zum enzymatischen Assay benutzt werden; falls er zu trübe ist oder sehr viel Ascorbinsäure enthält, wird mit Wasser definiert (z. B. 2-fach, 5-fach) verdünnt.

## Fragen

1. Mit welchen Pflanzen/Tieren/biochemischen Prozessen/Sonstigem verbinden Sie folgende Zucker oder deren Phosphate:

   Ribulose
   Lactose
   Invertzucker
   Kandiszucker
   N-Acetylglucosamin
   Fucose

2. Welche der folgenden Zucker und Zuckerderivate wirken reduzierend, welche nicht? Verbindungen, die Sie nicht kennen, sollten Sie nachschlagen:

   | | | |
   |---|---|---|
   | Galakturonsäure | Sorbit | Glucose-6-phosphat |
   | Maltose | Fructose | Arabinose |
   | Saccharose | Mannose | Trehalose |
   | Xylulose | Gluconsäure | Desoxyribose |

3. Wie viel stereoisomere Aldohexosen $C_6H_{12}O_6$ gibt es, wieviel stereoisomere Aldopentosen $C_5H_{10}O_5$? Wie viele davon kommen in größerer Menge und allgemein verbreitet in der Natur vor (*seltene* Zucker nicht mitgezählt?)

4. Bei der Bildung von Ribose (C H O ) aus Glucose (C H O ) muss *ein* C-Atom aus dem Molekül entfernt werden. Als was, und in welcher Art von Chemie ? (Der komplette Mechanismus ist nicht gefragt, aber Sie könnten ihn unter "Pentosephosphatwege" im Lehrbuch finden.)

5. Welche chemischen Bedingungen (z. B. sauer, alkalisch, oxidierend, reduzierend, ...) und ggf. welche Enzyme sind nötig, um die folgenden Umwandlungen von Zuckern und Polysacchariden "im Reagenzglas" oder technisch zu erreichen:

   Stärke in Glucosesirup für die Getränkeindustrie:

   Glucose in Fructose:

   Glycerinaldehyd zu Glycerin:

   Fructose in zwei Moleküle Triose:

   Saccharose in Karamel:

# Zucker und Polysaccharide

6. Ein Zucker der Molmasse 342, der reichlich beim Abbau von Stärke entsteht, reduziert Fehling'sche Lösung. Welcher ist es? Er wird als "vergärbar" bezeichnet; was heißt das biochemisch/mikrobiologisch?

7. Erklären Sie anhand der spezifischen Drehwerte von Lösungen der Saccharose ($[\alpha]$ +66°), D-Glucose ($[\alpha]$ +52°) und D-Fructose ($[\alpha]$ −92°), warum sich die Rechts(+)-Drehung einer Saccharoselösung bei der Spaltung zu "Invertzucker" in Links(−)-Drehung umkehrt.

8. Sowohl Stärke wie Glykogen werden im tierischen Stoffwechsel zur Energiegewinnung verwandt und dabei zuerst enzymatisch in monomere Zucker gespalten. Die Spaltung unterscheidet sich aber bei beiden chemisch und enzymologisch in charakteristischer Weise. Wie?

9. Woraus besteht das Murein der Bakterien-Zellwände und durch welche Glucosidase kann es spezifisch hydrolysiert werden?

10. Im Honig sind neben dem typischen Gemisch von Glucose und Fructose (Invertzucker) auch höhere Zucker enthalten (Oligosaccharide, z. B. Melitriose u. a.), die im eingetragenen Blütennektar nicht vorhanden waren. Wie entstanden sie unter den besonderen Bedingungen der Honigsammlung bei < 20 % Wassergehalt?

11. Wie viel Glucose zirkuliert typischerweise in unserem Blut? Wie viel molar (millimolar) ist das Blutserum an Glucose, wie viel Gramm sind das insgesamt?

12. Polysaccharide kommen in großer Vielfalt im Pflanzenreich, aber auch in Tieren vor. Viele der sehr unterschiedlichen Eigenschaften und Funktionen trotz nur geringer Zahl an Monosaccharid-Bausteinen kommen durch unterschiedliche Verknüpfung zustande. Informieren Sie sich über den Aufbau und das Vorkommen der folgenden häufigen Polysaccharide:

|           | Zucker, Verknüpfung | Vorkommen |
|-----------|---------------------|-----------|
| Agar-Agar |                     |           |
| Callose   |                     |           |
| Cellulose |                     |           |
| Chitin    |                     |           |
| Dextran   |                     |           |
| Glykogen  |                     |           |
| Pektine   |                     |           |
| Pullulan  |                     |           |
| Xylan     |                     |           |

# 6 Phosphat und Nucleotide

Phosphor ist ein lebenswichtiges, essentielles Element. Ein Mensch enthält ca. 700 g P (= 1 % seiner Masse), davon etwa 600 g mineralisch im Knochen; der tägliche Bedarf beträgt ca. 1 g. In welchen niedrig- und hochmolekularen Biomolekülen ist Phosphor gebunden enthalten? Sie sollten vier organische phosphorhaltige Substanzklassen nennen können. Mangel an Phosphat limitiert das Pflanzenwachstum und wird daher oft durch Düngen ausgeglichen. Ein Überschuss kann andererseits zu unnormal heftiger Zellvermehrung führen (Eutrophierung, Algenwachstum in Gewässern). Der Nachweis von Phosphat ist daher eine häufige analytische Aufgabe in Biochemie, Ökologie, Bodenkunde u. a.

Phosphor spielt in der Biosphäre fast nur in der Oxidationsstufe +V der Phosphorsäure $H_3PO_4$ eine Rolle. Unter den anorganischen Salzen muss man bekanntlich Phosphat, Hydrogenphosphat und Dihydrogenphosphat unterscheiden (s. Kap. 2: Säuren, Puffer!), ferner kommt Di- oder Pyrophosphat $P_2O_7^{4-}$ intrazellulär und im Laborgebrauch vor. Die anorganischen Phosphate werden in der Biochemie oft als "$P_i$" bzw. "$PP_i$" (i = inorganic) abgekürzt. In Biomolekülen liegt Phosphorsäure als Ester, Diester oder Säureanhydrid vor. Diese Bindungstypen müssen Sie erkennen und unterscheiden:

$$\begin{array}{ccc}
\text{O} & \text{O} & \text{O} \\
\| & \| & \| \\
\text{R-O-P-O}^- & \text{R-O-P-O-R'} & \text{R-O-P-O-X} \\
| & | & | \\
\text{O}^- & \text{O}^- & \text{O}^-
\end{array}$$

R, R' : organisches Molekül mit OH-Funktion (Alkohol)
X : Rest einer Carbonsäure, einer zweiten Phosphorsäure oder anderen Säure

**Versuch 6.1 : Anorganisches und organisch gebundenes Phosphat**

Bei analytischen Verfahren zur Phosphatbestimmung muss zwischen anorganischem und organisch gebundenem Phosphat unterschieden werden. Anorganische Phosphationen reagieren in saurer Lösung mit Molybdationen $MoO_4^{2-}$ unter Bildung einer gelben "Heteropolysäure" der Zusammensetzung $H_3[P(Mo_{12}O_{40})]$. Da in der Praxis oft Spuren von Phosphat zu bestimmen sind, die nur schwache Gelbfärbung liefern, koppelt man diese Reaktion i. a. mit einer zweiten, in der das Schwermetall Molybdän aus seiner sechswertigen Form durch $Fe^{2+}$-Ionen zum intensiv gefärbten Molybdänblau mit niederen Oxidationsstufen (+V u. a.) reduziert wird. Die Reduktion tritt nur in der Molybdatophosphorsäure ein. In dieser Ausführung kann Phosphat im μg-Bereich nachgewiesen werden.

*Durchführung:* Geben Sie zu 3 mL einer 5 %igen sauren Lösung von Ammoniummolybdat einige Tropfen Phosphatlösung: Gelbfärbung, beim Erwärmen gelber Niederschlag. Zu einer zweiten Probe (nicht erwärmt) füge man 0,5 mL saure FeSO$_4$-Lösung (10 %) und beobachte die Farbentwicklungen.

Dieser Nachweis ist leicht quantitativ auszuwerten. Steht ein Photometer zur Verfügung, so erstelle man aus verschiedenen Mengen (100–250 µL) einer 10 mM P-Standardlösung plus 2,5 mL Reagenzlösung (1,7 g Ammoniummolybdat + 1 g FeSO$_4$ in 100 mL 2 N Schwefelsäure, frisch bereitet) eine Eichkurve; Reaktionszeit 5 min, Messung bei 550 nm oder längeren Wellen, Extinktion gegen µmol Phosphor oder Phosphat graphisch auftragen. Die Analyse einer Lösung mit unbekanntem P-Gehalt geschieht ebenso, der Gehalt wird aus der Eichkurve entnommen. Es ist ratsam, die Werte der Eichkurve und der Analyse in derselben Serie zu bestimmen.

Untersuchen Sie nach eigener Wahl auf ihren Gehalt an Phosphat

— Wasserproben (Teich-, Fluss-, Trinkwasser, Kläranlage)
— flüssigen Blumendünger
— Getränke (Mineralwasser, Bier, Cola); welche sind bekannterweise P-reich?

## Nachweis von Phosphat in organischer Bindung ("nach Fiske-Subarow"):

Etwas Biochemie-Geschichte: "Die Substanz ist N-haltig, aber sehr reich an Phosphor. Wir erhalten also aus den Zellkernen Körper *sui generis*, ... die als Nucleinkörper den Eiweisskörpern ebenbürtig gegenübergestellt zu werden verdienen. Ich kann mich dem Gedanken nicht verschließen, dass hier sich die physiologische Leistung des Phosphors in den Organismen enthüllt." Friedrich Miescher (1869), Über die chemische Zusammensetzung der Eiterzellen. (Hoppe-Seylers medizinisch-chemische Untersuchungen 1871).

P in organischer Bindung (z. B. in ATP, DNA, Glucosephosphat, Lecithin) hydrolysiert man zu anorganischem Phosphat, indem man die Probe mit 1,0 mL 0,5 N HCl im Wasserbad 10 min auf 65 °C erwärmt. Danach wird mit dem gleichen Volumen 0,5 N NaOH neutralisiert (ggf. auch filtriert oder zentrifugiert) und die Probe wie oben mit 2,5 mL Reagenzlösung gemischt.

Wie können Sie in einer biologischen Probe den Gehalt an anorganischem Phosphat *und* an organisch gebundenem P *nebeneinander* bestimmen?

Stellen Sie (ggf. mehrere Arbeitsgruppen gemeinsam) einen zellfreien Extrakt aus Hefe her, indem Sie 5 g feinzerriebene Bäckerhefe in 50 mL 0,5 M NaCl-Lösung unter Zusatz von 10 mg Na-dodecylsulfat (SDS, Detergenz, zur Lyse von Zellmembranen) in einem größeren Becherglas kurz aufkochen, die Mischung in Eis abkühlen und durch Zentrifugation die Zelltrümmer und denaturierten Proteine entfernen. Der gelblich-klare Überstand enthält hitzestabile lösliche Nucleotide und RNA. Bestimmen Sie in 0,5 oder 1 mL der Probe das Phosphat nach Fiske-Subarow.

## Struktur und Vielfalt der Nucleotide

Nucleotide tragen ihren Namen als Bausteine der Nucleinsäuren und dadurch ist auch ihre Zusammensetzung definiert: Eine heterocyclische Base in N-glycosidischer Bindung an Ribose oder 2'-Desoxyribose, die mit Phosphorsäure verestert ist, an der ggf. weitere Phosphatreste in Anhydridbindung ankondensiert sind. Nucleotide sind nicht auf die Rolle als Substrate der RNA- und DNA-Synthese bzw. Abbauprodukte der Nucleinsäuren beschränkt, sondern nehmen zahlreiche weitere biochemische Funktionen wahr: Di- und Triphosphate sind die energiereichen Verbindungen des Energiestoffwechsels, Mono- und Diphosphate sind in zahlreiche Coenzyme des Redox-, Baustein- und Zuckerstoffwechsels integriert (NAD und NADP, Coenzym A, UDP-Zucker u.a.), Cyclophosphate und andere Derivate als Signalmoleküle (second messenger) aktiv. Diese Vielfalt kommt zustande, weil die chemisch mehrfach substituierten Nucleotide gegenüber Enzym- oder Rezeptorproteinen spezifische Wechselwirkungen eingehen, ionisch über die anionischen Phosphatgruppen und durch Wasserstoffbrücken zwischen Basen und Aminosäureresten. Nucleotidbindende Proteine haben dafür häufig eine charakteristische Bindungsdomäne ("nucleotide fold") auf ihrer Oberfläche (→ Versuch 9.4).

Ein zellfreier Extrakt aus biologischem Material enthält dementsprechend ein komplexes Gemisch vieler Nucleotide nebeneinander. Insgesamt erhält man die Fraktion sog. "säurelöslicher Nucleotide" durch Behandlung mit kalter wässriger Perchlorsäure $HClO_4$ oder Trichloressigsäure, in der Proteine und Nucleinsäuren unlöslich ausfallen, während die niedermolekularen Nucleotide darin protoniert, wenig reaktiv und weiterhin löslich sind; allerdings muss wegen der Gefahr von Säurehydrolyse stets zügig und unter Kühlung gearbeitet werden.

Nucleotide kürzt man mit dem Buchstaben ihrer Base (A, C usw.), der Zahl der Phosphate (-MP, -DP, -TP) und im Fall der Desoxyribosereihe vorangestelltem d- ab. N- bedeutet, dass alle Basen gemeint sind. Beispiel: dNTP's sind die vier Desoxyribonucleosidtriphosphate als Substrate der DNA-Replikation.

Überschlagen Sie, wie viele Verbindungen nebeneinander vorliegen können: In RNA und DNA zusammengenommen gibt es fünf verschiedene Purin- und Pyrimidinbasen; in den beiden Reihen der Ribo- und Desoxyribonuceotide mit diesen Basen existieren jeweils Mono-, Di- und Triphosphate nebeneinander, wenn auch in sehr unterschiedlichen Proportionen; von den Redoxcoenzymen und gruppenübertragenden Coenzymen incl. Nucleosiddiphosphatzuckern sind knapp 10 überall zu erwarten; und schließlich sind Biosynthese-Zwischenstufen und Abbauprodukte der Purin- und Pyrimidinnucleotide in Zellextrakten vorhanden. Maximal muss man mit nicht weniger als ............ säurelöslichen Nucleotiden rechnen. Davon können *im Normalfall* die insgesamt 15 Desoxyribonucleosidphosphate unberücksichtigt bleiben, weil sie sich in der Zelle nur in sehr geringen Konzentrationen und nur während der S-Phase des Zellcyclus in messbarer Menge anhäufen; das gilt naturgemäß nicht bei der Untersuchung von DNA-Vorläufer-Pools.

Welche beiden Nucleotide werden fast stets (zumindest in aeroben Organismen) in größter Menge in einem Zellextrakt zu finden sein?

Nucleotide und Nucleinsäuren brauchen Kationen zum Ausgleich der negativen Phosphatladungen. Vorzugsweise sind Magnesiumionen mit Nucleotiden assoziiert. Sie verbrücken die Phosphate mit N-Atomen der heterocyclischen Basen als Komplexliganden und fungieren so auch als Enzymsubstrate ("Mg-ATP").

Die zwei Hauptaufgaben bei der Analyse von Nucleotiden sind offensichtlich

- die Trennung der mehr oder weniger komplexen Gemische
- und die Identifizierung der getrennten Nucleotide anhand charakteristischer Spektren und spezifischer enzymkatalysierter Reaktionen.

Beide Aspekte werden exemplarisch für die besonders wichtige und mengenmäßig bedeutende Fraktion der Adeninnucleotide demonstriert. Für die in neutralem Medium anionischen, negativ geladenen Substanzen ist Ionenaustauschchromatographie die Standard-Trennmethode (Versuche 6.2 und 7.6).

## Adeninnucleotide und ihre Bestimmung

Adenosinmonophosphat, -di und -triphosphat AMP, ADP und ATP gehören zu den universellen und absolut essentiellen Stoffen der Biosphäre:

ATP wird als *die* energiereiche Verbindung in lebenden Zellen laufend gebildet und in vielen anderen, Energie verbrauchenden Reaktionen wieder umgesetzt. "Energiereich" sind im ATP die Säureanhydridbindungen zwischen den Phosphatresten (aber nicht die Esterbindung zur Ribose), weil bei ihrer

Hydrolyse viel Energie frei wird. Bei pH 7 und 25 °C beträgt ΔG° = −34,5 kJ/mol bzw. −8,25 kcal/mol.

ATP entsteht aus ADP und anorganischem Phosphat durch oxidative Phosphorylierung (wobei das Oxidationsmittel nicht unbedingt Sauerstoff sein muss), in Pflanzen durch Photophosphorylierung und − in weit geringerer Menge − bei Gärung durch Substratkettenphosphorylierung. Beim Verbrauch − durch Hydrolyse oder Transfer eines Phosphatrestes − entsteht wieder ADP; ATP und ADP kommen also stets nebeneinander vor. Das Monophosphat AMP (auch "Adenylsäure" genannt) ist wichtig als Produkt der Neusynthese von Purinnucleotiden, und seine Konzentration kann in bestimmten Fällen (z. B. im Muskel) den Energiestatus mitbestimmen. Im Begriff "Energieladung" (energy charge) sind die Konzentrationen aller drei Adeninnucleotide in folgender Weise miteinander verknüpft:

$$\text{Energieladung} = \frac{1/2\ c(ADP) + c(ATP)}{c(AMP) + c(ADP) + c(ATP)}$$

Ihr Maximalwert (nur ATP) wäre 1, physiologische Werte liegen bei 0,75−0,95.

Die Menge von ATP in ruhendem tierischem Skelettmuskel beträgt etwa 3−4 mg/g, in der Leber 1−2 mg/g Gewebe. Aus Muskel kann ATP durch kalte 10 %-ige Trichloressigsäure auch in präparativem Maßstab extrahiert werden. Käufliches ATP für Laborgebrauch wird durch chemische Partialsynthese aus Adenylsäure hergestellt, die man ihrerseits durch alkalische Hydrolyse von RNA gewinnt.

Alle Nucleotide haben wegen ihrer heterocyclischen Basen (= Chromophore) intensive Lichtabsorption im ultravioletten Spektralbereich. Sind die Verbindungen frei von Protein oder anderen lichtabsorbierenden Substanzen, so kann man aus Extinktionsmessungen leicht die Konzentration von Nucleotiden bestimmen. Für Adeninnucleotide liegt das Absorptionsmaximum bei 259 nm (Messwellenlänge ist i.a. 260 nm) und der molare dekadische Extinktionskoeffizient beträgt $\varepsilon = 15\,000\ L \cdot mol^{-1} \cdot cm^{-1}$.

Zur spezifischen Bestimmung der Adeninnucleotide ohne vorherige Trennung und Isolierung dienen enzymatische Verfahren. Eine sehr empfindliche Methode zur ATP-Bestimmung nutzt die Biolumineszens des Luciferin/Luciferase-Systems (Versuch 6.3); eine Alternative ist die durch Hexokinase katalysierte Umsetzung von Glucose mit ATP zu Glucose-6-phosphat und dessen Dehydrierung durch Glc-6-P-dehydrogenase unter $NADP^+$-Verbrauch bzw. NADPH-Bildung. ADP kann mit Pyruvatkinase und Phosphoenolpyruvat bestimmt werden (Versuch 4.6). Mit Hilfe der durch Myokinase (Adenylatkinase, EC 2.7.4.3) katalysierten Reaktion

$$\text{AMP} + \text{ATP} \rightleftarrows 2\,\text{ADP}$$

können AMP und/oder ADP erfasst werden. Wegen des leichten hydrolytischen Abbaus von ATP und ADP hängen alle diese Methoden von streng kontrollierten Reaktionsbedingungen ab.

## Ionenaustauschchromatographie

Die Auftrennung von Nucleotidgemischen oder die Reinigung einzelner Nucleotide geschehen auf Anionenaustauschern, wie Sie sie im Prinzip aus der analytischen Chemie und Wasserenthärtung kennen. In Frage kommen für die Trennung der organischen Verbindungen zwar auch Austauscherharze auf Polystyrolbasis (z. B. Dowex 1x2, Amberlite IRA400), vorzugsweise aber wegen ihres stärker hydrophilen Charakters Ionenaustauscher mit Cellulose oder Dextranderivaten als unlöslicher Matrix; die häufigst verwendeten sind mit DEAE- = *D*iethyl*a*mino*e*thyl-Resten substituiert (DEAE-Cellulose, DEAE-Sephadex o. a. Typen). Nucleotide binden an solche Chromatographiematerialien nicht allein über ihre Phosphationen, sondern je nach pH-Wert auch durch Beiträge der ionisierbaren Basensubstituenten und – vor allem an Polystyrolharzen – durch Adsorption und hydrophobe Wechselwirkungen. Sollen sämtliche verschiedenen Nucleotide voneinander getrennt werden (z. B. AMP, CMP, GMP, UMP in einem RNA-Hydrolysat, Versuch 7.6), so geschieht die Elution der Ionenaustauschersäule durch Änderungen von pH-Wert *und* Ionenstärke der Lösung. Handelt es sich um Nucleotide mit derselben Base, aber unterschiedlicher Phosphorylierungsstufe (d. h. mit unterschiedlicher negativer Ladung) wie im Fall der Adeninnucleotide, so kann man sie bei konstantem pH-Wert mit kontinuierlich oder stufenweise ansteigender Salzkonzentration – durch Ausnutzung des Massenwirkungsgesetzes – von der Säule eluieren.

Die Zusammensetzung des Elutionsmittels einer Ionenaustauschchromatographie der Nucleotide richtet sich nach praktischen Gesichtspunkten. Will man die Verbindungen nur analytisch erfassen, so genügen einfache, inerte Ionen wie $Cl^-$ (als NaCl oder HCl) zur Verdrängung der Phosphationen von der Säule; sollen dagegen die Substanzen nach der Chromatographie isoliert werden und salzfrei sein, so verwendet man flüchtige Salze und/oder Säuren, die im Vakuum entfernt werden können (z. B. Ammoniumhydrogencarbonat $NH_4HCO_3$ oder Ameisensäure).

Die Technik der Säulenchromatographie allgemein ist in Kapitel 9 nachzulesen und wird im Labor erörtert. Wegen der guten spektroskopischen Detektierbarkeit von Nucleotiden ist ein UV-Durchflussphotometer zur online-Registrierung des Eluats bei 250–260 nm empfehlenswert; andernfalls müssen die Eluatfraktionen einzeln im Photometer vermessen werden.

## Versuch 6.2 : Trennung der Adenosinphosphate

**Aufgabe:** Trennen Sie ein Gemisch der Adenosinphosphate AMP, ADP und ATP auf DEAE-Sephadex A25

Je nach Herkunft (aus Reinsubstanzen oder in einem Zellextrakt) kann die Mischung auch das Nucleosid Adenosin enthalten. Durch welche chemischen oder enzymkatalysierten Reaktionen kann das Nucleosid aus den Nucleotiden entstanden sein? Könnten sich auch die Verhältnisse der drei Adenosinphosphate bei zu langer Versuchsdauer oder zu hoher Temperatur langsam ändern?

*Durchführung:* Füllen Sie eine kleine Chromatographiesäule mit gequollenem und in einem geeigneten Puffer äquilibriertem Anionenaustauscher so, dass das Austauscherbett luftblasenfrei ist und nur wenig (einige mm) Flüssigkeit über dem oberen Ende steht; eine Chromatographiesäule darf niemals trocken laufen! Das Material DEAE-Sephadex A25 ist in der Chlorid-Form in 0,1 M Tris-HCl-Puffer pH 8 äquilibriert. Zur Beschreibung der Chromatographie notieren Sie

– die Säulengröße (Durchmesser × Füllhöhe in cm),
– das Chromatographiematerial inkl. Kapazität (meq/mL Bettvolumen),
– die Flussrate während des Betriebs (z. B. 1 mL/min = 60 mL/h).

Die Säule wird zur Kontrolle zunächst mit einem kleinen Volumen Startlösung gewaschen; man beobachtet, ob die Extinktion konstant niedrig bleibt.

In möglichst geringem Volumen wird dann eine Probe aufgetragen, die je 50–150 µg AMP, ADP und ATP enthalten sollte. Man lässt die Probe völlig in das Säulenbett einlaufen – *aber nicht trocken laufen lassen!* – und startet die Chromatographie durch erneutes Waschen mit einem kleinen Volumen (etwa 1–2 Säulenfüllungen) der Startlösung. Extinktion des Eluats beobachten: Eluieren nicht gebundene, ungeladene Substanzen? Nucleotide werden nun mit einem Salzgradienten von der Säule eluiert, der in einem Gradientenmischer von 0,05–0,25 M NaCl gesteigert wird. Steht kein Gradientenmischer zur Verfügung, so können nacheinander NaCl-Lösungen ansteigender Kozentration (z. B. 0,05; 0,1; 0,15 M usw.) zur Elution verwendet werden; in diesem Fall muss nach dem gemessenen Elutionsprofil entschieden werden, wann die Lösung nächsthöherer Konzentration aufgegeben wird.

Nehmen Sie eine quantitative Auswertung der Elutionspeaks vor und bestimmen das Verhältnis der drei Adeninnucleotide. Sie benötigen das Volumen der zu einem Peak gehörigen vereinigten Fraktionen, die gemessene Extinktion dieses "Pools", den Extinktionskoeffizienten und das Lambert-Beer'sche Gesetz.

**Versuch 6.3 : Bestimmung von ATP mit Luciferin/Luciferase**

Eine besonders spezifische und empfindliche ATP-Bestimmung beruht darauf, dass die Reaktion der Chemolumineszenz in Glühwürmchen, Leuchtbakterien u. a. Organismen (Biolumineszens) stöchiometrisch ATP und Sauerstoff verbraucht ( → Abb.11). Die Komponenten des Systems, das Enzym Luciferase (EC 1.13.12.7, eine Oxygenase) und sein licht-emittierendes Substrat Luciferin kann man *in vitro* rekombinieren und aus der Intensität der Lichtemission um 562 nm, die minutenlang andauert, die ATP-Menge einer zugesetzten Probe ermitteln. Das Enzym erhält man aus den getrockneten Hinterleibern des amerikanischen Leuchtkäfers (firefly) *Photinus pyralis* bzw. als rekombinantes Protein. Der Reaktionsmechanismus ist komplex (s. unten).

$$\text{ATP + Luciferin} + O_2 \quad \rightarrow \quad \text{Oxyluciferin} + CO_2 + \text{AMP} + PP_i + \textit{Licht}$$

Zur Messung der Lichtemission (nicht Absorption) gibt es spezielle Photometer ("Luminometer", "Biolumat" o. ähnl.); mit bekannten ATP-Mengen wird eine Eichkurve erstellt. Die Luciferin-Luciferase-Methode gestattet, weniger als 1 µg ATP/ mL nachzuweisen.

**Aufgabe:** Zur Demonstration der Methode genügt ein Rohpräparat, das Luciferin und Luciferase in 0,1 M Na-arsenat-Puffer pH 7,4 enthält. Qualitativ ist die Biolumineszens direkt zu beobachten, wenn man im Dunkeln zum Präparat 0,5 mL einer Mg-ATP-haltigen Lösung (1 mg ATP + 40 mg $MgSO_4$/mL) zusetzt. Zur quantitativen Bestimmung verwendet man eine Lösung mit 10 µg ATP/mL zur Erstellung einer Eichkurve. Das erforderliche Probenvolumen (z. B. 50 µL) muss man je nach Gerätetyp, Aktivität des firefly-Extraktes und Gesamtvolumen optimieren; Anleitung im Labor!

*ATP in der Fraktion säurelöslicher Nucleotide:*

Die Analyse von ATP in biologischem Material muss *rasch* geschehen, da das Triphosphat besonders in Homogenaten aus Muskelgewebe schnell abgebaut wird. Extrahieren Sie stattdessen keimende Samen oder junge Pflanzentriebe, in denen aktiver Nucleotidstoffwechsel herrscht. *Auch hier muss durchgehend unter Kühlung gearbeitet werden.*

Einige Tage alte Weizenkeimlinge (etwa 2–3 g) werden im Mörser unter flüssigem Stickstoff pulverisiert und das Material in einem kleinen Volumen (wenige mL) eiskalter 0,2 M $HClO_4$ 15 min lang gerührt oder geschüttelt. Man zentrifugiert und dekantiert, neutralisiert den Überstand (das Volumen messen) mit konz. KOH und lässt das Kaliumperchlorat absitzen oder zentrifugiert erneut.

Bestimmen Sie in einer aliquoten Probe (z. B. 100 µL) den ATP-Gehalt mit Luciferin-Luciferase anhand der oben erstellten Eichkurve. Berechnen Sie die ATP-Menge pro Gramm Pflanzenmaterial.

## Die Luciferin-Luciferase-Reaktion:

Die durch Luciferasen katalysierten "kalten" Leuchtreaktionen der Leuchtkäfer, Tiefseefische, wirbelloser Meerestiere sowie Bakterien beruhen auf der chemischen Anregung organischer Substrate, der Luciferine, durch Sauerstoff und ATP. Da die Lichtausbeute bezogen auf verbrauchte chemische Energie bis zu 90 % beträgt (Leuchtstoffröhre: 20 %), können ATP oder Sauerstoff in Lösung mit großer Empfindlichkeit gemessen werden (z.B. noch in $10^{-9}$ M Konzentration).

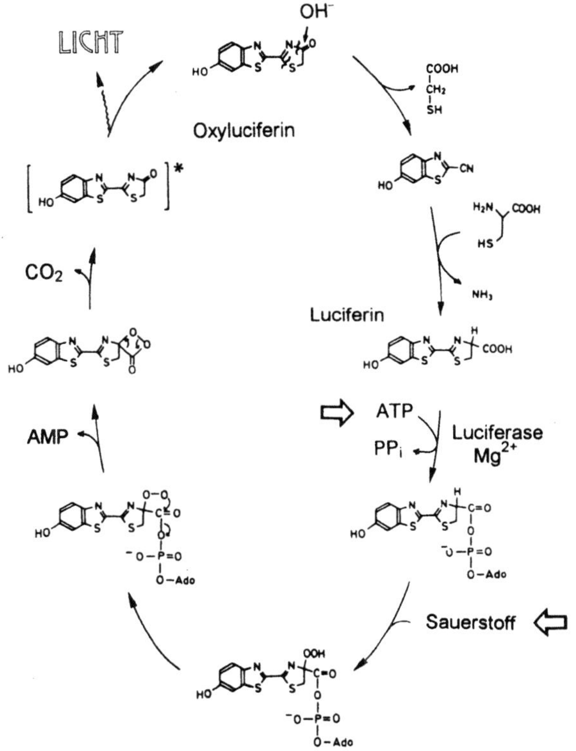

**Abb.11.** Mechanismus der ATP- und Sauerstoff-abhängigen Biolumineszenserzeugung mit Luciferin als Substrat. Nach J.-H.Fuhrhop, Bioorganische Chemie (1982).

Der Reaktionsmechanismus des Systems aus *Photinus pyralis* ist gut untersucht (Abb.11). Als Primärreaktion wird Luciferin durch ATP adenyliert und reagiert in der so aktivierten Anhydridform mit Sauerstoff zu einem Peroxid, das sich unter Abspaltung von AMP zum cyclischen Peroxid (1,2-Dioxetan) umlagert. Beim Zerfall des energiereichen Dioxetans unter Decarboxylierung entsteht Oxyluciferin in einem angeregten Zustand (∗), der sich durch Lichtemission und unter Wasseranlagerung zu einem Hydrolyseprodukt (2-Cyano-6-hydroxybenzthiazol) stabilisiert. *In vivo* wird aus diesem mit Cystein das Luciferin regeneriert.

### Versuch 6.4 : Differenzierung von Ribo- und 2'-Desoxyribonucleotiden

DNA und RNA sind durch ihre unterschiedliche biologische Funktion, zelluläre Lokalisation und makromolekulare Struktur (Doppelhelix *vs*. Einzelstränge) so stark verschieden, dass ihre Differenzierung i. a. kein Problem darstellt ( → Kapitel 7, Nucleinsäuren). Die monomeren Nucleotide unterscheiden sich in nichts anderem als einer Zucker-OH-Gruppe, die zu spektralen und chromatographischen Eigenschaften kaum einen Beitrag leistet: Ribo- und 2'-Desoxyribonucleotide sind schwierig zu differenzieren. Mengenmäßig dominieren intrazellulär bei weitem die Ribonucleotide als RNA-Polymerase-Substrate und Coenzym-Bausteine (für welche Funktionen?). Jedoch sind die speziellen Biosynthesewege und Konzentrationen der Desoxyribonucleotide für die DNA-Replikation während der S-Phase eines Zellcyclus ebenfalls von zentraler Bedeutung: Ungleichgewichte in den zellulären Pools der vier verschiedenen DNA-Polymerase-Substrate (dNTP's) resultieren beispielsweise in erhöhten Mutationsraten.

Die analytische Erfassung von Desoxyribonucleotiden kann sehr empfindlich mit Hilfe von DNA-Polymerase und synthetischen Polynucleotiden als Matrize (template) *in vitro* erfolgen, jedoch nur unter Verwendung radioaktiv markierter Substanzen. Eine einfache chemische Möglichkeit zur chromatographischen Differenzierung von Ribose- und Desoxyribose-Derivaten beruht auf der Verwendung von Borsäure- bzw. borathaltigen Lösungen. $H_3BO_3$ bildet mit Glykol- (1,2-Dihydroxy-) Strukturen in Zuckern unter Wasserabspaltung cyclische Borsäureester und verleiht damit Ribose-, nicht aber 2'-Desoxyribose-haltigen Nucleotiden oder Nucleosiden eine neue funktionelle Gruppe mit zusätzlicher negativer Ladung:

Mit diesem Trick lassen sich Ribo- und Desoxyribonucleotide gleicher Basenstruktur und gleicher Phosphorylierungsstufe dünnschicht- oder säulenchromatographisch in analytischem und präparativem Maßstab voneinander trennen.

**Aufgabe:**

Trennen Sie ein Gemisch der Mononucleotide AMP und dAMP oder CMP und dCMP durch Dünnschichtchromatographie auf PEI-Cellulose-Platten (5 × 10 cm); zum Vergleich tragen Sie auch ein Nucleosid auf. Mit PEI = Polyethylenimin [ $-CH_2CH_2-NH-(CH_2CH_2-NH)_n-$ ] imprägnierte Cellulose ist ein schwacher Anionenaustauscher, an dem die Substanztrennung durch Adsorptions- *und* Ionenaustausch-Wechselwirkungen erfolgt. Als Fließmittel dient eine Lösung von 6 % Natriumtetraborat (Borax, $Na_2B_4O_7 \cdot 10\ H_2O$) und 3 % Borsäure ($H_3BO_3$) in Wasser/Ethylenglykol 7:2,5.

Die Detektion von Nucleosiden und Nucleotiden jeder Art auf Dünnschichtplatten ist wegen der intensiven UV-Absorption der Purin- und Pyrimidinbasen (s. vorhergehende Versuche) ohne weitere Anfärbung möglich, wenn man die getrockneten Chromatogramme unter einer UV-Lampe betrachtet; die UV-absorbierenden Substanzen erscheinen als dunkle Flecken. Bestimmen Sie die $R_f$-Werte der Substanzen und interpretieren Sie die unterschiedlichen Wanderungsstrecken.

## Fragen

1. Nennen Sie die universell verbreiteten Klassen von Biomolekülen, die das Element P in organischer Bindung enthalten. Welche Arten chemischer Bindungen sind das, und wie lässt sich der P-Gehalt quantitativ bestimmen?

2. Wieviel Phosphor enthält *Ihr* Körper? In welcher chemischen Form (Zusammensetzung, Name?) liegt die überwiegende Menge davon vor?

3. Chromatogramm B der folgenden Abbildung aus einer Originalarbeit stellt die Trennung der Adeninnucleotide in einer Probe von 100 µL menschlichem Blut dar. Die nicht bezeichneten Peaks sind uninteressant. Welche *Menge* jedes Nucleotids enthält 1 mL Blut, welche *Konzentrationen* liegen im Blut vor? Nehmen Sie vereinfachend an, dass jede der getrennten Produktfraktionen genau 1 mL Volumen besaß und dass die Peak*höhe* der Menge proportional ist. Der molare Extinktionskoeffizient ist ε = 15 000 L·mol⁻¹·cm⁻¹.

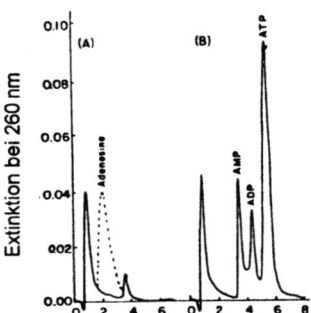

4. Wie heißen die beiden Verbindungen folgender Struktur:

Durch welche Art Enzym wird **1** in **2** überführt? Durch welche enzymatische **Reaktion** entstehen beide aus den entsprechenden Adeninverbindungen (Adenosin bzw. AMP)?

5. Nachdem Sie 1 als IMP identifiziert haben: Wo und in welchen Funktionen kommt es in der Natur vor? Wie erklären Sie sich, dass die Verbindung von J.v. Liebig 1847 in *Fleischextrakt* entdeckt wurde? Heute wird 1 (und ebenso GMP) in Ostasien im 1000 t-Maßstab durch Ribonucleotidfermentation produziert: Es dient als Geschmacksverstärker und hat dabei eine 10-fach höhere Wirksamkeit als das bekannte Glutamat.

6. Neben ATP fungieren im Stoffwechsel auch die anderen Nucleosidtriphosphate als energiereiche Verbindungen. Welche? Betrachten Sie beispielsweise die ribosomale Proteinbiosynthese und die Bildung der Polysaccharide.

7. Eine andere Gruppe P-haltiger Biomoleküle: Was sind Phosphatidsäuren, was ist Lecithin? Welche Bedeutung haben Phosphatreste für die strukturelle Organisation biologischer Membranen?

8. In Rattenleber bzw. -muskel wurden folgende Adeninnucleotidkonzentrationen gemessen (in µmol/g Frischgewicht):

|        | AMP  | ADP  | ATP  | Energieladung |
|--------|------|------|------|---------------|
| Leber  | 0,23 | 0,77 | 2,94 |               |
| Muskel | 0,03 | 0,48 | 5,60 |               |

Berechnen Sie den Wert der Energieladung des Gewebes und interpretieren Sie die Unterschiede physiologisch-biochemisch!

9. Warum kann man nicht bei Bedarf ATP als rasch verfügbare Energienahrung aufnehmen, essen oder spritzen, sondern muss stattdessen Glucose nehmen?

10. Welche Nucleosidphosphate (Nucleotide) werden für die RNA- bzw. DNA-Synthese benötigt? Bitte *genau* bezeichnen! Wie entstehen sie aus den im Stoffwechsel primär gebildeten Nucleosid-5'-monophosphaten, welche Gruppe von Enzymen und welches Cosubstrat wird benötigt?

11. In welchem Verhältnis liegen die ionischen Species von anorganischem Phosphat vor
    – im Blut und den meisten Körperflüssigkeiten bei pH 7,4;
    – im Urin (in dem Phosphat das wesentliche Puffersystem ist) bei pH 6 ?

Was ist der physiologische Vorteil dieser pH-Verschiebung, was kann in der Niere dadurch bevorzugt ausgeschieden, was resorbiert werden? (Denken Sie hier "nur" chemisch und nicht an die hormonelle Kontrolle des Elektrolythaushalts.)

# 7 Nucleinsäuren

Die einzigartigen Funktionen und Strukturen der verschiedenen Arten von Ribo- und Desoxyribonucleinsäuren sollten Ihnen aus Vorlesungen und Lehrbüchern vertraut sein. Als Forschungsobjekte werden DNA und RNA mit einer Vielzahl von Fragestellungen und Methoden in Biochemie, Biophysik, Genetik, Molekularbiologie, Mikrobiologie und Zellbiologie bearbeitet; darüber hinaus dienen die Möglichkeiten der Amplifizierung, Klonierung, *in vitro*-Mutagenese und Überexpression von Nucleinsäuren und Genen ("Gentechnik") in allen anderen biologischen und medizinischen Wissenschaften als gängige experimentelle Methoden. In den meisten derartigen Fällen bleiben allerdings die Eigenschaften und Mengen der jeweiligen Nucleinsäure der direkten Beobachtung verborgen, weil im Mikro- oder Nanomaßstab gearbeitet wird und für die Reaktionen hoch spezialisierte, fertig gemischte und nicht frei variierbare Reagentiensätze ("Kits") Verwendung finden, sowie zunehmend automatisierte Verfahren. Es kann nicht schaden, wenn Sie vor Ihren ersten PCR- und Klonierungsansätzen die charakteristischen Eigenschaften einer Nucleinsäure auch einmal zu *sehen* bekommen.

## Präparation und Charakterisierung von Nucleinsäuren

"Wenn Nucleinsäure [aus Lachsmilch] präpariert werden soll, gehe ich morgens um 5 Uhr ins Labor und arbeite in einem ungeheizten Raum. Keine Lösung kann mehr als 5 Minuten, kein Niederschlag mehr als 1 Stunde stehen, bevor Weingeist [Ethanol] zugefügt wird. Nur auf diese Weise erhalte ich schließlich Produkte mit konstantem Phosphorgehalt [9,5 – 9,6 %]."
Friedrich Miescher (Tübingen 1869, Basel ab 1872)

In den folgenden Versuchen werden eine DNA und/oder eine RNA aus biologischem Material in präparativem Maßstab isoliert und einige wenige grundlegende Eigenschaften analysiert. Ihre molekularbiologischen Funktionen (z. B. Aktivität als messenger-RNA in einem zellfreien Proteinbiosynthesesystem, als Matrize (template) für Replikation oder Transkription) können auf einfache Weise in diesem Rahmen nicht demonstriert werden.

DNA und RNA sind bekanntlich in allen Lebewesen, Zellen und Geweben vorhanden und können aus jeglicher biologischen Quelle isoliert werden, wobei allerdings je nach Zelltyp und -zusammensetzung unterschiedliche Extraktionsmethoden angewendet werden müssen. Sehr kleine Mengen DNA (z.B. in Haaren, Speichel u.dgl. sowie in fossilen Proben) lassen sich mit der PCR-Technik (polymerase chain reaction) *in vitro* amplifizieren (→ Genetik-Praktikum). Zur Präparation in größerem Maßstab (Milligramme oder mehr) wird man Ausgangsmaterialien bevorzugen, in denen die Nucleinsäuren relativ zur Zellmasse aus irgendeinem Grund angereichert sind. Für tierische DNA sind das die Thymusdrüse oder Fischspermien (warum?), für pflanzliche DNA die Samen oder deren Embryonen, für prokaryotische DNA Bakterienzellmasse. Ein RNA-reicher Organismus mit zugleich sehr kleinem Genom (d.h. wenig DNA) ist Hefe.

Nucleinsäuren sind trotz sehr hoher Molmassen durch ihre Zusammensetzung polare, hydrophile Substanzen und in Salzlösungen gut löslich; oft sind dabei jedoch bestimmte Bedingungen einzuhalten. In Ethanol/Wasser-Gemischen (2:1) fallen sie unlöslich aus und können so isoliert werden.

Bei der Extraktion biologischen Materials mit Salzlösungen werden auch viele Proteine mit isoliert, insbesondere funktionell mit den Nucleinsäuren assoziierte wie ribosomale Proteine, Histone u. a. Zur Abtrennung der Proteine von den Nucleinsäuren ("Deproteinierung") macht man sich zunutze, dass Proteine von hydrophoben Lösungsmitteln oder Detergentien denaturiert und unlöslich werden, Nucleinsäuren aber nicht (warum?). Bewährte Lösungsmittel zur Deproteinierung sind Phenol- und Chloroform–(Iso)Amylalkohol–Mischungen. Zur funktionellen Analyse von Nucleinsäuren ist i. a. vollständige Deproteinierung erforderlich. In der Zusammensetzung genau definierte Nucleinsäure-Protein-Komplexe (z. B. Chromatin) sind schwierig zu erhalten.

Nucleinsäuren sind chemisch und strukturell stabile Substanzen, und ihre Präparation muss nicht durchweg in der Kälte erfolgen. In Zellhomogenaten sind sie allerdings durch die überall verbreiteten und sehr aktiven Nucleasen (RNasen, DNasen) abbaugefährdet. Bis zur Deproteinierung muss daher rasch, in der Kälte und/oder unter Zusatz von Nuclease-Hemmstoffen sowie ggf. steril gearbeitet werden; für einige RNA ist auch eine Extraktion in der Wärme möglich (warum nicht für DNA?). Nucleinsäure-Lösungen in verdünnten Salzlösungen sind schließlich durch mikrobiellen Abbau gefährdet – wieso? Am besten werden daher Nucleinsäuren in konzentrierter NaCl-Lösung oder ausgefällt in Ethanol/Wasser- oder Isopropanol/Wasser-Gemischen aufbewahrt.

Die quantitative Bestimmung der Basenzusammensetzung einer isolierten Nucleinsäure aus Hauptbestandteilen und seltenen Komponenten erfordert die Hydrolyse einer Probe und präzise chromatographische Analytik. Rascher bestimmt man einzelne Eigenschaften durch physikalische Methoden, z. B. Molmassen durch Elektrophorese, Mengen und Schmelzverhalten durch UV-Spektroskopie. Auch die Sequenzanalyse einzelner Gene und ganzer Genome ist im Forschungslabor üblich; sie setzt aber ein passendes "Schneiden" der großen Moleküle durch Restriktionsendonucleasen zu definierten Fragmenten voraus ( → Genetik-Praktikum).

## Desoxyribonucleinsäure

Die berühmte Doppelhelix der DNA (J.D.Watson, F.H.C.Crick, Nature **171**, 737, 1953) beruht auf der Existenz und Struktur zweier Paare von "komplementären" Pyrimidin- und Purinbasen, die durch zwei bzw. drei Wasserstoffbrücken zusammengehalten und deren Abstände zwischen den N-Glycosidbindungen gleich sind (Abb.12). Die spezifische Basenpaarung ist jedoch keineswegs auf DNA beschränkt, sondern auch in RNA-Molekülen, zwischen komplementären Trinucleotiden (bei der Codon ↔ Anticodon-Erkennung) und prinzipiell sogar unter Mononucleotiden zu beobachten.

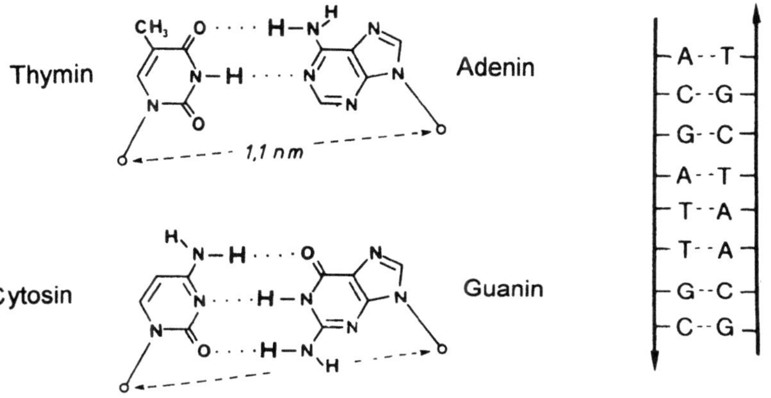

**Abb.12.** Die Basenpaare der DNA. Man beachte die identische räumliche Ausdehnung der beiden Pyrimidin-Purin-Paare und die identischen Winkel der zur Desoxyribose führenden N-Glycosidbindungen (o). Die beiden Stränge der Doppelhelix verlaufen antiparallel (rechts).

Das DNA-Makromolekül wird zusätzlich zur Ausbildung der Wasserstoffbrücken (in der Ebene der Basenpaare, senkrecht zur gedachten Achse der Doppelhelix) durch die Wechselwirkung der π-Elektronen aller übereinanderliegenden Basen in der Richtung der Achse definiert; diese Basenstapelung (base stacking) trägt etwa genau soviel zur energetischen Gesamt-Stabilisierung der hochgeordneten Struktur bei wie die H-Bindungen. Schließlich besitzen Nucleinsäuremoleküle außen noch eine geordnete Wasserhülle mit Ion-Dipol-Wechselwirkungen zu den Phosphatresten. Durch alle diese einzeln schwachen, aber dafür zahlreichen intra- und intermolekularen Kräfte wird verständlich, dass die Strukturen zwar stabil, aber zugleich durch äußere, physiologische oder physikalische Einflüsse veränderlich und regulierbar sind: Ein DNA-Doppelstrang ist keinesfalls ein vollkommen starrer und inerter Zylinder, ein Gen keine unbegrenzt stabile Einheit!

Basenpaarung und Basenstapelung der DNA sind auch die strukturelle Basis für das Phänomen der "Interkalation" planarer, π-Elektronensysteme enthaltender Aromaten und Heterocyclen passender Geometrie zwischen aufeinanderfolgenden Basenpaaren; Beispiele sind Acridinfarbstoffe, Actinomycin-Antibiotika und Ethidiumbromid (s.u.). Wegen der zusätzlichen π-Wechselwirkungen wird die Doppelhelix-Struktur nicht destabilisiert, aber lokal gedehnt und erleidet geringe Winkelveränderungen; das führt zu Änderungen physikalischer Eigenschaften (Viskosität, Dichte, Sedimentation), biologisch zu Mutationen und Hemmung der Replikation und Transkription. Der Fluoreszensfarbstoff Ethidiumbromid

zeigt in DNA interkaliert eine stark erhöhte Fluoreszensintensität und wird daher zum Anfärben von DNA in Dichtegradienten (Kap.8) und Agarose-Gelen (Kap.9) benutzt.

**Versuch 7.1 : Präparation von DNA**

Nucleinsäuren in hochmolekularer Form sind Polyelektrolyte; sie lösen sich in wässrigen Salzlösungen, *aber sehr langsam*. Die komplette Reinigung einer DNA im Milligramm-Maßstab mit mehrfachem Ausfällen und Wiederauflösen kann Stunden erfordern. In den untenstehenden Versuchen präparieren Sie daher ggf. nur bis zu einem bestimmten Stadium, geben das Material ungelöst ab und erhalten eine vorher bereitete Lösung derselben Reinigungsstufe zum Weiterarbeiten. Offensichtlich sollten Sie hier und ebenso bei späteren gentechnischen Arbeiten im Mikrogramm-Maßstab das Versuchsprotokoll *genau* durchschauen.

**Aufgabe:** Isolieren Sie eine tierische, pflanzliche oder bakterielle DNA nach einer der "klassischen" Vorschriften (a) – (c), die für die Extraktion von

Gramm-Mengen biologischen Materials auch heute noch optimal sind. Falls in Ihrem Labor etwas andere Arbeitsprotokolle vorhanden sind, stellen Sie die Unterschiede fest; häufig passt man Details lediglich zeitlichen oder technischen Gegebenheiten (Zentrifugen, Schüttlern ..) an.

### (a) DNA aus Kalbsthymus

(z.B. nach E.Chargaff in "The Nucleic Acids", Bd.1, 324 (1955))

Informieren Sie sich über die Aufgabe und Eigenarten der tierischen Thymusdrüse. 10 g des frischen oder in frischem Zustand tiefgefrorenen Gewebes werden in kleine Stücke geschnitten und im Mixer mit 30 mL einer eiskalten 0,1 M NaCl- + 0,05 M Na-Citrat-Lösung (pH 7) 1 Minute homogenisiert. Diese Mischung heißt "SSC" = standard saline citrate. DNA ist in SSC zunächst *nicht* löslich; bei 30 min Zentrifugation bei 2 000 x g sedimentieren Chromatin und Zellkerne, obenschwimmendes Fett und Gewebereste sowie der trübe Überstand des Sediments werden verworfen. (War die Trennung zwischen Sediment und Überstand ungenügend, so rührt man ggf. das Sediment in SSC auf und zentrifugiert erneut.) Das Sediment wird mit 150 mL 2 M NaCl-Lösung gemischt und zur Extraktion der DNA einige Stunden, am besten aber über Nacht bei 4 °C geschüttelt. (Raumtemperatur ist möglich, aber von gewissem Abbaurisiko begleitet.) Es wird nun 30 min zentrifugiert und die Lösung von DNA mit assoziierten Proteinen ("Nucleohiston") der Deproteinierung unterworfen. Die Lösung ist hochviskos. Warum?

Zur Deproteinierung wird die Lösung durch mehrfaches (bis zu sechsmal) Emulgieren mit 1 Vol. einer Mischung von Chloroform und (Iso)Amylalkohol (24:1) behandelt. Das Emulgieren kann durch heftiges kurzes Rühren oder durch Schütteln im Scheidetrichter geschehen, die Phasentrennung am besten durch kurzes Zentrifugieren in Glasbechern. Man erhält jedes Mal unten die Chloroformphase, oben die wässrige, DNA-Na-Salz und Nucleohiston enthaltende Phase und dazwischen eine Gelphase aus Chloroform und Proteinhydrochlorid. (*Achtung*: Alle chloroform-haltigen Phasen sammeln, keinesfalls ins Abwasser gelangen lassen!) Aus der wässrigen Salzlösung wird schließlich die DNA durch 2 Vol. Alkohol gefällt; um Fäden zu erhalten, überschichtet man die DNA-Lösung vorsichtig mit dem Alkohol und rührt mit einem Glasstab in der Grenzfläche oder schwenkt das Gefäß langsam. Die aufgespulte oder zusammengeklumpte Nucleinsäure wird mit 70 %igem Ethanol gewaschen (höher konzentrierter Alkohol würde kristallines Kochsalz mit ausfällen). Das Präparat kann an der Luft oder durch Gefriertrocknung getrocknet werden; die Ausbeute beträgt 1–2 % des frischen Gewebes. Zur weiteren Verwendung bewahrt man die DNA am besten in der Alkohol-Wasser-Mischung auf, um eine Dehydratisierung der Makromoleküle zu vermeiden.

### (b) DNA aus Weizenkeimlingen

(nach H.Stern, Methods Enzymology **XII B**, 108 (1969))

Bei der Isolierung von Nucleinsäuren aus pflanzlichem Material sind das Aufbrechen der harten Zellwände und die Abtrennung von großen Mengen anderer Makromoleküle (z. B. Kohlenhydrate, Gerbstoffe) zu bedenken. Wegen der geringen DNA-Gehalte (ca. 0,2 % des Trockengewichts) ist es vorteilhaft, aus Samen zuerst deren Embryonen oder aus wachsenden Geweben die Zellkerne zu isolieren und hieraus die DNA zu extrahieren.

Isolierung keimfähiger Weizenembryonen und deren DNA aus trockenen Weizenkörnern: 100 g Weizen werden mit der gleichen Menge Trockeneis vermengt und zusammen etwa 20 s lang in einem Metallmixer gemahlen. Dabei brechen die Samen auf, aber die Embryonen bleiben großenteils unversehrt. Die Mischung wird durch Siebe von 1,6, 1,0 und 0,5 mm Maschenweite gesiebt; die auf dem gröbsten Sieb zurückbleibenden Stücke werden erneut zerkleinert, die Fragmente vom mittleren Sieb werden verworfen. Die auf dem feinsten Sieb zurückbleibende Fraktion, die die kleinen weißen Embryonen enthält, rührt man *unter dem Abzug* zur Flotation in ein Cyclohexan-Tetrachlorkohlenstoff-Gemisch (10:25), schöpft oder dekantiert die nach oben steigenden Embryonen ab und trocknet sie an der Luft. Die Flotation muss evtl. wiederholt werden. Dämpfe des Gefahrstoffs $CCl_4$, der hier wegen seiner hohen Dichte nicht vermieden werden kann, nicht einatmen! Die Ausbeute beträgt ca. 1 g. Die intakten Embryonen könnten auf einer mit Glucoselösung befeuchteten, sterilen Agar-Platte innerhalb 2–3 Tagen zum Keimen gebracht werden.

*Anmerkung*: Aus Zeitgründen beginnen Sie am besten mit der Extraktion bereits präparierter Embryonen und holen deren Isolierung später nach. Beachten Sie die Anweisungen zum Umgang mit $CCl_4$ (R 26/27, S 2-38-45) sowie mit Trockeneis (festes Kohlendioxid) vom Sublimationspunkt –79 °C; isolierende Handschuhe tragen!

Isolierung der DNA: Zur Extraktion der DNA dient eine Pufferlösung aus 0,05 M Tris-Citrat, pH 7,4 (Tris-Base mit Citronensäure neutralisiert), die 5 % Natriumdodecylsulfat (SDS) enthält. Die isolierten Embryonen werden im Mörser ohne Zusatz längere Zeit zu einem feinen Pulver zerrieben und dann rasch in mindestens das 10-fache Volumen Extraktionslösung eingetragen, die zuvor auf 60 °C temperiert wurde. Unter Rühren oder Schütteln extrahiert man 10 min bei dieser Temperatur; nicht höher erwärmen! Es wird 20 min bei mittlerer Tourenzahl zentrifugiert. Den Überstand (Extrakt) deproteiniert man zweimal mit Chloroform/Amylalkohol wie bei Thymus-DNA beschrieben. Dann überschichtet man die DNA-Lösung langsam mit dem doppelten Volumen an Ethanol und spult die ausfallenden DNA-Fasern durch vorsichtiges Rühren mit einem Glasstab auf. Sie werden in 70 %igem Ethanol gewaschen und wie Thymus-DNA weiter gereinigt. Weizen-DNA kann gut zum Nachweis der "fünften Base" Methylcytosin verwandt werden (Versuch 7.3).

**(c) DNA aus Bakterienzellen**

Eine Bakterienzelle enthält abgesehen von Plasmiden nur *ein* Molekül DNA von sehr hoher Molmasse, das empfindlich gegen Fragmentierung durch äußere Einflüsse ist. Präparationsmethoden haben darauf Rücksicht zu nehmen; heftiges Rühren oder Schütteln sind zu vermeiden. Die Präparation kann i. a. bei Raumtemperatur erfolgen. Die hier genutzte vereinfachte Detergenz-Methode folgt der Standardvorschrift von J.Marmur in J. Mol. Biol. **3**, 208 (1961).

2–3 g gepackte Zellen von *Escherichia coli*, tiefgefroren oder aus einer wachsenden Kultur abzentrifugiert, suspendiert man in 25 mL einer Lösung von 0,15 M NaCl plus 0,1 M EDTA-Natriumsalz, pH 8 (EDTA hemmt Desoxyribonucleasen). Man fügt 2,0 mL einer 25 %igen Lösung von Na-dodecylsulfat zu (SDS, lysiert Zellmembranen und denaturiert Proteine) und inkubiert 10 min in einem Wasserbad von 60 °C; die Mischung wird dabei stärker viskos (wieso?). Nach Abkühlen fügt man 6 mL einer 5 M Lösung von $NaClO_4$ zu. Perchlorat ist ein sog. "chaotropes Salz", das intermolekulare Wechselwirkungen wie die zwischen Nucleinsäuren und Proteinen aufhebt und die Deproteinierung der DNA erleichtert. (Achtung: $KClO_4$ ist bekanntlich schwerlöslich und kann daher *nicht* verwendet werden.) Schließlich wird die Mischung mit dem gleichen Volumen Chloroform/(Iso)Amylalkohol (24:1) in einem Glasgefäß mit Schliffstopfen (Kolben oder Flasche) 30 min langsam geschüttelt. Man zentrifugiert die Emulsion kurz in Glasbechern (warum Glas?) und beobachtet wie bei der Isolierung von Thymus-DNA beschrieben drei Phasen. Die obere wässrige Phase enthält die DNA. Man pipettiert sie sorgfältig ab und sammelt sie in einem *engen* Becherglas oder Messzylinder von 50–100 mL Volumen. Die chloroformhaltigen mittleren und unteren Phasen korrekt entsorgen!

Die DNA-Lösung wird vorsichtig mit dem doppelten Volumen Ethanol überschichtet. Man mischt die beiden Phasen mit einem Glasstab durch langsames Rühren in der Grenzfläche und kann dabei die fädig ausfallende Nucleinsäure aus der Lösung entnehmen. Das Material kann in dieser Form in einigen mL 70 %igem Ethanol aufbewahrt werden. Zum Wiederauflösen, z. B. für die spektroskopische Analyse, spült man dagegen von der gefällten DNA den Alkohol mit ein paar Tropfen Wasser aus der Spritzflasche ab, überführt sie in 10 mL SSC (s.o.) oder 2 M NaCl-Lösung, zerteilt falls nötig die Fäden mit einem Glasstab oder einer Pasteurpipette und schüttelt längere Zeit. Das so erhaltene Präparat enthält i. a. noch restliches Protein (erkennbar im UV-Spektrum).

## Versuch 7.2 : Plasmid-DNA

Plasmide sind die kleinen extrachromosomalen DNA-Moleküle der Bakterien, die *in vitro* durch Integration von cDNAs, Genen, Promotoren, Restriktionsschnittstellen u. a. genetischen Elementen fast unbegrenzt manipulierbar sind und die meistgebrauchten Vektoren gentechnischer Experimente darstellen. Bekannte Klonierungsvektoren sind z. B. die sog. pUC-Plasmide mit 2700 Basenpaaren (2,7 "Kilobasenpaaren", kbp). Als *natürliche* genetische Eigenschaften von Plasmiden sind die Codierung von Antibiotika-Resistenzen (R-Faktoren), Fertilitäts(F)-Faktoren, speziellen abbauenden Stoffwechselwegen und der Produktion von Bakterientoxinen zu nennen. Plasmid-DNA-Moleküle sind in der Regel ringförmig, kovalent geschlossen, und die Doppelhelix ist zusätzlich verdrillt (supercoiled). Zum Arbeiten mit Plasmiden braucht man Methoden zur Isolierung und Trennung von chromosomaler DNA sowie zu ihrer Charakterisierung.

Eine klassische Methode zur Trennung von chromosomaler DNA und Plasmid-DNA aus *Escherichia coli* basiert auf der Vorschrift von Birnboim und Doly in Nucleic Acids Res. 7, 1513 (1979) und ist für die schnelle Gewinnung von Plasmiden-DNA aus 2 mL Bakterien-Übernachtkultur (z. B. in LB-Medium angezogen) geeignet. Sie nutzt pH-Wechsel zur Denaturierung und Fällung der hochmolekularen chromosomalen DNA. Alternative, rasche Reinigungsmethoden beruhen auf Chromatographie der Plasmid-DNA an großporigen Quarzglas-Matrices (z. B. Nucleobond®) in Gegenwart chaotroper Salze.

*Durchführung*: Die Zellen werden abzentrifugiert (5 min bei 8000 x g) und das Zellpellet in 300 µL Puffer 1 (50 mM Tris-HCl, 10 mM EDTA, 100 µg Ribonuclease A/mL, pH 8, Lagerung bei 4 °C) resuspendiert. Durch Zugabe von 300 µL Lösung 2 (1 % SDS in 0,2 M NaOH), vorsichtiges Mischen und 5 min Inkubation bei Raumtemperatur werden die Zellen lysiert und die chromosomale DNA denaturiert, während die kovalent geschlossene circuläre Plasmid-DNA intakt doppelsträngig bleibt. Anschließend werden zur Neutralisation 300 µL Puffer 3 (2,55 M Kaliumacetat mit Eisessig auf pH 4,8 eingestellt) hinzugefügt. Die chromosomale DNA und ein Großteil der zellulären Proteine sedimentieren hierbei als unlöslicher Niederschlag, der durch Zentrifugation (20 min bei >10000 x g, 4 °C) abgetrennt wird. Noch verbliebene Proteine extrahiert man aus der Lösung der Plasmid-DNA mit Phenol-Chloroform-Isoamylalkohol (24:24:1, äquilibriert in 100 mM Tris-HCl, pH 8). Daran schließt sich eine weitere Extraktion mit Chloroform-Isoamylalkohol (24:1, äquilibriert wie oben) zur Entfernung von überschüssigem Phenol an. Die Plasmide werden dann mit 0,8 Volumen Isopropanol präzipitiert, abzentrifugiert (20 min bei >10000 x g, 4 °C) und einmal mit 70 %igem Ethanol gewaschen. Das getrocknete Pellet wird in 20 µL TE-Puffer (10 mM Tris-HCl, 1 mM EDTA, pH 8) aufgenommen.

Mit der so erhaltenen DNA können Experimente zur Restriktionskartierung, Sequenzierung u. a. vorgenommen werden ( → Molekularbiologie, Genetik). Zur Analyse der Größe, Reinheit und der Abtrennung von chromosomaler DNA dient die Elektrophorese auf Agarose-Gelen in TAE-Puffer (Tris-Acetat-EDTA, pH 8.3) und Anfärbung mit Ethidiumbromid.

**Versuch 7.3 : DNA Basenzusammensetzung: 5-Methylcytosin in Pflanzen**

Nucleinsäuren sind Moleküle mit einem hohen Gehalt an *Information*. Vollständig und eindeutig wird die darauf codierte Information durch komplette Sequenzierung von Genen und Genomen beschrieben; auch die Analyse typischer Restriktionsfragment-Muster nach Verdau mit verschiedenen Restriktionsendonucleasen liefert Informationen (→ Molekularbiologie, Genetik). Einige Erkenntnisse über die Natur von DNA-Fraktionen und deren Unterschiede oder Verwandtschaft lassen sich auch direkter, durch eine einfache Analyse ihrer Basenzusammensetzung gewinnen: Während die Gehalte an A und T sowie an C und G in einer doppelsträngigen DNA wegen der Basenpaarung immer gleich sein müssen, gibt es deutlich artspezifische Variationen im Anteil von A + T sowie G + C an der Gesamtmenge der Basen. So werden beispielsweise Gram-positive Bakterien nach ihrer DNA-Zusammensetzung in solche mit hohem GC-Gehalt (Streptomyceten) und andere mit niederem GC-Gehalt (Gattung *Bacillus*) klassifiziert. In Tieren und Pflanzen gibt es sog. repetitive Sequenzen mit hohem AT-Gehalt. Eine DNA mit je 25 % A, T, C und G wie die von *Escherichia coli* ist eher die Ausnahme. Tabellen zur Basenzusammensetzung der DNA zahlreicher Organismen enthält z. B. das Handbook of Biochemistry and Molecular Biology (→ Literaturverzeichnis).

Fast alle eukaryontischen Genome enthalten geringe Mengen (< 1 %) einer fünften Base, nämlich 5-Methylcytosin an der Stelle einiger weniger Cytosinreste. (Die Fähigkeit zur Basenpaarung mit Guanin ist identisch.) Diese Reste haben eine Funktion als Signale bei der Regulation der Genexpression ( → Lehrbuch). Eine auffällige Besonderheit stellt jedoch die DNA der höheren Pflanzen dar, in der Methylcytosin angereichert ist und bis zu 50 % aller Cytosinreste ersetzt; die Funktion dieses hohen Methylierungsgrades ist noch immer unbekannt (!).

GC-Gehalte lassen sich indirekt aus den Schmelzkurven der $T_m$-Bestimmung unter genau definierten Bedingungen ermitteln (Versuch 7.4). Direkter ist die quantitative Analyse aller vier bzw. fünf Basenfraktionen in einem DNA-Totalhydrolysat. Dazu werden durch Säurehydrolyse in der Hitze alle N-Glycosidbindungen der Purin- und Pyrimidinbasen gespalten und das Basengemisch chromatographisch getrennt; dies gelingt durch Hochdruckflüssigchromatographie (HPLC) oder zweidimensionale Dünnschichtchromatographie (DC, Abb.13).

Wir betrachten qualitativ oder halb-qualitativ die Basenzusammensetzung einer Probe von Weizen-DNA (Versuch 7.1 b). Um Bestandteile, die von kontaminierender RNA herrühren zu vermeiden, sollte die DNA-Probe durch Alkalibehandlung zuvor von RNA befreit werden.

**Aufgabe**: Säurehydrolyse von Weizen-DNA, zweidimensionale Dünnschichtchromatographie der Basen; Abschätzung der relativen Mengen durch Spektroskopie der eluierten Substanzfraktionen

*Durchführung:* Ca. 100 µg Weizen-DNA werden durch basische Hydrolyse von RNA-Resten befreit. Dazu löst man sie in 400 µL 1 N NaOH und inkubiert 1 Stunde bei 50 °C; man neutralisiert mit 400 µL 1 N HCl, gibt noch einige Tröpfchen 1 M Tris-HCl-Puffer pH 7,5 zu und fällt die Nucleinsäure mit 2 Vol. Ethanol aus. (Diese Behandlung wird ggf. vor Praktikumsbeginn durchgeführt). Das DNA-Pellet wird getrocknet und in 400 µL 88 %iger Ameisensäure gelöst (Dauer bis zu 30 min); Ameisensäure ist eine nicht-oxidierende, ziemlich ..... (starke, schwache?) organische Säure, die im Vakuum leicht wieder zu entfernen ist. Die Lösung wird in abgeschmolzenen Glasröhrchen erst 1 Stunde bei Raumtemperatur und dann 30 Minuten bei 175 °C in einem Ölbad oder Heizblock inkubiert.

Das Hydrolysat wird nach Transfer in Eppendorfcups in einer Speed Vac-Zentrifuge bis zur Trockne eingeengt. Zur Entfernung letzter Spuren an Ameisensäure gibt man nochmals 200 µL bidest. Wasser zu den Pellets und lyophilisiert erneut in der Vakuumzentrifuge. Die durch Zuckerabbauprodukte braun gefärbten Pellets werden in 25 µL bidest. Wasser aufgenommen und können ggf. bis zur weiteren Verwendung eingefroren gelagert werden.

*Basen-Standards*

Zur Bestimmung der $R_f$-Werte der einzelnen Basen unter den gewählten Chromatographie-Bedingungen dienen 1 mM Stammlösungen der natürlichen und ggf. modifizierten Basen in dest. Wasser. Die exakte Konzentration der Lösungen lässt sich durch Extinktionsmessung definieren. Die spektralen Daten der Nucleobasen bei pH 7 sind

| Base | $\lambda_{max}$ [nm] | $\varepsilon_{max}$ |
| --- | --- | --- |
| Cytosin | 267 | 6 100 |
| m⁵Cytosin | 273 | 6 200 |
| Guanin | 246 | 10 700 |
| Thymin | 264 | 7 900 |
| Adenin | 261 | 13 400 |
| Uracil | 260 | 8 200 |

*Zweidimensionale Dünnschichtchromatographie*

Die Auftrennung der Basen aus DNA-Hydrolysaten geschieht durch zweidimensionale Chromatographie auf hochauflösenden HPTLC-Cellulose-Platten (10 x 10 cm) mit Fluoreszensindikator. Dazu werden 20 µL der Hydrolysat-Lösung in der Ecke einer Platte aufgetragen. Laufmittel 1 für die erste Dimension besteht aus Isopropanol/HCl/Wasser (65:17:18, v/v), Laufmittel 2 für die zweite Dimension setzt sich aus *n*-Butanol/Methanol/Wasser/NH₃ im Verhältnis 60:20:20:1 (v/v) zusammen. Vor dem Wechsel in das zweite Laufmittel wird die Platte 10 min bei 50 °C im Trockenschrank getrocknet. Die Detektion der Basen erfolgt im UV-Licht. (Abb.13).

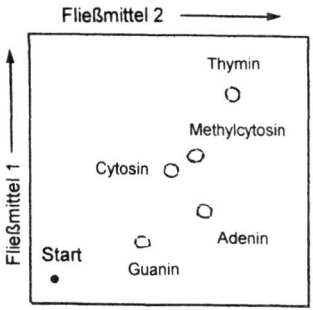

**Abb.13.** Trennung der fünf in DNA enthaltenen Nucleobasen durch zweidimensionale DC.

### Versuch 7.4 : Spektroskopie von DNA-Lösungen, $T_m$-Wert

Das UV-Spektrum von DNA in wässriger Lösung besitzt ein Maximum bei 258 nm, das aus der Summe der Absorption aller Basen abzüglich der Hypochromie resultiert. Registrieren Sie das Spektrum einer DNA-Lösung. Aus der Breite der Absorptionsbande lässt sich die Reinheit der DNA erkennen: Proteinfreie, reine

DNA hat ein Verhältnis der Extinktionen bei verschiedenen Wellenlängen von $E_{260}/E_{280} = 1,85$ und $E_{260}/E_{230} = 2,2$; restlicher Proteingehalt macht sich an einer Schulter bei 280 nm bemerkbar, andere Verunreinigungen führen dazu, dass das Minimum bei 230 nm nur schwach ausgeprägt ist.

Die Extinktion einer Lösung reiner DNA gestattet eine einfache Mengenbestimmung. Als Durchschnittswert gilt

$$E_{260} = 1 \quad \text{entspricht 50 µg DNA/mL.}$$

Üblich ist auch die Mengenangabe "OD unit" (optical density). 1 OD ist die Menge DNA in 1 mL einer Lösung der Extinktion 1. Wie viel OD bzw. µg DNA sind vorhanden, wenn Sie 200 µL einer Lösung der Extinktion 0,4 besitzen? Dies sind typische Mengen in molekularbiologischen Arbeiten.

*$T_m$-Wert:*

Bei einer bestimmten Temperatur – durchweg über 50 °C – "schmilzt" hochmolekulare DNA aus der Doppelhelix-Struktur in zwei Einzelstränge, aber *ohne chemischen Abbau*; dieser recht scharfe Übergang bei der Temperatur $T_m$ (temperature of melting) ist reversibel. Mit dem Schmelzen ist eine Zunahme der Extinktion im UV-Spektrum ("Hyperchromie") um 30–40 % verbunden, die sich leicht messen lässt und Aufschluss über die Stabilität der Doppelhelix bzw. den Anteil der G–C-Basenpaare gibt. Wie ist die Hyperchromie physikalisch zu erklären? Welchen Zusammenhang mit dem G–C- bzw. A–T-Gehalt einer bestimmten DNA erwarten Sie?

**Aufgabe:** Wir demonstrieren den Effekt halb-quantitativ an einer DNA-Lösung. Um die Temperatur nicht bis >100 °C steigern zu müssen, bestimmt man den $T_m$-Wert nicht in SSC-Lösung, sondern in zehnfach verdünntem SSC ("0,1 x SSC"). Die Extinktion der Probe bei 260 nm sollte nicht geringer als 0,5 sein. Die DNA-Lösung wird in verschließbaren Küvetten in geeigneten Temperaturschritten im Thermostaten erwärmt und die jeweils registrierte Extinktion gegen die Temperatur graphisch aufgetragen. Bei Vergleich mit Literaturwerten auf die Bedingungen achten: $T_m$-Werte sind stark von der Salzkonzentration abhängig. Wieso ist es vernachlässigbar, dass die Temperatur während der Messung im Photometer gegenüber der im Thermostaten erreichten wieder absinkt?

Für Präzisionsmessungen, z. B. zu phylogenetischen Analysen aus dem G–C-Gehalt einer genomischen DNA, geht man bei der Küvetten-Heizung und online-Registrierung technisch aufwendiger vor.

Falls eine Probe gereinigte RNA zur Verfügung steht (Versuch 7.5), bestimmen Sie auch die Temperaturabhängigkeit der Extinktion einer RNA-Lösung in 0,05 M Na-phosphatpuffer pH 7 + 5 mM $MgSO_4$. Begründen Sie den i. a. deutlich sichtbaren Unterschied zwischen beiden Nucleinsäuren.

## Ribonucleinsäure

In diesem Versuch soll die RNA der Hefe, eines RNA-reichen Organismus, isoliert und nach Hydrolyse ihre Basenzusammensetzung analysiert werden. Weil Hefe 30- bis 50-mal mehr RNA als DNA enthält, erübrigt sich ein spezieller Reinigungsschritt zur DNA-Abtrennung. Da jedoch eine Zelle verschiedene RNA-Arten enthält, stellt das isolierte Material ein Gemisch von Molekülen unterschiedlicher Größe und Natur dar. Die Hauptmenge ist ribosomale RNA (rRNA), während die mRNA-Fraktion nur einen geringen Anteil ausmacht. Welches ist die dritte Sorte RNA-Moleküle? RNA aus Hefe dient als Ausgangsmaterial zur präparativen Gewinnung (durch Hydrolyse und Ionenaustauschchromatographie) der als Biochemika käuflichen Ribonucleotide.

**Versuch 7.5 : Präparation von Gesamt-RNA aus Hefe**

Frische Bäckerhefe wird mit 0,05 M Na-phosphatpuffer (pH 7) extrahiert, der 2 % Natriumdodecylsulfat (SDS) und 5 % Ethanol enthält. 100 mL dieser Lösung bringt man in einem großen Becherglas zum Kochen und fügt unter Rühren 10–15 g feinzerriebene Hefe zu. Die Mischung wird 3 min lang bei 95 °C gehalten und dann so rasch wie möglich in einer Kältemischung (Eis-Kochsalz) auf 10 °C abgekühlt. Man zentrifugiert 10–20 min und gießt dann den Überstand (Volumen messen) langsam in 2 Vol. Ethanol von 0 °C. Der Niederschlag roher, noch proteinhaltiger Nucleinsäure wird nach längerem Stehen in der Kälte durch Zentrifugation gesammelt und dann 2 x mit je 50 mL 70 %igem Ethanol, das 0,5 mL 2 M NaCl-Lösung enthält, zentrifugierend gewaschen. Aufbewahrt wird das erhaltene Material an dieser Stufe am besten in 70 %igem Ethanol im Kühlschrank, nicht in abfiltriertem und dann eingetrocknetem Zustand.

Reinigung: Der Niederschlag wird in etwa 200 mL Wasser aufgenommen, mit Essigsäure auf pH 7 eingestellt und nicht in Lösung gehende Anteile durch Zentrifugieren entfernt. In die Lösung (Volumen messen) wird festes Kochsalz bis zu einer Konzentration von 1 M eingetragen und nach dessen Auflösung 1 Volumen Ethanol zugesetzt. Die Fällung wird durch 30–60 min Aufbewahren in der Kälte vervollständigt und die ausgefallene RNA durch Zentrifugieren isoliert. Man wäscht sie wie oben mit 70 % Ethanol, wobei zum Schluss der Überstand so gut wie möglich entfernt wird. Die nun erhaltene RNA löst sich in ca. 10 mL Wasser (evtl. erneut von Ungelöstem abtrennen); die Lösung lässt sich durch Dialyse (am besten über Nacht im Kühlraum) entsalzen und dann gefriertrocknen. Ausbeute ca. 0,5 g RNA als weißes, noch nicht wasserfreies Pulver (60–70 % der in der Hefe enthaltenen Menge).

Vergleichen Sie die erhaltene Ribonucleinsäure im Erscheinungsbild mit der oben präparierten Desoxyribonucleinsäure und interpretieren Sie den Unterschied mit den unterschiedlichen Strukturen und Molekülgrößen. Verwenden Sie eine RNA-Probe zur spektroskopischen Analyse des Schmelzverhaltens im Versuch 7.4.

### Versuch 7.6 : Nucleotidanalyse eines RNA-Hydrolysats

Der folgende Versuch ist typisch für biochemische Arbeiten, in denen ein komplexes Gemisch unter genau einzuhaltenden Bedingungen analysiert wird. Sie müssen ihre Arbeitsweise gut vorbereiten und organisieren, da Sie andernfalls kein sinnvolles Ergebnis erhalten. Aus Zeitgründen wird die Hydrolyse der von Ihnen präparierten RNA (vorhergehender Versuch) ggf. schon vor dem Praktikum durchgeführt.

Die Phosphorsäurediesterbindungen in Nucleinsäuren lassen sich sauer, alkalisch sowie enzymatisch durch Nucleasen spalten. Dabei gibt es charakteristische Unterschiede in der Reaktionsgeschwindigkeit zwischen RNA und DNA sowie zwischen Purin- und Pyrimidinnucleotiden: RNA wird alkalisch leicht hydrolysiert, DNA ist im Gegensatz dazu völlig alkalistabil; Purinbasen werden sauer leicht vom Zucker abgespalten, Pyrimidinbasen nicht. Versuchen Sie, die chemischen Gründe für diese Unterschiede aus der Existenz bzw. dem Fehlen der 2'-OH-Gruppe und der unterschiedlichen Basizität der Nucleobasen zu erklären. RNA unterscheidet sich von DNA auch durch den erheblichen Gehalt an sog. "seltenen Nucleotiden" ("minor" oder "modified nucleotides") in bestimmten RNA-Fraktionen (welchen?). Etwa 100 solcher modifizierten Nucleotide sind bekannt und es werden immer noch neue in Hydrolysaten der RNA verschiedener Organismen gefunden.

**Aufgabe:** Quantitative Bestimmung der Basenzusammensetzung einer Nucleinsäure, beispielsweise der Hefe-RNA aus Versuch 7.5

*Durchführung:* Alle Reaktionsbedingungen sind genau zu kontrollieren. Man mischt 2 mL einer RNA-Lösung, die 8 mg RNA/mL enthält (definiert durch Einwaage oder spektroskopisch, s. u.) mit 1 mL 2 M KOH und hydrolysiert 18–20 Stunden bei 37 °C. Danach wird diese Lösung durch vorsichtigen Zusatz der äquivalenten Menge konz. Perchlorsäure *(Vorsicht: Starke oxidierende Säure!)* annähernd neutralisiert (Indikatorpapier benutzen; pH 3–5, keinesfalls unter 3) und nach kurzem Stehen im Eisbad das ausgefallene $KClO_4$ abzentrifugiert.

Zur Ionenaustauschchromatographie von Nucleotiden vgl. Versuch 6.2. Man bereitet eine kleine Säule vor, die etwa 10 cm hoch Anionenaustauscher vom Typ Dowex 1x2 in der Formiatform enthält und mit Wasser gewaschen wird, bis das Waschwasser neutral und frei von UV-absorbierendem Material ist. Nun trägt man die Hälfte des neutralisierten RNA-Hydrolysats auf die Säule auf, lässt einsickern und wäscht mit Wasser nach. Dabei werden alle Nucleotide am Austauscher absorbiert, evtl. in kleiner Menge vorhandene dephosphorylierte Nucleoside laufen durch. Aufgrund ihrer unterschiedlichen $pK_a$-Werte (s. u.) lassen sich die vier Mononucleotide (+ seltene modifizierte Derivate) dann durch Änderung der Säure- *und* Salzkonzentration getrennt vom Austauscher ablösen. (Beachten Sie den Unterschied zu Versuch 6.2, in dem nur mit einem Salzgradienten eluiert wurde.) Man fängt 5 mL-Fraktionen auf. Die Nucleotide werden von der Säule nacheinander mit je 100 mL der folgenden Lösungen eluiert:

| | |
|---|---|
| Cytidylsäure | mit 0,05 M Ameisensäure pH 2,5 |
| Adenylsäure | mit 0,5 M Ameisensäure pH 2,1 |
| Uridylsäure | mit 0,4 M Ammoniumformiat-Lösung |
| Guanylsäure | mit 2 M Ammoniumformiatlösung. |

Diese Mengenangaben sind nur Richtwerte! Es ist nötig, die Elution individuell zu verfolgen, indem man im Durchflussphotometer oder manuell in jeder zweiten Fraktion die Extinktionen bei 260 und 280 nm misst und in einem Elutionsdiagramm die Werte gegen das Elutionsvolumen aufträgt. Falls nach einem Elutionspeak die Extinktion schon wieder bis nahe Null gesunken ist, braucht nicht das gesamte Volumen angewandt zu werden, sondern man beginnt mit dem nächsten Elutionsschritt; umgekehrt kann evtl. auch etwas mehr Lösung benötigt werden, bis eine Substanz völlig eluiert ist.

Vor allem die Elution der Uridylsäure ist typischerweise verschmiert oder zeigt eine Schulter im Elutionsprofil. Überlegen Sie, um welche zusätzlichen Verbindungen es sich handelt und wo diese Nucleotide herstammen.

Die zu den Elutionspeaks der vier Nucleotide gehörigen Fraktionen werden vereinigt. Man registriert ihre charakteristischen UV-Absorptionsspektren, überprüft anhand der spektralen Daten die Identität der Elutionspeaks und berechnet aus Volumen und molarem Extinktionskoeffizienten die Menge jeden Nucleotids im Hydrolysat. Falls keine vollständigen Spektren gemessen werden, sondern nur Extinktionen bei $\lambda_{max}$ entsprechend der untenstehenden Tabelle, muss das Photometer jedesmal mit der betreffenden Elutionslösung, nicht mit Wasser abgeglichen werden.

Erwarten Sie feste Verhältnisse zwischen den Basen der RNA wie bei DNA?

*Eigenschaften der RNA und Ribonucleotide:*

Die Konzentration von RNA-Lösungen lässt sich aus dem mittleren Extinktionskoeffizienten pro Nucleotid abschätzen; je nach Herkunft und Basenzusammensetzung variiert dieser Wert. Für Hefe-RNA gilt $\varepsilon_{260} = 10\,000$. Daraus folgt für eine Lösung der Konzentration 1 mg/mL die Beziehung $E_{260} = 28$.

p$K_a$-Werte und Ladungszustand der Nucleotide beruhen auf der Dissoziation der Phosphorsäurereste *und* der verschiedenen Basen. Die Dissoziationskonstanten p$K_{a1}$ und p$K_{a2}$ der Phosphorsäure-Reste sind in allen vier Fällen ähnlich (0,7–1 bzw. 5,9–6,0), während die p$K_a$-Werte der heterocyclischen Basen sich charakteristisch unterscheiden:

| | | |
|---|---|---|
| Adenylsäure | p$K_a$ (Adenin) | = 3,5 |
| Cytidylsäure | p$K_a$ (Cytosin) | = 4,2 |
| Guanylsäure | p$K_a$ (Guanin) | = 1,6 und 9,2 |
| Uridylsäure | p$K_a$ (Uracil) | = 9,2. |

Interpretieren Sie die Reihenfolge der Nucleotide bei der Trennung durch Ionenaustauschchromatographie anhand dieser Dissoziationskonstanten.

Die Absorptionsspektren der Nucleotide beruhen auf der Struktur der heterocyclischen Basen mit konjugierten Elektronensystemen. Sie sind je nach p$K_a$-Wert vom pH-Wert (Protonierungszustand) abhängig.

| Nucleotid | pH 1 | | pH 7 | |
|---|---|---|---|---|
| | $\lambda_{max}$ | $\varepsilon$ | $\lambda_{max}$ | $\varepsilon$ |
| Adenylsäure | 257 nm | 14 000 | 259 nm | 15 000 |
| Cytidylsäure | 280 nm | 13 000 | 271 nm | 9 000 |
| Guanylsäure | 256 nm | 12 000 | 253 nm | 13 000 |
| Uridylsäure | 262 nm | 10 000 | 262 nm | 10 000 |

Beachten Sie, in welchem Medium die Fraktionen im Eluat der Chromatographiesäule vorliegen. Läßt sich mit *einer* Messung keine Entscheidung treffen (z. B. zwischen Adenyl- und Guanylsäure in saurer Lösung), so müssen Sie das Spektrum bei einem zweiten pH-Wert aufnehmen. Neutralisieren Sie dazu die Probe direkt in der Küvette mit einigen Tropfen konz. NaOH und nehmen das Spektrum erneut auf. Spektren mit *dazwischen*liegenden Absorptionsmaxima weisen auf Substanzgemische hin, die bei der Chromatographie nicht völlig getrennt wurden.

## Fragen

1. Wie viele Basenpaare enthält (größenordnungsmäßig) die DNA eines Bakteriums? Für *Escherichia coli* können Sie die Antwort nachschlagen in Science **277**, 1453 (1997). Wie viele Gene sind auf einem typischen Bakteriengenom? Um welchen Faktor übersteigt die DNA-Menge und geschätzte Zahl der Gene von *Homo sapiens* die der Bakterien, Hefe und niederer Tiere? (Ganz aktuell: Lesen Sie Nature **409**, Februar 2001!)
2. Um native, hochmolekulare Bakterien-DNA zu isolieren, kann es vorteilhaft sein, anstelle der Vorgehensweise in Versuch 7.1 c die Zellen mit Lysozym zu behandeln. Was passiert? Vielleicht steht die Antwort in Versuch 4.8 c.
3. Phosphor ist ein lebenswichtiges Element. Wieviel % P enthält eine durchschnittlich zusammengesetzte Nucleinsäure? Die Größe oder Anzahl Nucleotide des Makromoleküls brauchen Sie hier *nicht* zu wissen.
4. Nennen Sie die Unterschiede in der Struktur und der Zusammensetzung von RNA und DNA. Welche Nucleinsäure ist gegen Denaturierung und Abbau stabiler, und wie hängt das mit diesen Unterschieden zusammen?
5. Gereinigte DNA verschiedener Organismen wird der thermischen Denaturierung unterworfen. Ansonsten konstante Bedingungen vorausgesetzt, ist der $T_m$-Wert am höchsten in Probe ......., am niedrigsten in Probe ........ .

| DNA-Probe | %A | %C | %G | %T |
|---|---|---|---|---|
| 1 aus *Escherichia coli* | 25 | 25 | 25 | 25 |
| 2 aus Seeigeleiern | 33 | 17 | 17 | 33 |
| 3 aus *Mycobacterium sp.* | 15 | 35 | 35 | 15 |
| 4 aus *Homo sapiens* | 30 | 20 | 20 | 30 |

6. Messenger-RNA (mRNA) eukaryotischer Zellen trennt man von anderen RNA-Species an Chromatographiesäulen, die immobilisiert synthetische Oligo-U- oder Oligo-dT-Ketten tragen. Wieso funktioniert das?
7. RNA-Moleküle sind i.a. *ein*strängig, weil (es kann mehreres zutreffen)
   a) man sie so besser von DNA unterscheiden kann
   b) die 2'-OH-Gruppe falsche Wasserstoffbrücken bilden würde
   c) von DNA nur ein Strang (der „codogene") transkribiert wird
   d) die vorhandene Doppelhelix bei der Präparation auseinanderfällt
   e) RNA-Polymerase ein sehr einfach gebautes Enzym ist
   f) kein komplementärer Gegenstrang existiert.

8. Was für eine chemische Reaktion katalysieren Enzyme, die Nucleinsäureketten spalten (Ribonucleasen bzw. Desoxyribonucleasen)? Durch welche Bindungen sind die Nucleotide verknüpft und wieso sind sie in wässrigem Milieu in Abwesenheit von Nucleasen überhaupt stabil?

9. Bei der experimentell vereinfachten Bestimmung des $T_m$-Wertes einer DNA wie in Versuch 7.4 erwärmt man die Probe auf bestimmte Temperatur, aber registriert die Extinktion im Photometer während die Temperatur in der Küvette bereits wieder abfällt. Wieso ermittelt man weitgehend korrekte Werte, obwohl der Schmelzvorgang an sich reversibel ist? Betrachten Sie die unterschiedliche *Kinetik* der Strangtrennung und der Reassoziation beider Stränge. Wie ist die "Reaktionsordnung" bei beiden Reaktionen?

10. Wieso ist der Farbstoff Acridinorange für Bakterien mutagen und für die spezifische Anfärbung von Chromosomen geeignet?

$$(CH_3)_2N - \text{[Acridin]} - N(CH_3)_2$$

11. Was katalysieren Restriktionsendonucleasen (EC 3.1.21.3-5)? Was ist ihre natürliche Funktion in Bakterienzellen und wozu dienen sie im molekularbiologischen Labor?

12. Ribonucleotide entstehen im Stoffwechsel recht plausibel durch Kondensation von aktivierter Ribose (Ribose-5-phosphat-1-diphosphat) mit einer heterocyclischen Base bzw. deren Vorläufern (→ Purin-, Pyrimidinbiosynthese). Wie aber entstehen 2'-Desoxyribonucleotide, die Bausteine der DNA?

13. 5-Methylcytosin kommt in der Neusynthese der Pyrimidinnucleotide nicht vor, jedoch findet man die "5. Base" in DNA und auch in RNA. Wie entsteht sie dort, woher stammt die Methylgruppe?

14. D-Ribose, der zentrale Zucker der Nucleinsäuren, entsteht im Pentosephosphatweg aus Glucosephosphat ($C_6$ → $C_5$) nicht direkt, sondern über den anderen, weitverbreiteten $C_5$-Zucker Xylose (→ Holz). Könnte nicht auch Xylose zum Aufbau eines RNA-analogen Polymers dienen? D-Xylose trägt die OH-Gruppe an C-3 in der zur D-Ribose entgegengesetzten Konfiguration.

# 8 Zellorganellen

Eukaryotische Zellen sind nicht nur durch eine Membran und ggf. Zellwand nach außen hin abgeschlossen, sondern auch innen in Kompartimente unterteilt. In ihnen laufen physiologisch unterschiedliche und regulatorisch voneinander getrennte Prozesse ab. Für die biochemische Feinanalyse der Komponenten, Strukturen und des Stoffwechsels in Zellorganellen ist es offensichtlich von Vorteil, nicht mit Fraktionen eines Gesamt-Zellhomogenates zu arbeiten, sondern mit spezifisch isolierten und von anderen getrennten Organellen zu beginnen. Die Präparation und Charakterisierung intakter Mitochondrien, Peroxisomen, Plastiden und anderer subzellulärer Fraktionen aus Tier-, Pflanzen- und Pilz-Zellen ist daher eine klassische und häufige Aufgabe und Voraussetzung biochemischer Forschung. Sie verlangt naturgemäß spezielle Techniken.

In diesem Kapitel werden exemplarisch Mitochondrien und Chloroplasten aus tierischem und pflanzlichem Gewebe isoliert und einige biochemische Aktivitäten untersucht. Dabei dominiert "Bio-" über "-Chemie": Richtig präpariert, stellen die Organellen auch *in vitro* strukturell intakte und funktionsfähige Einheiten dar. Sogar die Rekonstitution von Teilstrukturen aus ihren Komponenten (z. B. der Atmungskette, des Photosyntheseapparates) *in vitro* ist möglich und für die kompletten Organellen nur eine Frage der Zeit.

Die wesentlichen Eigenschaften und zellulären Funktionen von

- Zellkern
- Mitochondrien
- Chloroplasten und verwandten Plastiden
- Peroxisomen oder "microbodies", pflanzlichen Glyoxysomen
- Lysosomen
- endoplasmatischem Reticulum (ER) bzw. Mikrosomen
- Ribosomen

seien als bekannt vorausgesetzt. Konsultieren Sie Ihr Lehrbuch der Zellbiologie! Ebenso sollten Sie die Existenz und stoffliche Natur der Cytoplasmamembran und der Zellwände von Tier- und Pflanzenzellen, Pilzen sowie von Bakterien kennen und voneinander unterscheiden; sie bestimmen die experimentellen Methoden zum Aufschluss von unterschiedlichem biologischem Material ( → Kapitel 1).

Beim praktischen Umgang mit Zellorganellen ist sicherzustellen, dass sie *in vitro* weder platzen noch schrumpfen. Dementsprechend ist die osmotische Konzentration (Osmolalität) der verwendeten Medien genau anzupassen; das geschieht empirisch, häufig durch Zusatz inerter Zucker (Saccharose) oder Zuckeralkohole (Mannit, Sorbit). Durch ihre verschiedenen Lipidmembranen sind Zellorganellen hydrophob und für Stoffe nicht frei permeabel; bei vielen Versuchen werden geringe Konzentrationen natürlich vorkommender oder synthetischer Detergentien zugesetzt, entweder um das System unter Simulation "nativer" Bedingungen zu stabilisieren oder für Messungen in wässrigem Milieu genügend zu "solubilisieren". Interpretieren Sie in den Arbeitsanleitungen jeweils den Sinn und Zweck *aller* Bestandteile von Lösungen!

Die Präparation von Zellorganellen und die Trennung verschiedener Typen voneinander ist fast ausschließlich durch differentielles Zentrifugieren möglich (Abb.14). Viele (aber nicht alle) Organellen unterscheiden sich in ihrer *Masse*, die der Sedimentationsgeschwindigkeit in der Zentrifuge proportional ist, z. B. in der Reihe

Zellkerne > Mitochondrien ~ Peroxisomen > ER > Ribosomen

so dass Trennungen durch Variation der Zentrifugalkraft (Umdrehungsgeschwindigkeit bzw. Zahl g) und/oder der Zentrifugationsdauer möglich sind. Ein anderer Unterschied ist die *Dichte* von Partikeln oder Makromolekülen, die auf der unterschiedlichen Zusammensetzung aus Lipiden (= besonders leicht), Proteinen und/oder Nucleinsäuren (= durch P-Gehalt besonders schwer) beruht, wie beispielsweise in der Reihe

Mitochondrien < Kerne,Peroxisomen < Ribosomen,Stärkekörner < DNA, RNA.

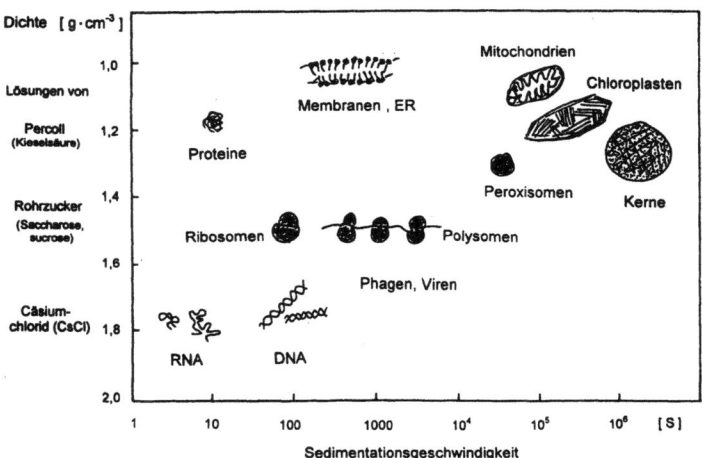

**Abb.14.** Unterscheidung von Zellorganellen nach ihren Sedimentationskoeffizienten S (Sedimentationsgeschwindigkeit, proportional der Masse) und der Dichte, die von der stofflichen Zusammensetzung abhängt. 1 S (Svedberg-Einheit) entspricht $10^{-13}$ s.

Beim Zentrifugieren in Dichtegradienten (zwischen etwa 1,0 und 1,8 g · cm$^{-3}$ Dichte) sedimentieren dementsprechend Partikeln nur bis jeweils in eine Zone, die ihrer eigenen Dichte entspricht. Diese Technik wird z. B. bei der Reinigung pflanzlicher Mitochondrien angewandt (Versuch 8.2 b).

Weil jedoch die Zusammensetzung, der metabolische Zustand und physikalische Eigenschaften biologischer Systeme stets mehr oder weniger stark mit den äußeren Bedingungen, dem Alter des Gewebes u. dgl. variieren, muss eine Organellenpräparation selbst bei sehr präzisem Experimentieren in ihrem Fortgang und Erfolg kontrolliert werden. Dazu dienen "Leitenzyme" oder "Marker", die für verschiedene Zellorganellen spezifisch sind und in Proben der verschiedenen Präparationsstufen parallel bestimmt werden. Während die Aktivität des Markers der gesuchten Organellen zunehmen muss, sollten die Leitenzyme von kontaminierenden Fraktionen immer mehr an Aktivität abnehmen und im Idealfall in der Endstufe der Präparation nicht mehr nachweisbar sein.

## Leit- oder Markerenzyme

Leitenzyme nennt man ausgewählte, möglichst leicht und sicher zu bestimmende Enzymaktivitäten, die für bestimmte Zellorganellen und auch für das cytoplasmatische Kompartiment durch ihr Substrat- und Coenzymbedürfnis oder den Reaktionstyp weitgehend spezifisch sind. An ihrer Aktivität in biochemischen Proben erkennt man die Anwesenheit und zunehmende Reinigung der einen Organellensorte und Abreicherung bzw. Fehlen anderer, kontaminierender Fraktionen. Im Allgemeinen werden nicht sämtliche denkbaren Markerenzyme bestimmt, sondern nur die wahrscheinlichsten gegenseitigen Verunreinigungen (wie z. B. Mitochondrien mit Peroxisomen und cytoplasmatischen Proteinen) überprüft.

Häufig verwendete Leitenzyme sind

- RNA-Polymerase, Glucose-6-phosphatase sowie DNA-Gehalt im Zellkern
- Fumarase, Succinatdehydrogenase, Cytochromoxidase für Mitochondrien
- Ribulosebisphosphatcarboxylase sowie Chlorophyllgehalt in Chloroplasten
- Katalase für Peroxisomen
- Isocitratlyase für pflanzliche Glyoxysomen
- saure Phosphatase für Lysosomen
- Glucose-6-phosphatase, Cytochrom P450 u. a. Oxidoreduktasen für das ER
- im Cytoplasma: Glucose-6-phosphatdehydrogenase oder Glycerinaldehydphosphatdehydrogenase (tierische Zellen), saure Phosphatase (Pflanzenzellen), Alkoholdehydrogenase (Hefe).

Für spezielle Fragestellungen können natürlich noch weitere Markerenzyme herangezogen werden. Im folgenden Versuch sind Standardverfahren zur Bestimmung von Leitenzymen bei der Reinigung von Mitochondrien und Chloroplasten zusammengestellt.

### Versuch 8.1 : Standardverfahren zur Bestimmung von Leitenzymen

*Vorbemerkung*: Je nach Herkunft und Aktivität der zu testenden Fraktionen müssen Sie ggf. die Menge der im Enzymtest eingesetzten Probenlösung gegenüber den hier angegebenen Volumina variieren. Als Vorversuch sollte man die Enzymtests mit authentischen Enzymproben üben.

### Fumarase (EC 4.2.1.2)

Fumarase katalysiert die (reversible) Hydratisierung von Fumarat zu L-Malat:

$$^-OOC-CH=CH-COO^- + H_2O \rightleftarrows {}^-OOC-CH_2-CHOH-COO^-$$

Im Test wird die Gegenreaktion mit Malat als Substrat unter Bildung von Fumarat bei 240 nm photometrisch verfolgt.

*Testzusammensetzung:*

1,0 mL 0,1 M K-Phosphat-Puffer pH 7,6 , enthaltend 50 mM L-Malat, in 1 mL-Quarzküvette

Die Reaktion wird durch Zugabe von 0,05–0,1 mL Probelösung gestartet und die Extinktionsänderung bei 240 nm 2–3 Minuten lang verfolgt.

### Katalase (EC 1.11.1.6)

Das Enzym disproportioniert Wasserstoffperoxid zu Sauerstoff und Wasser ( → Versuch 4.2). Die Reaktion kann direkt an der Extinktionsabnahme bei 240 nm beobachtet werden.

$$2 H_2O_2 \rightarrow O_2 + 2 H_2O$$

*Testzusammensetzung:*

2,0 mL 50 mM K-Phosphatpuffer pH 7,0 + 1,0 mL 30 mM $H_2O_2$ in Puffer in 3 mL-Quarzküvette  ($H_2O_2$-Lösung: 170 µL 30 %ige Lösung – *Vorsicht; Ätzend!* – mit 50 mL Puffer mischen, täglich frisch ansetzen)

Die Reaktion wird durch Zugabe von 0,1 mL Probelösung gestartet und die Extinktionsabnahme bei 240 nm verfolgt. Falls große Gasbläschen in der Küvette entstehen, muss die Probenlösung im Volumen reduziert (oder verdünnt) werden.

### Saure Phosphatase (EC 3.1.3.2)

Das Enzym spaltet in saurem Milieu das synthetische Substrat *p*-Nitrophenylphosphat in anorganisches Phosphat und *p*-Nitrophenol ( → Versuch 4.7 b). Da letzteres nur in alkalischem Milieu als gelb gefärbtes, gut messbares Nitrophenolat-Anion vorliegt, muss diskontinuierlich gearbeitet werden.

$$NO_2-C_6H_4-OPO_3H^- + H_2O \rightarrow NO_2-C_6H_4-OH + H_2PO_4^-$$

*Testzusammensetzung:*

0,90 mL 0,1 M Na-Citrat-Puffer pH 5,6 + 0,10 mL 0,2 M Nitrophenylphosphat-Lösung in Puffer in 3 mL-Glasküvetten

Die Reaktion wird durch Zugabe von 20 µL Probelösung gestartet und die Mischung 5 min bei Raumtemperatur inkubiert. Dann fügt man 2,0 mL 0,5 M NaOH zu, die die Enzymreaktion stoppt und das Nitrophenolat-Anion erzeugt. Man mischt und bestimmt die Extinktion bei 405 nm. Als Blindwert dient ein Ansatz, in dem Puffer + Substratlösung mit NaOH kombiniert und dann erst mit Probelösung versetzt werden. Nach NaOH-Zugabe müssen alle Proben *zügig* vermessen werden, da im Alkalischen das nicht umgesetzte Substrat wenn auch langsam nicht-enzymatisch hydrolysiert.

## Mitochondrien

In Mitochondrien laufen zentrale Prozesse der Energiegewinnung eukaryotischer Zellen ab: Atmung ("Elektronentransportkette") und ATP-Synthese ("oxidative Phosphorylierung") in der inneren Membran, Citronensäure-Cyclus, Fettsäure-Abbau und andere Stoffwechselreaktionen in der Matrix. Die durch ihre endosymbiontische Herkunft "genetisch teilautonomen" Organellen besitzen mitochondriale DNA und einen eigenen Proteinsyntheseapparat. Sie sind groß, membranreich und daher von relativ geringer Dichte. Tierische und pflanzliche Mitochondrien unterscheiden sich erheblich in der Größe und in Details der Enzymausstattung; die Organellen tierischer Gewebe sind einfacher, die pflanzlichen komplexer. Besonders charakteristische und oft analysierte Komponenten sind die Enzyme des Citrat-Cyclus, die Lipidzusammensetzung der inneren Membran, diverse farbige Cytochrome und die Messung des Sauerstoff-Verbrauchs zur Atmung. Informieren Sie sich über die Enzymkomplexe I–V der Atmungskette und ATP-Synthese (Abb.15) und den Mechanismus der "chemi-osmotischen" Energieumwandlung über Protonengradienten und Membranpotential.

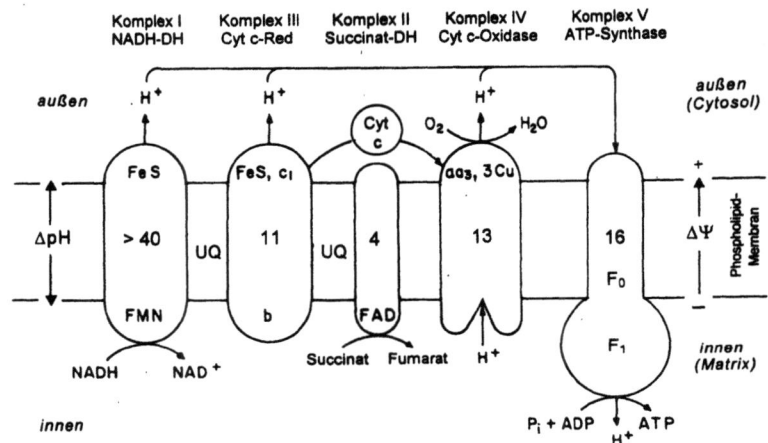

**Abb.15.** Die Multiproteinkomplexe der inneren Mitochondrienmembran: NADH-Dehydrogenase (I), Succinatdehydrogenase (II), Cytochromreduktase (III), Cytochromoxidase (IV), ATP-Synthase (V). Die Komplexe I, III und IV wirken als Protonenpumpen. Cyt c: Cytochrom c; UQ: Ubichinon; FMN, FAD: Flavincoenzyme; FeS: Eisen-Schwefel-Zentren. ΔpH: Protonengradient, Δψ: Membranpotential. Die Zahl in den Proteinkomplexen gibt die Zahl ihrer Proteinketten (Untereinheiten) an.

### Versuch 8.2 : Präparation von Mitochondrien

Ziel der Isolierung von Mitochondrien aus biologischem Material ist es, die Organellen in möglichst *intakter* Form zu präparieren, so dass sie *in vitro* zur Atmung und ATP-Synthese fähig bleiben. *Dazu müssen alle Bedingungen genau kontrolliert und eingehalten werden;* andernfalls erhalten Sie mechanisch, osmotisch und funktionell mehr oder weniger geschädigte, lysierte und zur weiteren Untersuchung ungeeignete Partikeln. Beachten Sie also streng die folgende allgemeine Arbeitsweise:

- Experimente mit Mitochondrien müssen vom Aufschluss des Materials bis zur Analyse der jeweiligen Aktivität *zügig* ohne größere Unterbrechungen durchgeführt werden. Bereiten Sie die benötigten Lösungen schon am Vortage (aber nicht noch früher!) vor

- Die verfügbaren Mixer, Homogenisatoren, Zentrifugenrotoren und -becher können in verschiedenen Labors unterschiedlich sein; gegenüber den unten gemachten Angaben müssen Details dann ggf. angepasst und mit Assistenten besprochen werden
- Wirksame *Kühlung* muss von Anfang bis Ende gewährleistet sein. Alle Geräte und Lösungen sind rechtzeitig im Kühlschrank oder in Eis vorzukühlen
- pH-Werte sind *exakt und bei der Temperatur des Verwendungszweckes* einzustellen; die Temperaturjustierung am pH-Meter benutzen!
- Bei Zentrifugationen ist die Lokalisation der Mitochondrienfraktion (im Überstand, im Sediment, im Gradienten) jedes Mal zu verifizieren
- Aufbewahren einer Mitochondriensuspension für und zwischen Aktivitätsmessungen *nur auf Eis, niemals eingefroren* (Ausnahme: Weiterverwendung zur Isolierung stabiler Proteine wie Cytochrom c).

Mitochondrien sind in allen aerob lebenden Zellen vorhanden. Tierische Mitochondrien isoliert man häufig aus Schweine- oder Rinderherz (warum gerade aus diesem Organ?), pflanzliche aus der Kartoffelknolle als Gewebe ohne störende Chloroplasten; auch Hefe-Mitochondrien sind gut zugänglich.

### (a) Isolierung von Mitochondrien aus Schweineherz

Ein gekühlt, aber nicht eingefroren transportiertes Schweineherz wird von Fett und Bindegewebe befreit, in Stücke geschnitten und durch einen Fleischwolf (im Gefrierfach vorgekühlt) zerkleinert. Man schätzt das Volumen der Masse in einem graduierten Becherglas, mischt mit dem 3- bis 4-fachen Volumen an kaltem Isolationsmedium und homogenisiert 2 zweimal je 15 s bei voller Umdrehungszahl im Mixer.

Isolationsmedium: 0,25 M Saccharose, 0,02 M Tris-HCl pH 7,8, 2 mM EDTA

Der pH-Wert des Homogenats wird mit pH-Papier geprüft und mit einer 1 M Lösung von Tris-Base auf genau 7,8 nachgestellt. Dann zentrifugiert man 10 min bei 1500 x g (z. B. in 500 mL-Flaschen/GS3-Rotor, 3000 rpm) zur Abtrennung von Zelltrümmern, Zellkernen und restlichem Bindegewebe. Das Pellet (Sediment) verwirft man und filtriert den Überstand durch zwei Lagen Mull und eine Lage Miracloth. Nehmen Sie hier und aus den Überständen der folgenden Zentrifugationsschritte jeweils Proben von 2-3 mL zur Bestimmung von Markerenzymen (s. o.) und stellen sie bis zur Messung kalt.

Das Filtrat zentrifugiert man nun 30 min bei 12 000 rpm (9000 rpm im GS3-Rotor), um die Mitochondrien zu sedimentieren. Der Überstand wird verworfen. Das Pellet wird in ca. 20 mL Isolationsmedium aufgenommen und mit Hilfe eines Potter-Homogenisators resuspendiert. Die Suspension wird mit dem 10-fachen Volumen Isolationsmedium gemischt und 10 min bei 12 000 x g wie oben zentrifugiert. [ → An dieser Stelle kann zur Präparation von Cytochrom c und Cytochromoxidase übergegangen werden (Versuch 8.4).] Der leicht rotbraune Überstand wird verworfen, das Mitochondrien-Pellet wiederum in Isolationsmedium aufgenommen, resuspendiert, mit Medium aufgefüllt und erneut zentrifugiert. Dieser Waschvorgang wird nochmals (evtl. noch zweimal) wiederholt, wobei der Überstand mit den cytoplasmatischen Bestandteilen zunehmend klarer und farbloser wird. Nach der letzten Sedimentation werden die Mitochondrien in nur 10 mL Isolationsmedium aufgenommen und für Aktivitätsmessungen verwendet. Zur Bestimmung der Proteinmenge der Mitochondriensuspension und evtl. restlicher Kontaminationen werden aliquote Proben (0,5 oder 1,0 mL) entnommen und analysiert.

### (b) Präparation von Mitochondrien aus Kartoffeln

Es sollten möglichst frische Kartoffelknollen verwendet werden. Neben dem Isolationsmedium muss ein separates Waschmedium vorbereitet werden.

Isolationsmedium: 0,3 M Saccharose, 0,02 M MOPS/KOH-Puffer pH 7,4, 4 mM Cystein, 2 mM EDTA, 0,2 % BSA (Serumalbumin)

Waschmedium: 0,3 M Saccharose, 0,01 M K-Phosphat-Puffer pH 7,2, 1 mM EDTA, 0,1 % BSA

Etwa 1 kg frische Kartoffeln (nicht weniger) werden geschält, mit kaltem entionisiertem Wasser gewaschen und in ca. 2 cm große Würfel geschnitten. Zum Aufschluss werden die Würfel zusammen mit 1 Liter eiskaltem Isolationsmedium (in Eis-Kochsalzmischung vorgekühlt) in einen 4 L fassenden Waring Blendor gefüllt, 2 s bei Stellung "low" und dann 7 s bei Stellung "high" homogenisiert. Das Homogenat filtriert man durch vier Lagen Mull und eine Lage Miracloth in einem großen Trichter zur Abtrennung von größeren Bruchstücken und Stärke, fängt das Filtrat in einem in Eis stehenden Becherglas oder Erlenmeyerkolben auf und zentrifugiert anschließend 5 min bei 1500 x g (z. B. in 500 mL-Flaschen/GS3-Rotor, 3000 rpm); das aus Zellwandresten und Stärke bestehende Pellet (Sediment) 1 wird verworfen.

Nehmen Sie ab hier Proben der Zentrifugationsüberstände zur Bestimmung von Markerenzymen und stellen sie kalt; vgl. die Vorschrift für Herzmitochondrien.

Überstand 1 unterwirft man nun 20 min Zentrifugation bei 12 000 x g. Das resultierende Pellet 2 enthält Mitochondrien, Peroxisomen, Plastiden und Carotinoide. Man versetzt es mit 15 mL Waschmedium, resuspendiert zunächst vorsichtig mit einem Pinsel und danach mit einem Potter-Homogenisator; man verteilt diese Suspension auf 4 Zentrifugenbecher (z. B. 250 mL-Becher für GSA-Rotor), füllt jeden Becher auf 200 mL auf und zentrifugiert 10 min bei 1500 x g. Das hier entstehende Pellet 3 enthält schwere Organellen (z. B. stärkehaltige Plastiden) und wird verworfen, Überstand 3 die Mitochondrien; er wird vorsichtig umgegossen (keine Pipette zum Absaugen verwenden!) und 20 min bei 12 000 x g zentrifugiert. Die Mitochondrien bilden jetzt ein kleines Pellet (4), überlagert von einer gelblichen Schicht restlicher Plastiden; Überstand 4 wird vorsichtig abgesaugt und verworfen.

Die gewaschenen Mitochondrien aus Pellet 4 können jetzt in einem kleinen Volumen (5 mL) Waschmedium resuspendiert und für Aktivitätsbestimmungen verwendet werden. Bestimmen Sie in einer kleinen aliquoten Probe die Proteinmenge; als Referenz müssen Sie dasselbe Volumen Waschmedium analysieren - warum ?

Von restlichen Pigmenten und Plastiden können die Pflanzenmitochondrien nur aufgrund ihrer unterschiedlichen Dichte in einer Dichtegradienten-Zentrifugation befreit werden. Zur Einstellung einer Lösung passender Dichte ist Percoll® geeignet. Percoll ist eine konzentrierte Lösung kolloidaler Kieselsäure (D. 1,13 g · mL$^{-1}$); das anorganische Material ist an der Oberfläche mit organischen Gruppen modifiziert und daher für empfindliche Zellstrukturen und Biomoleküle inert.

Dichtegradientenmedium: Waschmedium + 28 % (v/v) Percoll; den pH-Wert nach Mischen auf pH 7,2 nachstellen. Vor Gebrauch umschütteln!

Zur Reinigung von Pellet 4 suspendiert man die Mitochondrien mit Hilfe eines Pinsels und Potters in 5 mL Dichtegradientenmedium, verteilt auf vier kleine Polykarbonat-Zentrifugenröhrchen, füllt mit dem Medium auf jeweils 30 mL auf und zentrifugiert 30 min bei 40 000 x g (im SS34-Rotor = 18 300 rpm); dabei bildet sich der Dichtegradient aus. Beim Auslaufen der Zentrifuge muss die *Bremse ausgeschaltet* sein. Im Zentrifugenröhrchen befinden sich oben gelb gefärbte leichtere Banden (carotinoidhaltige Plastiden), darunter im mittleren Bereich die Mitochondrien als braune, trübe Zone, unten die schwereren Peroxisomen und ein farbloses Percoll-Pellet. Man saugt mit Hilfe einer Pasteurpipette zunächst den unteren Teil des Dichtegradienten vorsichtig ab; dann entfernt man mit Hilfe einer Pipette, die an Schlauch, Saugflasche und Wasserstrahlpumpe hängt, auch den oberen gelbgefärbten Teil des Gradienten.

Die verbleibende Mitochondrien-Fraktion wird mit dem etwa 10-fachen Volumen an Waschmedium verdünnt, in geeignete Zentrifugenbecher umgegossen und die Organellen durch 20 min Zentrifugation bei 12 000 x g sedimentiert; sie sammeln sich als rötliches lockeres Pellet. Der Überstand, der restliches Percoll enthält, wird vorsichtig, aber möglichst vollständig abgesaugt. Die Mitochondrien nimmt man schließlich in 1 mL Waschmedium auf und verwendet sie für Proteinbestimmung und Experimente.

**Versuch 8.3 : Aktivitätsmessungen an Mitochondrien**

Die Funktion von Mitochondrien wird experimentell am besten über ihre Sauerstoffaufnahme gemessen, denn gelöster Sauerstoff ist leicht elektrochemisch mit einer spezifischen Elektrode ("Clark-Elektrode") zu bestimmen. Das Prinzip entspricht der als Polarographie bekannten Analysenmethode. Im "Oxygen-Meter" diffundiert $O_2$ durch eine dünne Teflonmembran zu einer Platin-Kathode, die mit einer vorgegebenen Spannung von etwa –750 mV polarisiert ist; als Anode dient eine Silberelektrode. An der Kathode wird der Sauerstoff (wie ist sein Standardredoxpotential bei pH 7 ?) reduziert nach

$$O_2 + 4\,e^- + 2\,H_2O \rightarrow 4\,OH^-.$$

Dabei fließt ein Strom ("Diffusionsgrenzstrom", im Bereich von µAmpere), der dem Sauerstoffpartialdruck im Medium proportional ist. Temperaturkonstanz (Thermostatisierung auf 25 °C) ist wichtig! Die zeitliche Änderung des Signals wird (als Spannung) auf einem Schreiber aufgezeichnet. Das Gerät wird mit luft-gesättigtem Wasser (als 100 % gesetzt; $c(O_2)$ = 253 µM bzw. 0,253 µmol/mL bei 25 °C) sowie mit einer durch Natriumdithionit $Na_2S_2O_4$ von Sauerstoff befreiten Lösung (0 %, "Blindstrom") kalibriert. Befolgen Sie die Betriebsanleitung!

Bei der Analyse von Mitochondrien und mitochondrialen Enzymen werden verschiedene Detergentien zur Stabilisierung und/oder Solubilisierung der in nativer Form membrangebundenen Proteinkomplexe benutzt, insbesondere

Cholat (Na-Salz der natürlichen Gallensäure Cholsäure, anionisch)
CHAPS = (Cholamidopropyl)dimethylammoniopropansulfonat, Zwitterion
Laurylmaltosid = Dodecyl-β-D-maltosid (nicht-ionisch)
Triton X-100, X-114 (Alkyl-phenolether, nicht-ionisch)

u. a. m. Diskutieren Sie die Eigenschaften solcher Detergentien in Wasser.

Atmung und oxidative Phosphorylierung haben insgesamt *vier* Substrate: NADH oder einen anderen H-Donor, Sauerstoff, anorganisches Phosphat und ADP. Beachten Sie in den Versuchen mit intakten Mitochondrien jeweils, ob alle anwesend sind bzw. was beim Fehlen einzelner Substrate zu erwarten ist.

# Zellorganellen

**Aufgaben:**

Bestimmen Sie an einer wie oben präparierten Mitochondriensuspension
(1) die Intaktheit der Organellen,
(2) die aktive und kontrollierte Atmung mit verschiedenen Substraten, und
(3) die Wirkung von Entkopplern und Inhibitoren.

Treffen Sie alle Vorbereitungen rechtzeitig und bemühen Sie sich um *zügiges* Arbeiten. Beim Stehenlassen selbst bei 0° und unter sonst optimalen Bedingungen altern Mitochondrien (z. B. durch die Wirkung von Phospholipasen) und gehen allmählich in einen entkoppelten Zustand über.

(1) Bestimmung der Intaktheit der Mitochondrien

Die Intaktheit wird über die Bestimmung des Sauerstoffverbrauchs in Abhängigkeit von Cytochrom c und Ascorbat ermittelt. Exogen zugesetztes Cytochrom c und Ascorbat werden nur von Organellen umgesetzt, deren äußere Membran mechanisch oder osmotisch geschädigt wurde. An der inneren Membran laufen dann folgende Reaktionen ab:

Ascorbat + 2 Cytochrom c(ox) → Dehydroascorbat + 2 Cytochrom c(red)

2 Cytochrom c(red) + ½ $O_2$ → 2 Cytochrom c(ox) + $H_2O$

Der Quotient der Sauerstoffverbrauchsraten von intakten ($R_1$) und vor der Messung absichtlich osmotisch geschockten Mitochondrien ($R_2$) gibt die relative Intaktheit der äußeren Mitochondrienmembran an. Die Berechnung erfolgt nach

$$\text{Intaktheit (\%)} = (1 - R_1/R_2) \times 100$$

und die Angabe der Atmung in [ nAtom O · $min^{-1}$ · Protein$^{-1}$ ].

Die Messungen werden bei 25 °C durchgeführt; das Inkubationsmedium muss ca. 30 Minuten *vorher* temperiert werden. Auf dem Schreiber werden c($O_2$) = 0 bzw. 100 % (luftgesättigt) eingestellt. Inkubationsmedium und Mitochondriensuspension werden vorgelegt, dann Ascorbat und Cytochrom c durch die Bohrung der Messzelle mittels Mikroliterspritzen zugegeben und der Sauerstoffverbrauch registriert. Für die Messung mit osmotisch geschockten Mitochondrien wird das entsprechende Volumen Mitochondriensuspension zunächst 1 min mit bidest. Wasser gerührt und anschließend mit doppelt konzentriertem Inkubationsmedium aufgefüllt. Die Messzelle wird nach jeder Messung gespült.

*Inkubationsmedium und Testzusammensetzung:*
250 mM Saccharose, 40 mM KCl, 4 mM $MgCl_2$, 8 mM $KH_2PO_4$,
50 mM Tris-HCl pH 7,4, 0,1 % (w/v) Rinderserumalbumin BSA.

100 mL Medium ansetzen, bei 0 °C aufbewahren, vor Gebrauch auf die Messtemperatur erwärmen.

| Stammlösung | Volumen im Test | Konzentration im Test |
|---|---|---|
| Inkubationsmedium | 1520–1700 µL | |
| Mitochondriensuspension | 20 – 200 µL | |
| 0,875 mM Ascorbat, pH 6,5 | 15 µL | 8 mM |
| 3,5 mM Cytochrom c | 15 µL | 30 mM |
| Gesamtvolumen | 1,750 mL | |

(2) Atmung und Atmungskontrolle mit verschiedenen Substraten

Aktive (unkontrollierte) Atmung mit hohem $O_2$-Verbrauch herrscht in intakten Mitochondrien bei Anwesenheit von überschüssigem Substrat und ADP. (Wo ist das ebenfalls erforderliche anorganische Phosphat?) Kontrollierte Atmung nennt man die Begrenzung der Atmung (niedrige Sauerstoff-Aufnahme) bei Mangel an Phosphat oder Phosphatakzeptor (ADP). Man gibt sie als "Atmungskontrollquotient" an, der sich aus der Atmungsrate bei Anwesenheit und Abwesenheit von ADP errechnet. Intakte isolierte Mitochondrien haben Atmungskontrollquotienten von 3–8, entkoppelte Mitochondrien von 1; hier ist der Sauerstoffverbrauch von der Phosphorylierung "entkoppelt". Beim Stehenlassen altern Mitochondrien (u.a. durch die Wirkung von Phospholipasen) und gehen allmählich von selbst in einen entkoppelten Zustand über.

Nach der Potentialdifferenz zwischen NADH und Sauerstoff bei pH 7 (das sind ........ mV) sowie den Protonenstöchiometrie-Verhältnissen können bei der Oxidation von einem NADH mit einem O insgesamt 3 ATP entstehen. Wird nicht NADH oxidiert, sondern Succinat durch den Succinatdehydrogenase-Komplex (vgl. Abb.15), der keine Protonen transloziert, so entstehen nur 2 ATP pro Atom O. Der "P/O-Quotient" beträgt dementsprechend 3 bzw. 2. Der P/O-Quotient wird durch Entkoppeln der oxidativen Phosphorylierung gesenkt (letztlich bis auf Null), so dass man experimentell die theoretischen Werte nicht immer erreicht.

Die wichtigsten natürlichen Substrate der Atmung sind NADH und Succinat, doch können intakte isolierte Mitochondrien NADH von außen nicht direkt aufnehmen. Als Substrate aufgenommen und veratmet werden vor allem die Di- und Tricarbonsäure-Salze Malat, Succinat, α-Ketoglutarat und Isocitrat, ferner β-Hydroxybutyrat sowie Glutamat. Setzen Sie von den ausgewählten Substraten je 1 mL 1 M Lösung an und bewahren sie – wenn nötig – eingefroren auf.

*Testzusammensetzung:*

| Stammlösungen | Volumen im Test | Konzentration im Test (ausrechnen) |
|---|---|---|
| Inkubationsmedium (s.o.) | 1680 – 1700 µL | |
| Mitochondriensuspension | 50 µL | |
| 1 M Substrat (s.o., Na-Salze) | 10 µL | |
| 20 mM ADP | 0 – 10 µL | |
| Gesamtvolumen | 1,750 mL | |

Die Messungen geschehen wie in (1). Die Zugaben zum Inkubationsmedium erfolgen in der Reihenfolge Mitochondrien – Substrat – ADP, wobei man jedes Mal den Verlauf der Sauerstoffkonzentration eine Zeit lang beobachtet. Nach ADP-Zugabe muss eine deutliche Steigerung der Atmungsrate sichtbar sein; andernfalls ist die Mitochondrienpräparation schon stark geschädigt. Die Atmungsaktivität und den Kontrollquotienten bestimmen Sie aus der linearen Abnahme der Sauerstoffkonzentrationen bei An- und Abwesenheit von ADP. Für die Ermittlung von P/O-Quotienten bei aktiver Atmung mit Malat bzw. Succinat als Substrat verfolgen Sie die Reaktion so lange, bis die Sauerstoffabnahme wieder abklingt; P/O errechnet sich dann aus der in der Probe vorhandenen Menge ADP und dem Gesamtverbrauch an Sauerstoff.

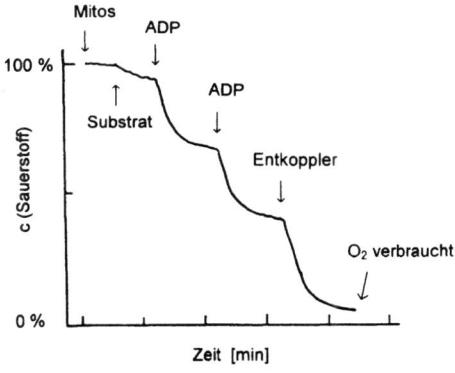

**Abb.16.** Zeitlicher Verlauf des Sauerstoffverbrauchs einer Mitochondriensuspension bei Zusatz von Substraten und Entkopplern

Wenn die Mitochondrien gute Aktivität zeigen, können Sie durch Zusatz der verschiedenen Stoffe in verschiedener Reihenfolge und Konzentration mehrere Situationen in einem Ansatz beobachten (Abb.16). Substrat wird i. a. im Überschuss eingesetzt.

(3) Entkoppler und Inhibitoren

Entkoppelte Mitochondrien zeigen Atmung, aber trotz ADP-Anwesenheit keine Phosphorylierung (ATP-Synthese). Als Entkoppler wirken Stoffe, die zugleich lipophil und acide sind und daher Protonen über die Membran transportieren können wie z. B. 2,4-Dinitrophenol, Pentachlorphenol und Carbonylcyanid-3-chlorphenylhydrazon (CCCP), so dass sich kein Protonengradient aufbauen kann. (Identifizieren Sie die aciden H in den Strukturformeln!) Andere Entkoppler lassen das Membranpotential zusammenbrechen, indem sie Ionenleitfähigkeit erzeugen; typisch dafür ist z. B. das makrocyclische Antibiotikum Valinomycin als Kalium-Ionophor.

CCCP　　　　　2,4-Dinitrophenol　　　　　Valinomycin-$K^+$

Exemplarisch für einen Entkoppler messen Sie die Atmung wie in (2) unter Zusatz von 10 µL 5 mM Dinitrophenol. Wird Cytochrom c-Oxidase nicht separat charakterisiert ( → folgender Versuch), so beobachten Sie ferner die Atmungshemmung durch 10 µL einer 50 mM Lösung von Kaliumcyanid (das hochgiftige KCN wird nur unter Aufsicht ausgegeben).

**Versuch 8.4 : Cytochrom c und Cytochrom c-Oxidase**

Cytochrome ("Zellfarben") sind Proteine, die als prosthetische und chromophore Gruppen Häm enthalten. Sie dienen als Elektronenüberträger in der Atmungskette der Mitochondrien (Cytochrome b, c, $c_1$ , $aa_3$) sowie im Elektronentransport am endoplasmatischen Retikulum (Cytochrome $b_5$ und P-450). Dabei ändert sich die Valenz des Eisens im Häm, wobei charakteristische Spektren der oxidierten und reduzierten Cytochrome auftreten. Der Porphyrinring ist kovalent gebunden wie in Cytochrom c oder haftet nicht-kovalent am Protein.

Alle Cytochrome sind in der Zelle an Membranen gebunden. Das kleine Cytochrom c (Masse 12 kDa) ist mit der inneren Mitochondrienmembran lediglich assoziiert und kann daher leicht abgelöst und präpariert werden. Die membranintegrierten Proteine (b, $aa_3$) lassen sich dagegen nur mit Hilfe von Detergentien wie Cholat oder Triton (s. o.) isolieren. Sie stellen große Enzymkomplexe aus verschiedenen Proteinuntereinheiten dar (Abb.15).

Informieren Sie sich im Lehrbuch über die Funktion der verschiedenen Cytochrome und die gut bekannten Strukturen des Cytochrom c und der Cytochromoxidase (COX, Cytochrom $aa_3$, "Atmungsferment"). Das Enzym enthält neben zwei Hämgruppen auch 3 Kupferionen und hat durch diese Chromophore eine grüne Farbe. Es bindet Sauerstoff, aber auch die Komplexliganden CO, HCN, $HN_3$ (Stickstoffwasserstoffsäure, Salze Azide) oder $H_2S$ und wird dadurch inaktiviert; daher sind diese Substanzen starke Zellgifte. Warum wird dagegen Cytochrom c *nicht* durch Cyanid vergiftet? Suchen Sie im Lehrbuch die dreidimensionale Struktur des kleinen kompakten Proteins.

**Aufgaben:**

(1) Präparation von Cytochrom c aus Herz-Mitochondrien, Reinigung und spektroskopische Charakterisierung

(2) Isolierung von Cytochromoxidase aus Schweineherzmitochondrien und Analyse durch Spektrum und SDS-PAGE

(3) Messung der Enzymaktivität spektrometrisch oder polarographisch, Wirkung von Inhibitoren

**Cytochrom c:**

Cytochrom c ist aus Herzmitochondrien leicht zu isolieren. Eine einfache Präparation aus Rinderherz *ohne* Gewinnung einer definierten Mitochondrienfraktion sowie die Reinigung des basischen Proteins an einem Kationenaustauscher sind in Versuch 9.3 beschrieben. Bei der Isolierung aus Schweineherz folgt man der Mitochondrienpräparation in Versuch 8.2 a. Für die Bestimmung der Cytochromoxidase-Aktivität (s. u.) kann aber auch kommerziell erhältliches Cytochrom c (z. B. aus Pferdeherz) verwendet werden.

*Isolierung aus Schweineherzmitochondrien:*

Das zweite Mitochondrien-Pellet der Präparation in Versuch 8.2 suspendiert man in der 10-fachen Menge Phosphatpuffer (0,1 M, pH 6,5), homogenisiert in einem kleinen Potter und lässt entweder einige Stunden in der Kälte stehen (ggf. über Nacht) oder beschallt die Mischung mit Ultraschall; dann zentrifugiert man 10 min bei 10 000 rpm. Cytochrom befindet sich jetzt im Überstand. (Warum? Wie wurden die Mitochondrien zerstört?) Soll die Reinigung an CM-

Cellulose folgen (Versuch 9.4) so wird die Salzkonzentration der Lösung durch Verdünnen mit Wasser von 100 mM auf 20 mM erniedrigt.

*Absorptionsspektren:*

Man registriert die Spektren von Cytochrom c zwischen 380 und 600 nm in oxidiertem (+ 1 mM $K_3Fe(CN)_6$) bzw. reduziertem Zustand (+ $Na_2S_2O_4$ oder 10 mM Ascorbinsäure) und nimmt ein Differenzspektrum von gleich konzentrierten Lösungen beider Formen gegeneinander auf. Authentisches Cytochrom c zum Vergleich vermessen!

Cyt c(ox): $\lambda_{max}$ 410, 530 nm
Cyt c(red): $\lambda_{max}$ 415, 522, 550 nm (sog. $\gamma$-, $\beta$- und $\alpha$-Bande)

Zur Konzentrationsbestimmung eignet sich die Differenz bei 550 nm:

$E_{550}$ [Cyt c(red)] $-$ $E_{550}$ [Cyt c(ox)] mit $\varepsilon$ = 18 500.

## Cytochrom c-Oxidase:

Isolieren Sie Schweineherzmitochondrien wie oben; für die Enzympräparation besonders sorgfältig auf ständige Kühlung achten! Die suspendierten Mitochondrien werden noch einmal in Medium zentrifugierend gewaschen und in *wenig* Medium aufgenommen. Von 2 x 0,1 mL sollte dann sofort eine Proteinbestimmung (Doppelbestimmung) durchgeführt werden, am besten mit der raschen Bradford-Methode (Versuch 3.5 c).

*Isolierung der Cytochromoxidase:*

Die Mitochondriensuspension wird mit Isolationsmedium auf eine Konzentration von 25–30 mg Protein/mL eingestellt (wichtig !) und mit 1 M K-Phosphat-Lösung, pH 7,2, auf 0,2 M Phosphatkonzentration gebracht. Nun wird unter Rühren eine 20 %ige Lösung von Triton X-100 oder X-114 zugegeben (genau dosieren: 3,5 mL/g Protein) und 10 min bei 0 °C gerührt, wobei die Suspension opaleszent wird.

Es folgt eine Zentrifugation in der Ultrazentrifuge (z. B. im Rotor Ti 60) für 35 min bei 45 000 rpm. Der Überstand wird vorsichtig abgesaugt und das Sediment in 30 mL 0,2 M K-Phosphat, pH 7,2, 5 % Triton X-100 gepottert und 30 min stehen gelassen. Nach Zentrifugation in der Kühlzentrifuge (30 min, 15 000 rpm) wird der grünliche Überstand mit drei Teilen bidest. Wasser auf 50 mM K-Phosphat verdünnt und auf eine Säule mit dem Anionenaustauscher DEAE-Sephacel aufgetragen. Wenn das Sediment noch grün ist, wird die Extraktion mit Triton X-100-haltigem Puffer wiederholt.

Die DEAE-Sephacel-Säule wird nach dem Auftrag der Probe mit zwei Säulenvolumina 50 mM K-Phosphat pH 7,2, 0,1 % Triton X-100 gewaschen, und die Cytochromoxidase dann als grüne Bande mit 200 mM K-Phosphat, pH 7,2,

0,1 % Triton X-100 eluiert. Die Fraktion wird mit festem Na-Cholat versetzt (1 % Endkonzentration) und mit kaltgesättigter Ammoniumsulfat-Lösung auf 23–26 % Sättigung eingestellt bis ein schwacher bleibender Niederschlag entsteht. Diese Fällung wird über Nacht vervollständigt und dann nach Zentrifugation (10 min bei 12 000 rpm) verworfen. Den Überstand bringt man auf 38 % Ammoniumsulfat-Sättigung und isoliert den Niederschlag nach 1 Stunde durch Zentrifugieren (10 min bei 15 000 rpm). Ein Teil des Sediments wird in wenig Wasser suspendiert, gegen bidest. Wasser dialysiert und zur Elektrophorese verwendet. Der andere Teil wird in 10 mM K-Phosphat-Puffer pH 7,2 + 0,5 % Laurylmaltosid gelöst, zur Entsalzung gegen 10 mM K-Phosphat, pH 7,2 dialysiert und für Spektrum und Aktivitätsmessung verwandt. Laurylmaltosid verhindert das Ausfällen des Enzyms im Dialysierschlauch, da es selbst nur langsam herausdialysiert.

*Elektrophoretische Charakterisierung:*

Die komplexe Untereinheitenstruktur von COX kann gut durch denaturierende Elektrophorese erkannt werden (SDS-PAGE, → Kapitel 9). Die Zahl der Untereinheiten dieses universellen Atmungsenzyms steigt mit der Entwicklungshöhe der Organismen. Für tierische Enzyme typisch sind drei größere mitochondrial codierte Proteine von 26, 30 und 57 kDa Molmasse, die die katalytischen Zentren enthalten, sowie 10 kleinere kerncodierte Untereinheiten mit Molmassen von 5–17 kDa, die die Atmungsrate zu regulieren gestatten.

*Spektroskopische Charakterisierung:*

Aufnahme der Spektren des gereinigten Enzyms im oxidierten und reduzierten Zustand. Die oxidierte Form liegt unter aerober Atmosphäre vor, die reduzierte Form erzeugt man durch Zugabe von Dithionit ($Na_2S_2O_4$). Für die Differenz E(red, 605 nm) − E(ox, 630 nm) gilt $\varepsilon$ = 12 000. Berechnen Sie aus Proteingehalt und Spektrum den Häm-Gehalt in nmol Häm/mg Protein.

*Polarographische Bestimmung der Cytochromoxidase-Aktivität:*

Messung des $O_2$-Verbrauchs bei 25°C; zum Arbeiten mit der Sauerstoffelektrode (Clark-Elektrode) Versuch 8.3 und separate Anleitung beachten!

Medium: 25 mM Tris-Acetat, 30 mM K-Phosphat, pH 7,6, 7 mM Tris-Ascorbat, 1 mM Laurylmaltosid. Als Substratkonzentrationen 0,1, 0,2, 0,4, 0,8, 1,2, 2,0, 10 und 20 µM Cytochrom c wählen.

*Photometrische Aktivitätsbestimmung:*

Gemessen wird die Anfangsgeschwindigkeit der Oxidation von reduziertem Cytochrom c (Ferrocytochrom). Messpuffer ist 10 mM HEPES/KOH-Puffer pH 7,4, 40 mM KCl, 0,3 M Saccharose, mit und ohne Zusatz von 0,1 % Triton X-100.

Herstellung einer Ferrocytochrom c-Lösung: Ungefähr 50 mg Cytochrom c werden in 1,5 mL Messpuffer (ohne Triton) gelöst und mit einer Spatelspitze Ascorbinsäure reduziert. Das Salz wird durch Gelfiltration über eine kleine Fertigsäule mit Sephadex G-25 (PD-10, HiTrap oder ähnliches Fabrikat) abgetrennt. Für die Berechnung der Konzentration wird die Extinktion bei 550 nm im reduzierten Zustand (liegt vor) und im oxidierten Zustand (erzeugt durch Zugabe eines Körnchens Kaliumhexacyanoferrat(III) in die Küvette) gemessen. Als Extinktionskoeffizient $\varepsilon$ (red–ox) bei 550 nm gilt 18 500 (s. o.).

Aktivitätsbestimmung: Man legt Messpuffer und Enzym (bzw. Mtochondriensuspension) vor, startet die Reaktion mit 40 nmol reduziertem Cytochrom c und verfolgt die Extinktionsabnahme bei 550 nm. In den Vergleichsstrahlengang stellt man eine Küvette mit Messpuffer und derselben Menge an oxidiertem Cytochrom c; Oxidation des reduzierten Cytochrom c erfolgt mit einem Körnchen Kaliumhexacyanoferrat(III).

Führen Sie Enzymtests unter Einschluß der Atmungsinhibitoren Cyanid und Azid durch (KCN wird nur unter Aufsicht ausgegeben und verwendet). Ein weiterer Inhibitor ist das tödlich wirkende Gas Kohlenmonoxid (CO).

### Versuch 8.5 : Isolierung und Identifizierung von Membran-Phospholipiden

Lipide, insbesondere Phospholipide, stellen einen wichtigen Bestandteil aller biologischen Membranen dar. Sie sind für den hohen elektrischen Widerstand der Membranen und deren Undurchlässigkeit für die meisten ionischen Stoffe verantwortlich. Die Membranlipide tierischer Zellen sind im wesentlichen Phosphatide wie Phosphatidylcholin = Lecithin, Phosphatidylethanolamin und Phosphatidylserin (= Kephaline), Phosphatidylinosit, Diphosphatidylglycerin = Cardiolipin, Sphingomyelin, sowie Neutrallipide (Cholesterin, Di- und Triglyceride). Informieren Sie sich über die Strukturen.

Die verschiedenen Membranen der Zelle unterscheiden sich nicht nur in ihrer Proteinzusammensetzung, sondern auch in ihrem Lipidgehalt. Während Cardiolipin fast ausschließlich in der Innenmembran der Mitochondrien vorkommt, findet man Cholesterin in allen Membranen *außer* der Innenmembran der Mitochondrien. Wie ist diese Differenzierung zu erklären?

In diesem Versuch werden Mitochondrien und Mikrosomen aus Schweineleber isoliert. Die Mikrosomen bestehen hauptsächlich aus Membranfragmenten des rauhen und glatten endoplasmatischen Retikulums. Mitochondrien sind in den vorhergehenden Versuchen beschrieben.

# Zellorganellen

**Aufgaben:**

Aus Schweineleber werden Mitochondrien und Mikrosomen isoliert und die Lipide daraus extrahiert. Die Lipide sollen dünnschichtchromatographisch getrennt werden. Mittels Vergleichssubstanzen und der Anfärbbarkeit durch Ninhydrin werden verschiedene Phospholipide identifiziert.

Der prozentuale Gehalt der einzelnen Phosphatide lässt sich durch Messung der Phosphat-Gehalte nach Nass-Veraschung der Lipidfraktionen bestimmen.
*Lösungen:*

Medium zur Isolierung der Zellfraktionen (frisch ansetzen):
0,25 M Saccharose, 0,02 M Tris-HCl, pH 7,2, 2 mM EDTA

Chloroform/Methanol (2:1, v/v)

0,73 % NaCl (bei Raumtemperatur aufbewahren)

Veraschungslösung: 14 mL konz. Schwefelsäure und 3,8 mL 70 %ige Perchlorsäure $HClO_4$ auf 100 mL auffüllen. *Vor Gebrauch* gibt man zu 10 mL dieser Mischung 1 mL 30 % $H_2O_2$ (auf Reinheitsgrad p. a. achten). *Vorsicht beim Handhaben dieser Gefahrstoffe*, nur unter dem Abzug benutzen!

Phosphatreagenz: 0,38 g Ammoniummolybdat und 2,04 g Natriumacetat in 100 mL Wasser lösen. *Vor Gebrauch in* 10 mL dieser Lösung 0,20 g Ascorbinsäure lösen (1-2 Stunden haltbar).

Ninhydrin-Spray (fertig angesetzt oder nach besonderer Vorschrift)

*Durchführung:*

Alle Operationen werden in der Kälte durchgeführt, alle Lösungen stets im Eisbad gehalten.

Schweineleber (etwa 20 g) wird in etwas Medium mit der Schere zerkleinert und 2 x in 30 mL Medium in einem Potter-Homogenisator durch dreimaliges Auf- und Abbewegen homogenisiert. Das Homogenat wird vorsichtig vom Sediment (Bindegewebe, ganze Zellen, Zellkerne; verwerfen) in einen Zentrifugenbecher abgegossen und dann 10 min bei 8000 rpm zentrifugiert. Das Sediment wird verwahrt (s.u.) Den Überstand gibt man in zwei 10 mL-Polykarbonat-Zentrifugenbecher (nach Anleitung bis zum Rand füllen und mit Deckel verschließen) und zentrifugiert 60 min in der Ultrazentrifuge bei 50 000 rpm. Das Sediment sind *Mikrosomen*. Die Mikrosomensedimente werden in 1 mL Medium suspendiert und im 5 mL-Potter von Hand homogenisiert.

Das oben verwahrte Sediment (Mitochondrien) wird mit Hilfe eines Plümpers in etwa 4 mL Medium von der Wand gelöst, in einem 5 mL-Potter von Hand homogenisiert, in einem Zentrifugenbecher mit Medium aufgefüllt und 10 Minuten bei 6 000 rpm zentrifugiert. Der Waschüberstand wird verworfen und das Sediment (*Mitochondrien*) in etwa 6 mL Medium im 5 mL-Potter homogenisiert. Von je 0,2 mL der Mikrosomen- und Mitochondriensuspension wird der Proteingehalt bestimmt.

*Extraktion der Lipide:*

Je 1 mL der Mitochondrien- und Mikrosomensuspension werden in 10 mL- oder 15 mL-Glaszentrifugenröhrchen pipettiert, mit 6 mL Chloroform-Methanol (2:1, v/v) versetzt, die Gläser mit Polyethylenstopfen verschlossen und 2 min kräftig geschüttelt. Die Emulsion wird durch kurzes Zentrifugieren in drei Phasen getrennt, nämlich eine wässrige Phase, die mittlere Proteinschicht und die untere Chloroform-Phase.

Die untere Chloroform-Phase wird mit einer spitzen Pipette entnommen, in einem Zentrifugenglas mit 1,2 mL 0,73 % NaCl-Lösung nochmals kräftig durchgeschüttelt und zentrifugiert. Die untere Phase wird wieder entnommen und in einem Kölbchen oder Schliffröhrchen am Rotationsverdampfer eingedampft. Trocknen in einer sog. "SpeedVac-Zentrifuge" ist rascher, *aber nur erlaubt, wenn* diese mit einer vorgeschalteten Trockeneis-beschickten Kühlfalle zur Kondensation der organischen Lösungsmittel betrieben wird.

*Dünnschichtchromatographie:*

Die Rückstände werden in wenig Chloroform-Methanol gelöst und je ein Teil auf einer Kieselgel-Dünnschichtplatte in der unteren rechten Ecke mit einer ausgezogenen Pasteurpipette als Punkt aufgetragen. Die zweidimensionale Chromatographie erfolgt in Trögen, deren Wände mit Filterpapier ausgelegt sind, das im Laufmittel steht. Die Atmosphäre der Tröge wird mindestens 30 min vorher mit Fließmitteldampf äquilibriert. Beide DC-Platten werden gleichzeitig in einer Kammer chromatographiert.

1. Fließmittel: Chloroform/Methanol/25 %iges wässr. Ammoniak   65:35:5

2. Fließmittel: Chloroform/Aceton/Methanol/Essigsäure/Wasser   10:4:2:2:1

Nach dem Lauf werden die Platten abgetrocknet und in eine mit Ioddampf gesättigte Kammer gestellt. Die nach einiger Zeit mit Iod angefärbten Flecken werden zur Dokumentation auf Durchschlagpapier durchgezeichnet. Nach Abdampfen des Iods über Nacht werden die Platten mit Ninhydrin besprüht und zur Anfärbung der Aminogruppen enthaltenden Substanzen etwa 10 min im Trockenschrank auf 100 °C erhitzt. (Rekapitulieren Sie die Reaktion aus Versuch 3.1!) Zur Identifizierung der Phospholipide läßt man Vergleichssubstanzen unter identischen Bedingungen laufen. Die Auftrennung der Substanzen ist in Methods Enzymology, Bd. XIV beschrieben.

Frage: Warum ist das wichtige Cholesterin hier nicht zu detektieren? Wie könnte es bestimmt werden?

*Phosphatbestimmung:*

Die Lipidflecken werden getrennt über gefaltetem, glattem Papier ausgekratzt. Von einer sauberen Stelle der Kieselgelplatte werden ferner etwa gleich große Flecken für den Blindwert und für eine Eichkurve unter Zusatz von Phosphat ausgekratzt; hierbei sollen (mindestens) fünf Messwerte, enthaltend 0, 0,02, 0,08, 0,25, 1,0 pmol Phosphat aufgenommen werden.

Je nach Art der vorhandenen Aufschluss- oder Veraschungsröhrchen werden die Kieselgel-Proben direkt, trocken hineingegeben und mit 0,5–1,0 mL Veraschungslösung (Schwefelsäure/Perchlorsäure/$H_2O_2$, s.o.) versetzt, oder man suspendiert die Proben zuerst im Halbmikroreagenzglas in 400 µL der Lösung, überführt mit einer Pasteurpipette in das Aufschlussgefäß und spült mit weiteren 100 µL nach. Die Proben werden in einem Aluminiumblock etwa 20 min auf 170 °C erhitzt. Den Fortgang der Veraschung erkennt man an der Verfärbung der Lösung, die über schwarz, braun und gelb wieder farblos wird. Eine bleibende Färbung kann durch Zugabe von wenigen Tropfen 30 %igem $H_2O_2$ zu den *abgekühlten* Proben und weiteres Erhitzen auf 170 °C beseitigt werden.

Die farblosen erkalteten Proben werden mit 1 oder 2 mL bidest. Wasser versetzt, gemischt und zentrifugiert. Aus jeder Probe wird vom klaren Überstand 1 mL vorsichtig entnommen, in ein Reagenzglas gegeben, mit 1 mL Phosphatreagenz versetzt und dann sofort gemischt. Die Proben werden nun 2 Stunden bei 37 °C im Wasserbad erwärmt, die Extinktion des blauen Phosphomolybdat-Komplexes im Photometer bei 550 oder 600 nm gemessen und aus einer Eichkurve der Phosphatgehalt entnommen (vgl. Versuch 6.1).

*Anmerkung:* Da Phosphatspuren überall verbreitet sein können und nur sehr kleine Phosphatmengen zu bestimmen sind, muss bei allen Reagentien (einschließlich Wasser) und Gerätschaften peinlich auf Sauberkeit geachtet werden.

## Chloroplasten

In den Thylakoidmembranen der Chloroplasten von Algen und höheren Pflanzen sorgen große Proteinkomplexe der Photosysteme PS I und PS II und des "light harvesting"-Apparates (LHC) mit ihrem Gehalt an Chlorophyll und anderen Pigmenten für die Absorption von Lichtquanten des Sonnenlichtes. Die Lichtenergie wird in einer Elektronentransportkette – ähnlich wie in Mitochondrien – zur Bildung von ATP genutzt (Photophosphorylierung) und ferner zur Bildung von reduzierten Coenzymen stark negativen Redoxpotentials (Ferredoxin und NADPH, $E^{0'}$ -400 bzw. -320 mV). Deren Reduktionsäquivalente brauchen die Enzyme im wässrigen Stroma der Chloroplasten zur Assimilation von $CO_2$ zu Zuckern (Kohlenhydraten, $[-CH_2O-]_n$), von anorganischem Sulfat zu reduziertem Schwefel (–SH in Cystein) und von Nitrat zum reduzierten Stickstoff in Aminogruppen (–$NH_2$). Das $CO_2$-fixierende Enzym Ribulosebisphosphatcarboxylase ("Rubisco") macht etwa die Hälfte des Proteingehaltes grüner Blätter aus und gilt als "das häufigste Protein der Welt". Chloroplasten sind wie Mitochondrien genetisch teilautonom.

Eine charakteristische Besonderheit der Chloroplasten-Biochemie ist, dass bestimmte Schlüsselenzyme der C-, S- und N-Assimilation nur im Licht, zur Produktbildung aktiv sind, dagegen im Dunkeln geringe oder keine Aktivität zeigen. So wird verhindert, dass in den an sich reversiblen chemischen Umsetzungen dieselben Enzyme im Licht Produkte synthetisieren und im Dunkeln gleich wieder abbauen ("futile cycles"). Das An- und Abschalten der Enzymaktivität wird dabei von Redoxreaktionen gesteuert, die ebenfalls licht-abhängig sind (Versuch 8.8).

Untersuchungen an den Chlorophyllen und Photosystemen der Chloroplasten, der Lichtsättigung, $CO_2$-Aufnahmerate u. dgl. sind Gegenstand des Pflanzenphysiologischen Praktikums.

### Versuch 8.6 : Präparation und Charakterisierung von Spinatchloroplasten

Chloroplasten sind im Prinzip wegen ihrer Größe aus einem Blatthomogenat durch Zentrifugation leicht zu isolieren (s. Abb.14), doch eignen sich wegen Unterschieden in der Zellwandstruktur nicht alle Pflanzen zur Chloroplastenpräparation. Klassisches Objekt für die Gewinnung intakter Organellen in hoher Ausbeute und für die Analyse der Photosyntheseprozesse sind Spinatblätter.

### Aufgaben:

(1) Präparation von Spinatchloroplasten nach der Standardmethode von Walker

(2) Überprüfung der Kontamination durch andere Zellbestandteile an der Aktivität von Markerenzymen

(3) Messung der Hill-Reaktion an Chloroplasten bzw. Thylakoidmembranen

*Durchführung*: Bewahren Sie frischen Spinat vor der Präparation einige Zeit im Dunkeln auf (am besten über Nacht im Kühlraum), aber *nicht eingefroren!* Auch alle verwendeten Geräte und Puffer werden vor der Präparation auf 4 °C abgekühlt. Ungefähr 150 g Blätter werden gewaschen, von Blattstielen und Rippen befreit und grob zerschnitten. Die Homogenisierung erfolgt in einem Waring Blendor mit 150 mL Extraktionspuffer für jeweils 5 Sekunden bei niedriger und hoher Geschwindigkeit.

Das isotonische Extraktionsmedium enthält

330 mM Sorbit, 50 mM Tricin/KOH-Puffer, pH 7,9, 2 mM EDTA, 1 mM $MgCl_2$ sowie 0,1 % BSA. Dieses Medium wird auch doppelt konzentriert benötigt (s.u.).

Das grüne Homogenat wird durch zwei Lagen Miracloth und eine Lage Leinentuch filtriert und anschließend *sofort* 90 s in einem Ausschwingrotor bei 2500 x g zentrifugiert. Der Überstand wird verworfen und das Chloroplasten-Sediment dreimal zentrifugierend mit isotonischem Puffer gewaschen.

*Bestimmung der Intaktkeit:*

Die Intaktheit von Chloroplasten wird an der Hill-Reaktion verfolgt ($\rightarrow$ Pflanzenphysiologisches Praktikum). Kaliumhexacyanoferrat(III) kann als künstlicher Elektronenakzeptor dienen (Redoxpotential $E^{o'}$ = +0,43 V bei pH 7), der durch Elektronenaufnahme zum fast farblosen Kaliumcyanoferrat(II) reduziert wird:

$$[Fe(CN)_6]^{3-} + e^- \rightarrow [Fe(CN)_6]^{4-}$$

Die Reduktion lässt sich an der Absorptionsabnahme bei 420 nm photometrisch messen. Hexacyanoferrat(III) permeiert nicht durch intakte Chloroplasten-Membranen, sondern reagiert nur mit freien Thylakoidmembranen in aufgebrochenen Chloroplasten. Durch Vergleich der präparierten Chloroplastensuspension mit vollständig lysierten Organellen kann der Anteil an intakten Organellen berechnet werden:

% Intaktheit = ((A-B)/A) x 100

A = Aktivität der lysierten, B = Aktivität der intakten Chloroplasten

Die Reaktionsansätze werden wie folgt in die Küvetten pipettiert:

|   | Isolierte Chloroplasten | Thylakoide |
|---|---|---|
| 1. | 1,0 mL Medium x 2 | 0,8 mL $H_2O$ |
| 2. | 0,8 mL $H_2O$ | 0,1 mL Chloroplasten |
| 3. | 0,1 mL Chloroplasten | 1,0 mL Medium x 2 |
| 4. | 0,01 mL 150 mM $K_3Fe(CN)_6$ | 0,01 mL 150 mM $K_3Fe(CN)_6$ |

Führen Sie Parallelmessungen in zwei Küvetten durch: In der einen Probe wird doppelt konzentriertes Medium *vor* der Zugabe einer Suspension gewaschener Chloroplasten mit Wasser verdünnt, in einer zweiten Probe pipettiert man Chloroplasten zuerst in destilliertes Wasser, rührt eine Minute lang und ergänzt dann mit doppelt konzentriertem Medium. Nun wird im Dunkeln eine $K_3[Fe(CN)_6]$-Lösung zugefügt und in beiden Küvetten die Absorption bei 420 nm bestimmt. Anschließend werden die Küvetten mit einem Diaprojektor (300 W) im Abstand von 20 cm belichtet und 10–15 min lang in 1 min-Abständen die Extinktionsänderungen verfolgt.

*Überprüfung der Reinheit der Chloroplasten:*

Die Überprüfung der Reinheit erfolgt mit Markerenzymen für verschiedene Zellkompartimente: Fumarase als Marker für Mitochondrien, Katalase für Peroxisomen, und saure Phosphatase für cytosolische Bestandteile (Versuch 8.1). Ein positiver Test für intakte und gezielt lysierte Chloroplasten ist die Aktivität der Ribulosebisphosphatcarboxylase (Versuch 8.7).

**Versuch 8.7 : Ribulose-1,5-bisphosphatcarboxylase aus Spinat**

Die im Stroma der Chloroplasten in sehr hoher Konzentration vorhandene Ribulosebisphosphatcarboxylase (200 – 400 mg/mL!) katalysiert die Addition von $CO_2$ an Ribulosebisphosphat als Akzeptormolekül und damit den Primärschritt der Assimilation von anorganischem Kohlenstoff zu Zuckern:

$$6\ CO_2 + 6\ H_2O \rightarrow C_6H_{12}O_6 + 6\ O_2$$

Das Enzym (kurz "Rubisco", EC 4.1.1.39) ist ein großer Enzymkomplex aus 8 kerncodierten kleinen und 8 auf dem Plastidengenom codierten großen Proteinuntereinheiten mit einer Gesamtmasse von > 500 kDa. Zur Aktivität werden $Mg^{2+}$-Ionen benötigt.

Die Rubisco-katalysierte Addition von $CO_2$ an die $C_5$-Ketopentose Ribulosebisphosphat verläuft über ein nicht fassbares $C_6$-Zwischenprodukt, das in zwei Moleküle der $C_3$-Zuckercarbonsäure Phosphoglycerat zerfällt:

$$CO_2 + \begin{array}{c} CH_2\text{-}O\text{-}P \\ | \\ C=O \\ | \\ H\text{-}C\text{-}OH \\ | \\ H\text{-}C\text{-}OH \\ | \\ CH_2\text{-}O\text{-}P \end{array} \rightarrow \begin{array}{c} CH_2\text{-}O\text{-}P \\ | \\ {}^-OOC\text{-}C\text{-}OH \\ | \\ C=O \\ | \\ H\text{-}C\text{-}OH \\ | \\ CH_2\text{-}O\text{-}P \end{array} \rightarrow 2\ \begin{array}{c} COO^- \\ | \\ H\text{-}C\text{-}OH \\ | \\ CH_2\text{-}O\text{-}P \end{array}$$

Unter Verbrauch der in den Lichtreaktionen der Photosysteme entstandenen Coenzyme ATP und NADPH wird das Phosphoglycerat zur Triose ($C_3$-Zucker) Glycerinaldehydphosphat reduziert, aus dem Fructose entsteht (2 x $C_3 \rightleftarrows C_6$;

vgl. Versuch 4.8 d, Aldolase). Aus fünf mal Drei mach drei mal Fünf: Informieren Sie sich im Lehrbuch, in welchen Schritten nach dieser Bruttoreaktion (5 $C_3$ → 3 $C_5$) im Calvin-Cyclus der $CO_2$-Akzeptor Ribulosebisphosphat wieder regeneriert wird; die Kommentare in Kapitel 5 über die Umwandlungen von Zuckern können dabei hilfreich sein.

**Rubisco ist ein gut lösliches Protein.** Deshalb und wegen seiner hohen Menge kann sie direkt aus einem Blatthomogenat extrahiert werden. Alternativ kann man aus einer osmotisch lysierten Chloroplastensuspension (Versuch 8.6) die Thylakoidmembranen abzentrifugieren und die Stromafraktion auf Rubisco analysieren. Eine Standardpräparation geht von Spinatblättern aus; da das Enzym in ausgewachsenen Blättern nicht mehr synthetisiert wird, sollte junges Pflanzenmaterial verwendet werden. Eine gute Quelle sind auch ergrünte Keimblätter der Sonnenblume. Wegen der begrenzten Stabilität von Rubisco in Rohextrakten muss zügig, durchgehend in der Kälte und in Gegenwart verschiedener stabilisierender Zusätze gearbeitet werden.

Als Substrat der Rubisco wird anstelle von $CO_2$-Gas *in vitro* Hydrogencarbonat benutzt. Warum ist das möglich? Da die Umsetzung nicht direkt messbar ist, setzt man das Produkt 3-Phosphoglycerat durch zwei Hilfsenzyme weiter um und misst schließlich den NADH-Verbrauch zur Bildung von Glycerinaldehyd-3-phosphat. Die Hilfsenzyme sind

**Phosphoglyceratkinase** (PGK, EC 2.7.2.3, aus Muskel oder Hefe) katalysiert

3-Phosphoglycerat + ATP → 1,3-Bisphosphoglycerat + ADP ,

**Glyceraldehydphosphatdehydrogenase** (GAP-DH, EC 1.2.1.12) katalysiert

1,3-Bisphosphoglycerat + NADH → Glycerinaldehyd-3-P + $NAD^+$ + $P_i$

**Beschreiben Sie diese Reaktionen mit Strukturformeln:**

**Aufgabe:**

Isolierung der Ribulosebisphosphatcarboxylase aus Spinatblättern
Abschätzung ihrer Menge an der Gesamtmenge löslicher Proteine

*Durchführung:* Alle Operationen erfolgen in der Kälte. 100–200 g frische, entrippte Spinatblätter werden mit 300–500 mL Medium 1–2 min im Waring Blendor homogenisiert. Extraktionsmedium ist 50 mM Tris-HCl-Puffer pH 7,4, der 0,1 M NaCl, 1 mM EDTA, 50 mM Mercaptoethanol und ggf. Phenylmethylsulfonylfluorid als Proteasen-Inhibitor enthält (PMSF, vgl. Versuch 4.6). Das Homogenat wird zunächst durch Mull, Miracloth oder grobe Faltenfilter filtriert und dann 30 min bei 18 000 x g zentrifugiert. Im Überstand Volumen messen und eine Proteinbestimmung durchführen! Die löslichen Proteine werden durch langsame Zugabe von festem Ammoniumsulfat fraktioniert. Rubisco fällt bei 30–50 % Sättigung aus. Der Niederschlag wird abzentrifugiert und in einem geringen Volumen Extraktionsmedium mit 5 mM Dithiothreit anstelle des Mercaptoethanol wieder gelöst; führen Sie auch hier eine Proteinbestimmung durch.

Zur Entsalzung des hochmolekularen Proteins filtriert man über eine Säule mit Sephadex G-25 im gleichen Puffer. Soll das Enzym in seiner Aktivität charakterisiert und nicht weiter präparativ gewonnen werden, so verwendet man nur einen aliquoten Teil (0,5–1 mL) und filtriert über eine PD10-Einmalsäule (vgl. Versuch 8.8); das Protein ist dabei nach einem geringen Vorlauf in 1,5–3 mL Eluat enthalten. Vergewissern Sie sich, dass noch keine Sulfationen mit eluiert worden sind.

Eine weitere Reinigung der Rubisco ist durch Fällungsschritte und Molekularsiebchromatographie an Sepharose- oder Sephacryl-Säulen möglich (E.Racker, Methods Enzymology Bd. V; I. Andersson et al., J.Biol.Chem. **258**, 14088 (1983)). Das Enzym wird als Niederschlag in 50 % Ammoniumsulfat bei 0–4 °C aufbewahrt.

*Enzymtest:*

Mechanismus-bedingt benötigt das Enzymprotein eine Aktivierung durch $CO_2$ und $Mg^{2+}$-Ionen. Daher erfolgt eine Vorinkubation, ehe die Rubisco-Aktivität spektralphotometrisch am NADH-Verbrauch bei 340 nm gemessen wird. Wie viel NADH entsprechen 1 mol Substratumsatz?

*Lösungen:* 50 mM Tris-HCl-Puffer pH 8,0, enthaltend 40 mM $NaHCO_3$, 5 mM $MgCl_2$, 1 mM Dithiothreit, 5 mM ATP und 0,2 mM NADH
Lösungen von PGK und GAPDH als Hilfsenzyme
50 mM Ribulose-1,5-bisphosphat in Puffer als Substrat

In 1 mL-Quarzküvetten pipettiert man 800 µL Testpuffer sowie bis zu 100 µL Enzymlösung (Säuleneluat) und inkubiert 10 min bei Raumtemperatur. Je 10 µL PGK und GAPDH werden zugefügt und die Extinktion der Mischung bei 340 nm auf Konstanz bzw. gelegentlich vorkommende unspezifische NADH-Oxidation kontrolliert. Ist keine oder nur geringe unspezifische Extinktionsänderung zu beobachten, so wird die Reaktion durch Zusatz von 100 µL Substratlösung gestartet.

**Versuch 8.8 : Licht- und Redox-Regulation der chloroplastidären FbPase**

Fructose-1,6-bisphosphatasen (FbPasen, EC 3.1.3.11) hydrolysieren spezifisch eine Phosphorsäureester-Bindung ihres Substrats:

Fructose-1,6-bisphosphat + $H_2O$ → Fructose-6-phosphat + $P_i$

Fructosebisphosphat ist ein universeller, zentraler Metabolit, cytosolisch in der Glykolyse und Gluconeogenese, in Chloroplasten im Calvin-Cyclus der $CO_2$-Assimilation. Bildung und Spaltung der Hexose aus den bzw. zu den Triosen Glycerinaldehydphosphat und Dihydroxyacetonphosphat sind reversibel (vgl. Versuch 4.8 d, Aldolase), doch kann das Gleichgewicht durch irreversible Abspaltung von $P_i$ verschoben werden. (Warum ist diese Reaktion *nicht* reversibel? Was ist zur Gegenreaktion – Anknüpfung von Phosphat – erforderlich?) Durch solche geringfügige Veränderungen an Substraten oder Produkten können Stoffflüsse an Knotenpunkten des Stoffwechsels in die eine oder andere Richtung gelenkt werden.

Im belichteten Chloroplasten soll der assimilierte Kohlenstoff (brutto: 6 $CO_2$ → 2 Phosphoglycerat → → 1 Fructosebisphosphat) vorwiegend in Richtung Zuckersynthese fließen; im Dunkeln dagegen wird das Assimilat über die Triosen auch zur Biosynthese anderer Substanzklassen und in anderen Zellkompartimenten benötigt (→ Lehrbuch der Pflanzenbiochemie). Neben einer Licht-Dunkel-Fluktuation von pH-Wert und Magnesiumionen-Konzentration in Stroma wird diese Umschaltung insbesondere über das "Schlüsselenzym" Fructosebisphosphatase erreicht, *das im Licht aktiv, aber im Dunkeln inaktiv ist.*

Die chloroplastidäre FbPase (tetramer, M = 160 kDa) zeigt im Gegensatz zum cytosolischen Enzym ein alkalisches pH-Optimum, benötigt Magnesium-Ionen zur Aktivität und besitzt in der inaktiven (Dunkel-) Form spezifische Disulfidbindungen; werden diese zu SH-Gruppen reduziert, so wird das Enzym unter Konformationsänderungen im Protein enzymatisch aktiv. (Zur Reduktion von Disulfidbrücken vgl. Versuch 3.6.) Die Reduktion im Licht erfolgt über eine Redoxkette mit mehreren Redoxproteinen (Abb.17). Hier wird Licht als ein *Signal* und nicht als Energiequelle genutzt:

Licht → Redoxkette → Enzymaktivität → Substratumsätze → Produkte

Man kennt bis zu acht verschiedene Enzyme, die in Pflanzenblättern nach diesem Mechanismus reguliert werden (→ neuere Pflanzenphysiologie-Bücher). *In vitro* können die plastidären Thioredoxine durch das synthetische Dithiol Dithiothreit (DTT) ersetzt werden:

$$\begin{array}{l} CHOH-CH_2-SH \\ | \\ CHOH-CH_2-SH \end{array}$$

DTT ist ein starkes Reduktionsmittel ($E^{0'} = -330$ mV). Wieso? Zeichnen Sie das als Oxidationsprodukt entstehende Disulfid!

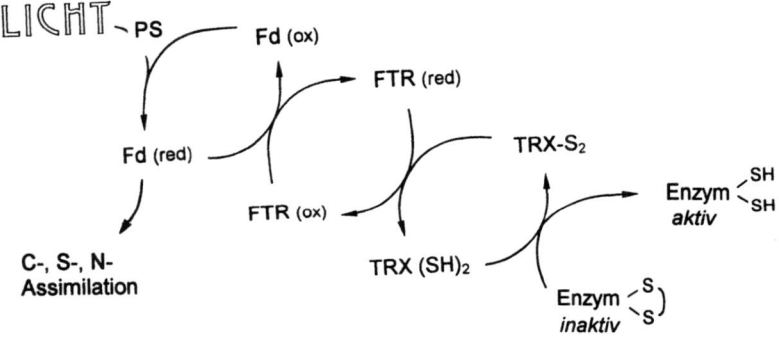

**Abb.17.** Schema der Lichtregulation von Chloroplasten-Enzymen. Licht wird über die Photosysteme (PS) und reduziertes Ferredoxin (Fd) zur Reduktion von $CO_2$, Sulfat und Nitrat genutzt (links). Es dient aber auch als *Signal* zur Aktivierung von Chloroplasten-Enzymen wie z. B. FbPase durch Disulfid-Dithiol-Redoxwechsel (rechts). Zwischenglieder der Signalkaskade sind Ferredoxin-Thioredoxinreduktase (FTR) und Thioredoxine (TRX) in ihren reduzierten bzw. oxidierten Formen (Mitte).

**Aufgabe:**

(1) Isolierung der alkalischen Fructose-bisphosphatase aus Spinatblättern
(2) Reduktive Aktivierung durch Dithiothreit oder (falls verfügbar) durch reduziertes Thioredoxin
(3) Desaktivierung durch Diamid

*Durchführung:*

Die Enzymaktivität wird photometrisch an der Freisetzung von Phosphat gemessen (vgl. Versuch 6.1).

# (1) Enzympräparation

Weil die chloroplastidäre und die *nicht*-regulierbare cytosolische FbPase bei der Präparation leicht voneinander getrennt werden können, ist keine vorhergehende Isolierung der Chloroplasten erforderlich. Das Enzym wird zeitsparend durch Fällungsschritte unter Verzicht auf eine Säulenchromatographie isoliert. Da das Redoxmilieu während der Präparation nicht kontrolliert wird, erhält man i. a. eine wenig aktive Enzymfraktion.

Alle Schritte der Aufarbeitung werden in der Kälte (auf Eis bzw. bei 4-5 °C) durchgeführt. An keiner Stelle der Präparation darf Phosphatpuffer verwendet werden (warum?). Von Niederschlägen (Pellets), in denen sich die FbPase befindet, sollte man den Überstand stets gut ablaufen lassen.

Frische Spinatblätter (500 g) werden beim Transport und Entfernen der Stiele möglichst dunkel bzw. bei gedämpftem Licht gehalten. Das Blattmaterial wird zusammen mit 1 L 50 mM Na-acetat-Puffer pH 6 im vorgekühlten Waring Blendor 1-2 min gemixt; es muss dabei vollständig zerkleinert werden. Man filtriert durch mehrere Lagen Mull und Miracloth oder ein Geschirrhandtuch (Flüssigkeit kräftig durchdrücken).

*55 % Ammoniumsulfat-Fällung:* Zugabe des Ammoniumsulfates portionsweise, nach letzter Zugabe noch 30 min rühren. Zentrifugation im GSA-Rotor (oder vergleichbar) 25 min bei maximaler Geschwindigkeit (23 000 x g bzw. 12 000 rpm); Pellet verwerfen, Volumen des Überstandes bestimmen.

*55-90 % Ammoniumsulfat-Fällung:* Zugabe des Ammoniumsulfates portionsweise, nach letzter Zugabe noch 30 min rühren lassen. Zentrifugation der 90 %-Fällung wie oben. Überstand verwerfen, Pellets gründlich in Na-acetat-Puffer (50 mM, pH 5,5) resuspendieren und auf 125 mL auffüllen.

*1. PEG-Fällung:* Polyethylenglykol (PEG, $H-(OCH_2CH_2)_n-OH$ ) ist ein hydrophiles Polymer, aus dessen wässriger Lösung weniger wasserlösliche Makromoleküle ausfallen. Man gibt 0,15 g festes PEG 6000 (vorzugsweise von Serva) pro mL Proteinlösung portionsweise über einen Zeitraum von bis zu zwei Stunden zu und lässt nach der letzten Zugabe noch mindestens 30 min rühren; dann wird abzentrifugiert (im SS34-Rotor bei 27 000 x g bzw. 15 000 rpm) und das Pellet verworfen.

*2. PEG-Fällung:* 0,15 g PEG/mL des ursprünglichen Volumens (also die gleiche Menge wie vor) portionsweise zum Überstand der vorherigen Zentrifugation zugeben und wieder 30 min nachrühren lassen. Wie oben 30 min zentrifugieren und die sehr viskose Flüssigkeit vom Pellet gut ablaufen lassen. Das Pellet in 3,5 mL Na-acetat-Puffer (50 mM, pH 5,0, enthaltend 0,2 M NaCl) resuspendieren, gut homogenisieren und unlösliches Material abzentrifugieren

(10 min wie oben). Der Überstand wird mit Na-acetat-Puffer (50 mM, pH 6,0, 0,1 M an NaCl) auf 25 mL aufgefüllt.

*DEAE-Cellulose im Batch-Verfahren:* 3,75 g ungebrauchte, feuchte DEAE-Cellulose in 150 mL kalten Na-acetat-Puffer (50 mM, pH 6,0) geben, pH-Wert auf *genau 6,0* einstellen und einige Zeit äquilibrieren lassen. Danach über eine Glasfritte absaugen (nicht trocken saugen) und das Material zu dem auf 25 mL aufgefüllten Überstand der letzten Zentrifugation geben. Den pH Wert der Suspension sofort auf 6 nachstellen (pH-Meter auf 4 °C Temperaturkorrektur), die Mischung zur Bindung der Proteine 15 min in der Kälte unter häufigem Rühren mit einem Spatel (*kein Magnetrührer!*) inkubieren und dann auf einer Glasfritte absaugen. Bei allen Filtrationen darauf achten, dass die DEAE-Cellulose gut feucht bleibt. Nun bedeckt man das Material mit 25 mL Na-acetat-Puffer (50 mM, pH 6, enthaltend 0,1 M NaCl), rührt mit einem Spatel um und saugt die Flüssigkeit nach wenigen Minuten ab: Filtrat 1. Dann wird auf dieselbe Weise zweimal mit je 25 mL Na-acetat-Puffer (50 mM, pH 5,5 + 0,2 M NaCl) gewaschen: Filtrat 2. Schließlich eluiert man mit 15 mL Na-acetat-Puffer (50 mM, pH 5,5 + 0,5 M NaCl): Filtrat 3.

Die cytosolische, nicht durch Redoxwechsel modulierbare FbPase eluiert unmittelbar von der DEAE-Cellulose sowie in Filtrat 1, das aktivierbare chloroplastidäre Enzym ist in Filtrat 3 enthalten.

(2) Enzymtests, Aktivierung

Man inkubiert Proben der Filtrate 1, 2 und 3 jeweils ohne Zusatz sowie in Gegenwart von 1 mM und 10 mM DTT, *aber noch ohne Substrat*, zur reduktiven Aktivierung des Enzyms. Steht Thioredoxin zur Verfügung, so erhalten die Proben mit 1 mM DTT zusätzlich 1–10 µg (je nach Reinheit) Thioredoxin. Anstelle von chloroplastidärem Thioredoxin kann das bakterielle Thioredoxin aus *E.coli* verwendet werden.

Testgemisch: 50 µL 1 M Tris-HCl-Puffer pH 7,9 + 50 mM $MgSO_4$
50 µL 10 mM bzw. 100 mM DTT-Lösung in Wasser
ggf. 50 µL Thioredoxin-Lösung (0,2 mg Protein/mL)
50-100 µL FbPase-Lösung (je nach Aktivität)
mit Wasser auffüllen auf 0,50 mL

Das Testgemisch wird 5 oder 10 min bei Raumtemperatur inkubiert, dann die Enzymreaktion durch Zugabe von 50 µL Substratlösung (60 mM Fructose-1,6-bisphosphat Na-Salz, in Wasser) gestartet, gut durchmischt und 25 min bei 30 °C inkubiert.

Zur photometrischen Phosphatbestimmung vgl. Versuch 6.1. Von allen Proben werden zügig nacheinander je 0,20 mL in 1 mL-Plastikküvetten umpipettiert, die Reaktion durch Zugabe von 0,80 mL saurem Phosphatreagenz gestoppt (insgesamt 30 min nach dem Start) und die Mischungen zur Farbentwicklung weitere 10 min bei Raumtemperatur inkubiert. Der Phosphatgehalt wird photometrisch bei 550 oder 600 nm mit Hilfe der Eichkurve bestimmt.

Vergleichen Sie die Enzymaktivitäten in den nicht-behandelten und den verschiedenen durch Reduktion ihrer S–S-Brücken modifizierten Proteinproben. Falls das Enzym durch DTT aktivierbar war, aber der Thioredoxin-Effekt nur gering, muss die DTT-Konzentration in diesen Proben verringert werden.

(3) Desaktivierung des Enzyms

Von einer FbPase-Fraktion (Filtrat 3), die in der vorhergehenden Versuchsreihe durch DTT oder Thioredoxin gut stimulierbar war, inkubiert man erneut 1 mL 10 min lang mit 100 µL 100 mM DTT-Lösung zur Aktivierung. Man filtriert die Probe zur Entfernung von überschüssigem Reduktionsmittel über eine kleine Fertigsäule mit Sephadex G-25 (HiTrap, PD-10 oder vergleichbares Produkt) und fängt das Protein in 2 mL Eluat auf. Zur Simulation der oxidativen Desaktivierung im Dunkeln (d.h. des Überganges -SH → S–S ) mischt man nun 100 µL Eluat mit 50 µL Testpuffer und 100 µL einer wässrigen 10 mM Lösung (frisch ansetzen, kühl aufbewahren) des synthetischen Thiol-Oxidationsmittels Diamid:

$$(CH_3)_2N-CO-N=N-CO-N(CH_3)_2$$

füllt auf 0,5 mL Gesamtvolumen auf und inkubiert 5 min bei Raumtemperatur. Zum Vergleich inkubiert man je 100 µL des Eluats ohne Zusatz sowie unter DTT-Zusatz (100 µL 10 mM Lösung), aber ohne Diamid. Anschließend wird in den Proben erneut wie oben die Enzymaktivität bestimmt und verglichen. Die aktiven Enzymproben und das Diamid-behandelte Protein sollten sich deutlich in der Aktivität unterscheiden.

**Fragen**

1. Wieso besitzen Mitochondrien und Chloroplasten eigene DNA (sie sind "genetisch teilautonom")? Was für Gene bzw. Genprodukte sind auf dem Organellen-Genom codiert?

2. Bei der Oxidation von Substraten im Mitochondrium soll ATP gewonnen werden und nicht die – thermodynamisch dominierende – Energieform Wärme. Mit einer Ausnahme: Winterschläfer brauchen Wärme, aber wenig ATP. Die Mitochondrien ihres braunen Fettgewebes katalysieren normalen Elektronentransport, aber sind zwecks "Thermogenese" entkoppelt. Welche simple Reaktion liefert dann letztendlich die Wärme?

3. In Kapitel 2 (Redoxvorgänge) ist die Oxidation reduzierter Substrate mit Sauerstoff oder Sulfat (aerobe bzw. Sulfatatmung) formuliert. Nach Sauerstoff ist Nitrat das zweitstärkste und häufig verfügbare anorganische Oxidationsmittel ($E°$ +0,93, $E°'$ +0,43 V); unter Mikroorganismen ist daher Nitratatmung ("Denitrifikation") verbreitet. Wie lautet die Reaktionsgleichung für die Oxidation von Glucose mit Nitrat zu $CO_2$ und elementarem Stickstoff ($N_2$) als Produkten? (Beginnen Sie vereinfacht mit 2,5 [$CH_2O$] für Kohlenhydrat und 2 Nitrat; andernfalls gibt es große Stöchiometriefaktoren, denn $NO_3^-$ → $N°$ ist formal ein ............ -Elektronenübergang.)

4. Die Potentialdifferenz $\Delta E$ zwischen dem reduzierten Substrat der oxidativen Phosphorylierung, NADH, und dem Elektronenakzeptor Sauerstoff bei pH 7 ist 0,81 − (−0,32) =           V. Das entspricht nach $\Delta G = -n \cdot \Delta E \cdot F$ (F = Faraday-Konstante) einem Energiebetrag von − 220 kJ/mol. Pro O werden andererseits bis zu drei energiereiche Bindungen (ATP) geknüpft. Wie ist der Wirkungsgrad der Kopplung zwischen Redoxreaktion und Phosphorylierung? ( → Kapitel 6, Adeninnucleotide)

5. Die Photoassimilation von $CO_2$ zu Zucker in grünen Pflanzen, den aeroben Cyanobakterien und anaeroben phototrophen Bakterien kann man allgemein beschreiben durch

$$CO_2 + 2\,H_2A \;\rightarrow\; [CH_2O] + H_2O + 2\,A\,.$$

Während Licht an den Pigmenten der Photosysteme die Elektronenanregung (Energieabsorption) besorgt, müssen die Reduktionsäquivalente [H] von reduzierten Stoffen herstammen. Welche Substanz ist das in der oxygenen Photosynthese der Pflanzen, welches Metall ist für diesen Prozess essentiell (es ist *nicht* das Mg der Chlorophylle)? Was nutzen anaerobe Purpur- oder Schwefelbakterien als Alternative?

6. Die Atmung und oxidative Phosphorylierung aerober Bakterien ist derjenigen in Eukaryontenzellen sehr ähnlich. Wo sind die Multienzymkomplexe in der Bakterienzelle lokalisiert? Welche Unterschiede bzw. Gemeinsamkeiten gibt es in der Lipidzusammensetzung bakterieller, eukaryontischer und mitochondrialer Membranen?

# 9 Biochemische Trenn- und Analysenverfahren

Einblick in biologische Phänomene und physiologische Funktionen auf molekularer Ebene erfordert die möglichst weitgehende Auftrennung der sehr komplexen zellulären Stoffgemische in definierte Fraktionen, und Möglichkeiten zur Analyse der zahlreichen nieder- und hochmolekularen Komponenten. Löslichkeitsunterschiede wie im Falle der isoelektrischen Fällung und Ammoniumsulfatfraktionierung (Kapitel 3) erlauben grobe Trennungen, nicht aber die Differenzierung einander strukturell sehr ähnlicher Substanzen. Dafür sind in der Biochemie zahlreiche Varianten chromatographischer Trennungen (nach Ladung, hydrophilem und hydrophobem Charakter, Molmasse und spezifischen Eigenschaften der Moleküle) sowie Elektrophoresetechniken (Trennung nach Ladung) üblich, deren Prinzipien hier an einigen Fällen demonstriert werden. Die analytisch wichtige und apparativ einfache Trennung niedermolekularer Biomoleküle durch Dünnschichtchromatographie (Verteilungs- und Adsorptionsgleichgewichte) in wässrig-organischen Lösungsmittelgemischen ist schon in vorhergehenden Kapiteln zur Trennung von Farbstoffen, Aminosäuren, Nucleotiden und Lipiden angewandt worden. Die Trennung von Makromolekülen und Zellorganellen nach Dichteunterschieden in der Ultrazentrifuge ist in Kapitel 7 und 8 beschrieben.

Die meisten zu trennenden und zu analysierenden biologischen Makromoleküle (Proteine, Nucleinsäuren u. a. m.) sind hydrophil und sollen daher i.a. nur mit hydrophilen Chromatographie- oder Elektrophoresematerialien in Kontakt kommen; mit organischen Lösungsmitteln oder auf hydrophoben Oberflächen erfolgen oft (wenn auch nicht immer) Denaturierung und irreversible Adsorption. Nur stabile niedermolekulare Substanzen mit hydrophoben Molekülteilen wie Aminosäuren und Mononucleotide vertragen zur präparativen Gewinnung auch hydrophobe Materialien wie z. B. Polystyrol-Ionenaustauscher (Versuch 7.6). Die in der Biochemie zur Chromatographie verwendeten unlöslichen Träger beruhen meist auf natürlichen, linearen oder dreidimensional vernetzten Polysacchariden wie Cellulose oder Dextranen ("...cel" oder "..dex" im Handelsnamen), die chemisch modifiziert werden. Dextrane sind bakterielle hochmolekular, extrazellulär abgeschiedene Glucosepolymere mit 1→6- und 1→3-Verknüpfungen, die beispielsweise von *Leuconostoc*-Stämmen gebildet und für technische Zwecke gewonnen werden. Hydrophil sind wegen der polaren Amidreste $-CO-NH_2$ auch Polymerisate und Copolymerisate aus Acrylamid sowie als anorganische Matrices Hydroxylapatit $Ca_5(PO_4)_3OH$ und hydratisierte Kieselsäure (Kieselgel). Informationen zu Struktur und Eigenschaften der verwendeten Materialien – die man kennen sollte! – sind den Produktbeschreibungen der Hersteller zu entnehmen.

## Allgemeine Hinweise zur Säulenchromatographie

Die Trennung von Stoffgemischen auf Chromatographiesäulen erlaubt sowohl analytisches wie präparatives Arbeiten bis hin zum biotechnologischen Maßstab. Der Erfolg einer Säulenchromatographie hängt von der Auswahl und Trennleistung eines geeigneten Chromatographiematerials ab, *aber auch* von der richtigen Arbeitsweise: Probenvorbereitung, Flussrate, Fraktionsgröße, Steilheit des Salzgradienten und andere Parameter müssen für ein gegebenes Trennproblem individuell aneinander angepasst werden. Das gilt auch für moderne rechner-kontrollierte Chromatographiesysteme wie "FPLC" (Fast protein liquid chromatography), denn die Programmierung des Laufes müssen *Sie* bedenken und vorgeben.

Eine Standard-Chromatographie erfordert neben Trennsäule und Vorratsgefäßen für Elutionspuffer

- eine (bzw. zur Gradientenmischung zwei) Peristaltik- oder Kolbenpumpen hoher Förderkonstanz
- Gradientenmischer oder -mischkammer
- einen Detektor zur online-Registrierung der UV-Absorption im Eluat bei bestimmten Wellenlängen, oder auch zur Fluoreszens-Detektion, und
- einen variabel programmierbaren Fraktionssammler.

Den sauberen und reproduzierbaren Betrieb einer Chromatographie-Anlage lernt man nur durch praktische Anleitung und Übung. Denken Sie aber von Anbeginn an einige – leicht vermeidbare – Fehlerquellen und entsprechende Kontrollen: Die Behebung von Pannen *während* einer laufenden Chromatographie kostet Zeit und Arbeit und verschlechtert stets den Erfolg Ihrer Trennung und die Reinigung Ihres Präparates! Schauen Sie beispielsweise auf

- das Funktionieren aller Geräteteile *vor* dem Start des Säulenlaufs: Pumpe, Fraktionssammler, Durchflussdetektor (Nulllinie, Ausschlag, Messbereich)
- Dichtheit der Hähne und Schlauchverbindungen, besonders am oberen und unteren Säulenende und dem Ein- und Ausgang des Detektors; bei Undichtigkeit sofort eingreifen, damit nicht Flüssigkeit *in* Geräteteile eindringt
- die Position der Reagenzgläser oder anderer Probengefäße im Fraktionssammler: durch Verklemmen oder Überlaufen etwa ausgetretene Flüssigkeit sofort entfernen, Gerät trocknen.

Die Produktinformationen und Gebrauchsanleitungen der Hersteller von Geräten und Trennmaterialien sind übrigens instruktiv und sind für *Sie* als Nutzer geschrieben: Lesen Sie sie *vorher* – es lohnt sich.

## Molekularsiebchromatographie (Gelfiltration)

Da eine große Vielfalt der Biomoleküle sich in ihrer Molekülgröße bzw. Molmasse stark unterscheidet (z. B. Metabolite, Coenzyme: M ≈ 200 bis 2000 Da; Peptide, Proteine: 5000 bis >100 000 Da) ist die Trennung von Substanzgemischen in Fraktionen definierter Größe (Masse) eine logische und häufig angewandte Arbeitsweise. Die sog. Molekularsieb- oder Gelpermeationschromatographie (kurz "Gelfiltration") findet an Materialien statt, die Poren und Kanäle definierter Abmessungen besitzen, die von kleinen Molekülen passiert werden können, von großen aber nicht. Durch eine mit solchem Material gefüllte Chromatographiesäule müssen daher alle großen, höhermolekularen Substanzen mit der Lösungsmittelfront einfach durchlaufen und als erste im Eluat erscheinen, während kleinere, niedermolekulare in die Poren des Materials eindringen, einen wesentlich weiteren Weg zurücklegen und mehr oder weniger stark verzögert eluiert werden. Weil Molekülgröße (Radius) und Molmasse nicht direkt proportional sind und Diffusion mitberücksichtigt werden muss, ist der Zusammenhang zwischen der Elutionszeit bzw. dem Elutionsvolumen einer Substanz und der Molmasse nicht linear. Für annähernd kugelförmige (globuläre) Moleküle gilt i.a. die Beziehung

$$V_{Elution} \ [mL] \ \sim \ 1/\log \text{Molmasse.}$$

Werden Molekularsieb-Säulen unter konstanten Bedingungen mit Substanzen bekannter Molmasse ("Molmarker") kalibriert, so erlauben sie bei der Trennung von Gemischen auch die Bestimmung von Näherungswerten (etwa ± 500 Da) für unbekannte Molmassen. Besonders häufig werden Proteine mit Molmassen zwischen 10 000 und >100 000 Da analysiert. Abb.18 gibt die zur Auswertung übliche einfachste Form der Darstellung wieder.

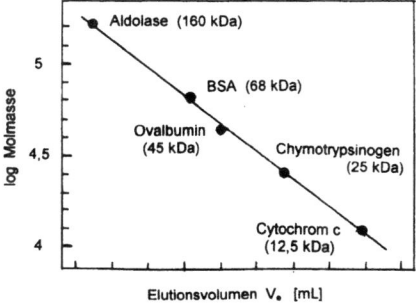

**Abb.18.** Zusammenhang zwischen Elutionsvolumen und Molmasse bei Stofftrennungen durch Gelfiltration.

Schließlich dient Gelfiltration auch häufig zur "Entsalzung" von Proteinfraktionen, die zuvor mit Ammoniumsulfat gefällt wurden und noch Reste davon enthalten. Welche Reihenfolge der Elution erwarten Sie in diesem Fall?

## Versuch 9.1 : Gelfiltration von Proteinen und Cofaktoren

Sie erhalten eine lange Chromatographiesäule von engem Querschnitt, gefüllt mit Sephadex G-50® oder einem vergleichbaren Material, äquilibriert in einem geeigneten neutralen Puffer (z. B. 50 mM Tris-HCl). Einzelheiten über das Material erfahren Sie am Arbeitsplatz. Die Bezeichnung "G-50" bedeutet beispielsweise, dass Moleküle der Masse >50 kDa "ausgeschlossen" bleiben und durchlaufen, während solche von <50 kDa fraktioniert werden. Damit der Lauf und die Elution der Säule direkt beobachtet werden kann, chromatographiert man in diesem Demonstrationsversuch ein Gemisch farbiger nieder- und hochmolekularer Verbindungen.

*Durchführung*: Die Chromatographiesäule muss wegen ihrer Länge *genau* senkrecht hängen und wird daher mit zwei Klammern, aber spannungsfrei befestigt. Für konstanten Fluss wird eine Peristaltikpumpe verwendet; die Fördergeschwindigkeit sollte 45 mL/h (< 1 mL/min) nicht überschreiten (messen und Pumpe ggf. nachregulieren!). Lassen Sie den Pufferspiegel bis unmittelbar über das Gelbett absinken, *aber das Gel unter keinen Umständen trocken laufen.*

Ausgegeben werden Gemische aus zwei bis vier Substanzen, beispielsweise

| | |
|---|---:|
| Riboflavin (Vitamin $B_2$; Farbe?) | 376 Da |
| Cyanocobalamin (Vitamin $B_{12}$; Farbe? Metallgehalt?) | 1 355 Da |
| Cytochrom c (wo lokalisiert, Farbe?) | 12 500 Da |
| Myoglobin (Unterschied zu Hämoglobin?) | 17 500 Da |
| Hämoglobin (Untereinheitenstruktur?) | 67 000 Da |
| Ferritin (Eisenspeicherprotein, wo lokalisiert?) | 450 000 Da |
| Dextranblau (ein an hochmolekulares Dextran gekoppelter blauer Farbstoff) | ca. 2 000 000 Da |

Tragen Sie mit einer Pipette vorsichtig und ohne die Oberfläche der Füllung aufzurühren in *kleinem* Volumen (nicht mehr als 2 mL) ein Probengemisch auf. Starten Sie die Elution und den Fraktionssammler; Zeit, Flussrate, Fraktionsnummer u. dgl. notieren, auf gleichmäßigen Lauf achten. Beobachten Sie die Trennung auf der Säule und interpretieren Sie aus Farbe und Reihenfolge, um welche Substanzen es sich handeln kann. Sind die gefärbten Fraktionen im Eluat zu identifizieren und gut getrennt, so tragen Sie das Elutionsvolumen (von der Probenaufgabe gerechnet) gegen den Logarithmus der Molmasse auf.

Ferritin und Dextranblau werden wegen ihrer hohen Molmasse von allen üblichen Molekularsieben ausgeschlossen und lassen daher im Elutionsdiagramm die "Ausschlussgrenze" der Säule definieren. Dextranblau wird oft routinemäßig zu diesem Zweck mitaufgetragen, kann aber in Einzelfällen Proteine binden (z. B. Serumalbumin) und so den normalen Ablauf einer Chromatographie stören; besser wird es daher in einem separaten Lauf eingesetzt.

## Ionenaustauschchromatographie von Proteinen

Alle Proteine unterscheiden sich – genetisch bedingt – mehr oder weniger stark in ihrer Aminosäurezusammensetzung, dabei insbesondere im Gehalt saurer und basischer Aminosäuren (welche sind das?) und somit im isoelektrischen Punkt. Rekapitulieren Sie diese Eigenschaften im Kapitel Proteine und Aminosäuren! Bei gegebenem pH-Wert unterscheiden sich also die Komponenten eines Proteingemisches praktisch immer im Ladungszustand und können durch Ionenaustauschchromatographie voneinander getrennt werden: Unterhalb ihres isoelektrischen Punktes sind Proteine überwiegend protoniert (Kationen) und binden an Kationenaustauscher, oberhalb ihres IP sind sie deprotoniert (Anionen) und binden an Anionenaustauscher. Da saure Proteine zahlreicher sind als basische, ist die Anionenaustauschchromatographie an DEAE-Cellulose oder analogen Materialien eine besonders häufige Standardmethode zur Reinigung von Proteinen (Versuch 9.2). Kationenaustauschchromatographie basischer Proteine erfolgt an CM-Cellulose (Versuch 9.3). Die funktionellen Gruppen dieser beiden Typen von Ionenaustauscher sind

DEAE = Diethylaminoethyl-Reste über Etherbindungen kovalent an Cellulose-OH-Gruppen gebunden; bei pH < 8 am Stickstoff protoniert und kationisch:

$$\text{Cellulose--O--CH}_2\text{--CH}_2\text{--[NH(C}_2\text{H}_5\text{)]}^+$$

CM = Carboxymethylgruppen, ebenfalls über Etherbindungen an Cellulose fixiert; bei pH > 5 anionisch:

$$\text{Cellulose--O--CH}_2\text{--COO}^- \ .$$

Cellulose-Ionenaustauscher müssen vor Gebrauch in NaOH- und HCl-Lösungen gequollen und dann mit dem zur Chromatographie vorgesehenen

Puffer äquilibriert werden, um einheitliche Ladungsverhältnisse sicherzustellen. Diese Prozeduren erfordern einige Zeit. Im Praktikum werden Sie in der Regel fertig vorbereitete Chromatographiesäulen mit Ionenaustauscher erhalten. Zum Selbstansatz: Die erforderliche Vorbehandlung ist i.a. von den Herstellern der Chromatographiematerialien auf Beipackzetteln o. dgl. ausführlich beschrieben. Auch weitgehend fertig vorbereitete, angefeuchtete Cellulose-Ionenaustauscher sind im Handel.

Proteingemische für die Trennung durch Ionenaustauschchromatographie können beispielsweise enthalten

| Pepsin | IP = 2,9 | Myokinase | 6,1 |
|---|---|---|---|
| Amyloglucosidase | 4,1 | Myoglobin | 7,6 |
| BSA | 4,7–5 | Malatdehydrogenase | 9,2 |
| Carboanhydrase | 5,3 | Trypsin | 10,8 |
| alkal. Phosphatase (*E.coli*) | 5,1–5,4 | Lysozym | 11,0 |

Auf Ionenaustauschersäulen binden zunächst alle Proteine eines Gemisches, die die dem Säulenmaterial entgegengesetzte Ladung tragen. Voneinander getrennt eluiert werden sie durch Anlegen eines Salzgradienten (meist NaCl oder K-phosphat im verwendeten Puffer); nach dem Massenwirkungsgesetz verdrängen die Salzionen in steigender Konzentration sukzessive die ionisch gebundenen Proteine. Die zur Elution eines bestimmten Proteins benötigte Salzkonzentration ist eine für die Chromatographie charakteristische Größe. Entweder entnimmt man sie dem messbaren oder berechenbaren Mischungsverhältnis der verdünnten und konzentrierten Salz-Vorratslösungen, oder ermittelt sie (für Präzisionstrennungen) durch Leitfähigkeitsmessung, ggf. in einem online-Konduktometer.

**Versuch 9.2 : DEAE-Cellulosechromatographie eines Proteingemisches**

Anionenaustauschchromatographie ist die häufigste Methode zur Auftrennung von Proteingemischen. Sie erhalten eine kurze Chromatographiesäule von breitem Querschnitt mit DEAE-Cellulose, die in einem nicht zu konzentrierten geeigneten Puffer (z. B. 50 mM Phosphat oder Tris-HCl) von geeignetem pH-Wert äquilibriert ist. Zur Chromatographie sind eine Peristaltikpumpe für konstanten Fluss, ein Fraktionssammler, ein Gradientenmischer zur Herstellung eines NaCl-Gradienten für die Elution der Säule sowie ein Durchflussphotometer erforderlich, das den Proteingehalt des Eluats bei 280 nm (oder einer anderen Wellenlänge im Bereich der Lichtabsorption von Proteinen) kontinuierlich registriert. Überzeugen Sie sich von der Funktionsfähigkeit des Chromatographie-Systems. Trennen Sie ein Gemisch von 2–3 Proteinen unterschiedlicher isoelektrischer Punkte.

*Durchführung*: Lassen Sie den Flüssigkeitsspiegel bis kurz über der Säulenfüllung absinken und tragen dann die Probe, in Startpuffer gelöst, auf. Da der Ionenaustauscher Proteine zunächst in der obersten Zone *bindet*, kann im Gegensatz zur Molekularsiebchromatographie ein etwas größeres Probenvolumen (z. B. 5 mL) angewandt werden. Betreiben Sie die Säule mit dem Startpuffer, bis evtl. *nicht* bindende (= basische, kationische) Proteine durchgelaufen sind oder feststeht, dass in der Probe keine solchen vorhanden sind. (*Abschätzen*: Wie viel mL Säulenvolumen? Wie viel Puffer muss daher mindestens durchlaufen?) Dann startet man die Elution der gebundenen Proteine durch Anlegen eines Salzgradienten von 0 bis 500 mM NaCl (in Puffer gelöst).

Die Elution der getrennten Proteine (Peaks) wird registriert und graphisch dargestellt; tragen Sie in das Elutionsdiagramm mit einer zusätzlichen Ordinate auch die ansteigende Salzkonzentration während des Salzgradienten ein. Wenn Sie die Zahl der vorhandenen Proteine kennen, vergleichen Sie sie mit Ihrer Trennung. Beachten Sie aber ganz allgemein: Ein gut von anderen getrennter Elutionspeak kann, aber *muss nicht* ein einzelnes ("homogenes") Protein bedeuten, sondern kann immer noch mehrere verschiedene mit zufällig einander ähnlichen isoelektrischen Punkten enthalten.

### Versuch 9.3 : Reinigung von Cytochrom c oder Lysozym an CM-Cellulose

Cytochrom c ist ein universell verbreitetes, kleines (12,5 kDa) Redoxprotein der inneren Mitochondrienmembran und dort das Substrat der Cytochromoxidase am Ende der Atmungskette (Versuch 8.4). Wie alle Cytochrome enthält es ein Häm als prosthetische Gruppe, ist daher farbig und an seiner Lichtabsorption gut zu charakterisieren. Es ist stark basisch (IP = 10,5). Cytochrom c ist im Gegensatz zu den anderen Proteinen der Atmung aus Herzmuskel vergleichsweise leicht und auch ohne vorherige Präparation der Mitochondrien zu gewinnen. Soll nur die Kationenaustauschchromatographie geübt werden, so kann auch ein bereits vorbereiteter Mitochondrienextrakt weitergereinigt werden.

*Extraktion:* Rinderherzmuskel ist für die vereinfachte Präparation besser geeignet als Schweineherz. 100 g Rinderherz werden in kleine Stücke geschnitten und in eiskaltem Wasser gewaschen, bis der größte Teil Blut entfernt ist; die Muskelstücke dabei nicht quetschen. Das Material wird mit 150 mL 0,1 M

Kaliumphosphat-Puffer (pH 7,2) im Mixer 2 min bei höchster Stufe homogenisiert und dann das Homogenat portionsweise 4 mal je 10 s mit Ultraschall maximaler Intensität beschallt. Das Homogenat zentrifugiert man 30 min bei 20 000 rpm, verwirft das Pellet und entfernt vom Überstand das Fett. Den Überstand gibt man in einen vorgequollenen breiten Dialysierschlauch und dialysiert über Nacht gegen 3 Liter 20 mM Kaliumphosphat-Puffer (pH 6,5). Die im Dialysierschlauch enthaltene Lösung wird ggf. durch erneute Zentrifugation von ausgefallenem Protein befreit.

*Chromatographie:* Sinngemäß gilt das in Versuch 9.2 Gesagte. Die klare, gefärbte Lösung trägt man daher auf eine vorbereitete Säule mit CM-Cellulose (ca. 30 mL), die in dem 20 mM Phosphatpuffer äquilibriert wurde. Man wäscht mit dem doppelten Säulenvolumen an Puffer und dann mit 15 mL einer 1 mM Lösung von Kaliumhexacyanoferrat(III) [$K_3Fe(CN)_6$] zur völligen Oxidation des Proteins. Die braun-rote Bande eluiert man mit einem Gradienten aus je 100 mL 20 mM und 300 mM K-phosphat, pH 6,5. (Statt des Gradienten können Lösungen von 50, 100, 150, 200 und 300 mM Konzentration nacheinander angewandt werden.) Die Elution verfolgt man durch Extinktionsmessung bei 280 und 405 nm. Wieso muss das gesuchte Protein bei *beiden* Wellenlängen absorbieren?

*Spektrale Charakterisierung:* Man registriert und vergleicht die Absorptionsspektren im sichtbaren Spektralbereich (zwischen 380 und 600 nm) des oxidierten und reduzierten Proteins; dazu werden identische Lösungen in je einer Küvette mit einer kleinen Menge von festem $K_3Fe(CN)_6$ als Oxidationsmittel bzw. mit Natriumdithionit $Na_2S_2O_4$ oder Ascorbinsäure als Reduktionsmittel versetzt. Man nehme auch das Differenzspektrum zwischen diesen beiden Lösungen auf.

Da das Präparat nicht vollkommen rein ist, sollte man die spektralen Daten mit authentischem Cytochrom c verifizieren:

Cyt c(ox) : $\lambda_{max}$ 410, 530 nm
Cyt c(red) : $\lambda_{max}$ 415, 522, 550 nm (die sog. γ-, β- und α-Bande).

Zur Konzentrationsbestimmung eignet sich die Differenz bei 550 nm

$E_{550}$ [Cyt c(red)] − $E_{550}$ [Cyt c(ox)] mit ε = 18 500.

*Chromatographie von Lysozym:* Verwenden Sie die Präparation aus Versuch 4.8c. Puffer zum Auftragen auf die Säule: 50 mM Tris-EDTA + 50 mM NaCl, pH 8.2; mit Puffer zur Elution der nicht-bindenden Proteine waschen. Elution durch Anlegen eines Gradienten aus diesem Puffer und 200 mM Hydrogencarbonat-Carbonat-Puffer pH 10,5.

## Affinitätschromatographie

Gelfiltration und Ionenaustauschchromatographie werden selbst bei bestmöglicher Durchführung Gemische an sich ganz verschiedener Proteine – beispielsweise einer Hydrolase und einer Dehydrogenase – nicht voneinander trennen, wenn diese zufällig sehr ähnliche Molmassen und isoelektrische Punkte haben. "Maßgeschneiderte" Chromatographiematerialien, die *Spezifitätsmerkmale* verschiedener Proteinklassen oder Nucleinsäuren strukturell berücksichtigen – etwa die Coenzymbindungsdomäne der Dehydrogenasen – können auch derartige Gemische auflösen, indem sie nur solche Komponenten binden, mit denen sie die *spezifischen* Wechselwirkungen eingehen, aber alle anderen passieren lassen. Anschließend müssen die spezifisch gebundenen Fraktionen mit einer Lösung des "natürlichen" Liganden (z.B. Coenzyms) von der Säule eluiert werden.

Dieses Prinzip einer "Affinitätschromatographie" ist für viele individuelle Trennprobleme realisiert worden. Man muss dazu Trägermaterialien (i.a. auf Agarose- / Sepharose-Basis) über einen flexiblen "spacer" (z.B. eine Hexylkette) mit geeigneten spezifitätsbestimmenden Liganden kovalent koppeln. Es gibt also nicht *ein*, universell brauchbares Medium zur Affinitätschromatographie, sondern viele individuell verschiedene. Einige typische Anwendungen:

| Säule enthält als Liganden | bindet spezifisch |
|---|---|
| Nucleotide | nucleotid-umsetzende Enzyme |
| Folsäure-Derivate | Folat-abhängige Enzyme |
| Calmodulin | Calcium-bindende Proteine |
| Lectine (= zuckerbindende Proteine) | Glykoproteine |
| NAD-, NADP-analoge Farbstoffe | Dehydrogenasen, Kinasen |
| Hormone (z.B. Steroide) | Hormonrezeptoren |
| Antikörper | die entsprechenden Antigene |
| Oligo-U- oder Oligo-dT-Sequenzen | PolyA$^+$-messengerRNA |

Besondere Verbreitung hat die gruppenspezifische Chromatographie von Dehydrogenasen und Kinasen gefunden. Diese Enzyme enthalten auf der Proteinoberfläche in Nachbarschaft des katalytischen Zentrums eine ausgedehnte, strukturell konservierte Bindungsdomäne für ihre Cosubstrate NAD bzw. NADP, FAD, oder ATP (die sog. "nucleotide" oder "Rossmann fold"); über ionische und hydrophobe Wechselwirkungen binden dort auch einige völlig unphysiologische aromatische Farbstoffe, die eine ähnliche Geometrie und ähnliche anionische Ladungsverhältnisse aufweisen wie die Coenzyme.

Kovalent an quervernetzte Agarose gekoppelt ergibt so der Farbstoff Cibacronblau F3GA die Affinitätschromatographiematerialien Blue Sepharose® oder Matrex Gel Blue A®. NADP-spezifische Enzyme binden noch selektiver auf Red Sepharose® mit stärker ausgedehntem Farbstoffmolekül als Liganden.

NAD

Cibacronblau

**Versuch 9.4 : Affinitätschromatographie einer Dehydrogenase**

Sie füllen (oder erhalten) eine kleine Säule mit ca. 10 mL Blue Sepharose in Startpuffer (20 mM Tris-HCl pH 6,9, enthaltend 5 mM $MgCl_2$, 0,4 mM EDTA und 0,1 % Mercaptoethanol). Chromatographieren Sie etwa 5 mL eines teilgereinigten Hefeextraktes (z.B. aus Versuch 4.8a) oder einer Mischung von Proteinen incl. einer bekannten Dehydrogenase. (*Anmerkung*: Das Proteingemisch darf kein BSA enthalten.) Eluieren Sie die Säule zunächst mit Startpuffer, um nicht-bindende Proteine auszuspülen (A), dann mit einem kleinen Volumen 5 mM $NAD^+$-Lösung (B) und abschließend mit 10 mM $NADP^+$-Lösung (C). Welche typischen Hefeenzyme erwarten Sie bei Elution (B) bzw. (C)?

Während Sie bei die Proteine im Eluat (A) direkt bei 280 nm detektieren können, gelingt Ihnen das bei Elution (B) und (C) nicht; warum nicht? Was beobachten Sie stattdessen im Photometer? Sie müssen also Aktivitätstests mit den Eluatfraktionen durchführen; die für ADH, LDH, MDH finden Sie in Kapitel 4.

Nach Gebrauch wird die Säule wieder mit Startpuffer gespült, mit einigen Kriställchen Natriumazid versetzt und im Kühlraum aufbewahrt.

## Polyacrylamid-Gelelektrophorese (PAGE)

Elektrophorese nennt man die Wanderung geladener, in einem leitfähigen Medium gelöster oder suspendierter Teilchen in einem elektrischen Feld zur Elektrode mit jeweils entgegengesetzter Polarität: *An*ionen wandern zur *An*ode (+), *Kat*ionen zur *Kat*hode (−). Da die meisten Biomoleküle Ladungen tragen − außer am pH-Wert ihres isoelektrischen Punktes − und sich darin, wenn auch nur geringfügig, unterscheiden, stellt Elektrophorese eine der häufigsten biochemischen Methoden zur Trennung und Analyse von Stoffgemischen dar. Für die Anforderungen der Praxis wie hohe Auflösung, nicht zu lange Laufstrecken und -zeiten, Detektierbarkeit auch sehr kleiner Mengen u.a.m. ist dabei die Wahl eines geeigneten Mediums und Trägermaterials von größter Bedeutung.

Bewährt haben sich für die Elektrophorese von Proteinen puffergetränkte Gele aus Polyacrylamid; das ist ein synthetisches hydrophiles Polymer, das man selbst herstellt. Für Nucleinsäuren dient Agarose als hydrophile, sehr weitporige Matrix; Agarose ist ein gereinigtes, gelierendes Polysaccharid aus Agar-Agar (→ Mikrobiologie, Genetik- und molekularbiologische Praktika).

Sie üben die am meisten genutzte Variante der Elektrophorese eines Proteingemisches auf Polyacrylamidgelen in Gegenwart von Natrium-(sodium-)dodecylsulfat ("SDS-PAGE") und analysieren dazu Proteinfraktionen aus Ihren eigenen Versuchen wie z. B. Versuch 3.4, 4.8, 8.4, 9.2. Da die *Aktivität* von Proteinen bei der Elektrophorese i.a. keine Rolle mehr spielt, können solche Proben (eingefroren) auch nach längerer Lagerung und evtl. Denaturierung noch analysiert werden.

Die Technik der PAGE erfordert hohe Präzision teils apparativer Art (z. B. ein sehr homogenes elektrisches Feld, konstante Spannung), teils bei der Probenvorbereitung und -applikation. Sie wird vorzugsweise in kleinen, je nach Fabrikat etwas unterschiedlich konstruierten Apparaturen auf "Mini-Gelen" durchgeführt, doch sind auch Geräte für größere Gele und Probenvolumina gebräuchlich. Sie müssen daher die praktische Einweisung genau beachten.

Vorab zu disponieren ist auch der Zeitablauf einer Gelelektrophorese, nämlich
− Vorbereitung, Gießen und Polymerisieren des Gels,
− Probenvorbereitung, Probenauftrag und Elektrophoreselauf,
− Färbung und Detektion der Substanzen nach dem Ende.

Diese Abschnitte können je nach Verabredung ggf. zeitlich entkoppelt werden.

Die hier beschriebene Vorgehensweise entspricht der überall gebräuchlichen Laborpraxis der SDS-PAGE auf Gelen "nach Lämmli" (Nature **227**, 680 (1970)) im Puffersystem "nach Schägger u. Jagow" (Analyt. Biochem. **166**,368 (1987)).

In Gegenwart des Detergens SDS sind Proteine denaturiert und so umgefaltet, dass hydrophobe Aminosäurereste außen liegen. In dieser Form binden sie viele SDS-Moleküle durch hydrophobe Wechselwirkungen, sind sämtlich negativ geladen (andere Ladungsbeiträge durch ionisierte Aminosäurereste werden völlig überdeckt) und wandern vom Probenauftrag alle in einer Richtung zur Anode. Unter den denaturierenden Bedingungen sind ferner alle aus Untereinheiten zusammengesetzten (dimeren, tetrameren ... ) Proteine in ihre separaten Untereinheiten zerlegt.

Ein definiert zusammengesetztes, poröses Polyacrylamid-Gel hat auch Molekularsiebeigenschaften. Bei der Trennung eines Proteingemisches durch SDS-PAGE wandern im elektrischen Feld die kleinsten – von kleinster Masse und höchster spezifischer Ladung – am weitesten und größere Proteine – mit großem Reibungswiderstand – weniger weit. Wie bei der Gelfiltration besteht kein linearer Zusammenhang, sondern die Wanderungsstrecke korreliert mit dem reziproken Logarithmus der Molmasse:

**Elektrophoretische Wanderung [cm] ~ 1/log Molmasse.**

Man kalibriert wiederum mit Proteinen bekannter Molmasse. Die Front des Elektrophoreselaufes markiert in diesem Fall ein mitlaufender anionischer Farbstoff (Bromphenolblau, $M_r$ = 692). Übliche Markerproteine (Molmarker) sind

| | | | |
|---|---|---|---|
| Phosphorylase a | 92 000 Da | Carboanhydrase | 31 000 Da |
| Rinderserumalbumin | 68 000 Da | Chymotrypsinogen | 25 000 Da |
| Katalase | 58 000 Da | Cytochrom c | 12 500 Da |
| Ovalbumin | 45 000 Da | Aprotinin | 6 500 Da |

Einige (5–6) dieser Marker als Gemisch werden zusätzlich zu den Proben bei jedem Elektrophoreselauf mit auf das Gel aufgetragen, üblicherweise auf den Bahnen außen links und außen rechts.

Eine Polyacrylamid-Gelektrophorese ist auch ohne SDS-Zusatz durchführbar ("native PAGE"). Dabei kann man individuelle Ladungseigenschaften erkennen – z. B. Unterschiede zwischen gewebsspezifischen Isoenzymen, verschiedenen Immunglobulinen u. dgl. – aber verliert an Information über die Molmasse der getrennten Proteine.

PAGE wird auf dünnen (1–2 mm) Gelplatten vorgenommen. Auf einem Gießstand füllt man zwischen genau parallele Glasplatten eine Lösung der monomeren Acrylamide und lässt sie dort radikalisch polymerisieren (Vinylpolymerisation). Zur Vernetzung wird Acrylamid mit einer kleinen Menge Bisacrylamid ("Bis") copolymerisiert. Die Radikalreaktion startet man durch Zusatz katalytischer Mengen von Ammoniumperoxodisulfat ($S_2O_8^{2-}$, zerfällt in zwei Sulfatradikale $SO_4^-\cdot$) und der Base Tetramethylethylendiamin (TEMED). Nach deren Zusatz muss das Gel sofort gegossen werden, sonst polymerisiert die vorbereitete Acrylamidlösung!

Das Polyacrylamid-Gel wird in zwei Abschnitten gegossen ("diskontinuierliche Gele"). Der untere Hauptteil ist das Trenngel (resolving gel) für die eigentliche Elektrophorese. Hier passt man den Acrylamidgehalt der Art und erwarteten Molmasse der zu analysierenden Proben an (etwa von 8 % für sehr große bis 12 % für kleine Proteine). Darüber polymerisiert man eine kurze Zone als Sammelgel (stacking gel). Es enthält viel weniger Acrylamid, ist daher grobporig und erlaubt es, die in einem bestimmten Probenvolumen vorliegenden Proteine (bei Minigelen 5–10 µL, andernfalls bis 100 µL) nach Anlegen der Spannung sämtlich und rasch bis zur Grenze des dichteren Trenngels wandern zu lassen, dort zu fokussieren und die Trennung von einer scharfen Ausgangslinie zu starten. Im Sammelgel werden ganz oben mit einem Kamm Taschen in der Gelplatte erzeugt, in die man die Proben einbringt. Aufbau und Zusammenbau der Apparatur werden am besten zuerst als Trockenübung vorgenommen.

*Benötigte Substanzen:*

| | |
|---|---|
| Acrylamid | $CH_2=CH-CONH_2$ |
| N,N'-Methylbisacrylamid | $CH_2=CH-CONH-CH_2-NHCO-CH=CH_2$ |
| Tetramethylethylendiamin | $(CH_3)_2N-CH_2CH_2-N(CH_3)_2$ |
| Natriumdodecylsulfat | $CH_3(CH_2)_{11}-O-SO_3^-\ Na^+$ |
| Ammoniumperoxodisulfat | $(NH_4)_2S_2O_8$ |
| Puffersubstanzen | Tris-Tricin oder Tris-Glycin (s. "Puffer für biochemische Zwecke", Kap.10) |

Lösungen all dieser Stoffe sind gegen Verunreinigungen sowie Sauerstoff empfindlich und müssen genau kontrolliert hergestellt und aufbewahrt werden. In der Regel werden Ihnen fertige Lösungen zur Verfügung gestellt. Beachten und protokollieren Sie deren Zusammensetzung und Konzentrationen!

*Gefahrstoffbelehrung:*

Acrylamid, unpolymerisiert und in Lösung wirkt als Nervengift und kann Krebs erzeugen. Es darf nicht eingeatmet werden und nicht mit der Haut in Berührung kommen. Abwiegen und Handhabung haben unter dem Abzug und mit Handschuhen zu geschehen, nicht-polymerisierte Reste sind in gekennzeichneten Abfallbehältern zu sammeln. R-Sätze: 45-23/24/25. S-Sätze: 53-27-44 ( → Gefahrstoffhinweise im Praktikumssaal).

Es sind fertig gemischte Acrylamid-Lösungen im Handel, deren Verwendung das Expositionsrisiko beim Selbst-Herstellen verringert.

Völlig auspolymerisierte Polyacrylamid-Gele sind *nicht* in dieser Weise gefährlich; sie können zur Dokumentation u. dgl. mit Handschuhen, aber ohne spezielle Vorsichtsmaßnahmen gehandhabt werden.

**Versuch 9.5 : SDS-PAGE von Enzympräparaten unterschiedlicher Reinheit**

*Probenvorbereitung:* Um die dünnen Polyacrylamidgele nicht mit einer zu großen Proteinmenge zu belasten, sollte man den Proteingehalt der zu analysierenden Probe kennen (→ Proteinbestimmung). Da bereits weniger als 20 µg eines Proteins nach Färbung eine sichtbare Bande ergeben und eine teilgereinigte Probe bis zu 20 verschiedene Proteine enthalten kann, sollte die aufgetragene Gesamtmenge etwa 250 µg nicht übersteigen.

Da ferner eine Probentasche nur ein begrenztes Volumen (z. B. 10 µL) aufnimmt, muss die Analysenprobe ankonzentriert werden. Dafür wird die Proteinlösung in einem Cup mit dem 10-fachen Volumen Trichloressigsäure-Lösung (72 %, vgl. Versuch 3.4) gemischt, geschüttelt und ca. 2 Stunden im Kühlschrank verwahrt; dabei fallen die Proteine aus. Durch kurzes Zentrifugieren sedimentiert man das Protein und entfernt die überstehende saure Lösung *völlig*.

Das Sediment wird dann in "Extraktionsmedium" aufgenommen. Der Farbumschlag des Indikators (s. u.) von blau nach gelb wird durch Zusatz eines Kriställchens Tris rückgängig gemacht. Die Auflösung des ausgefällten und denaturierten Proteins der Probe erfordert Erwärmen (ca. 2 min im siedenden Wasserbad); ggf. muss danach erneut kurz zentrifugiert werden. Die dann zur Elektrophorese fertig vorbereitete Probelösung wird am besten mit einer Mikroliterspritze ("Hamilton-Spritze") entnommen und auf das Gel aufgetragen.

Extraktionsmedium: 0,125 M Tris-HCl-Puffer pH 6,8, enthaltend 10 % Saccharose (zur Dichteerhöhung), 2 % SDS (wozu?), 1 % Mercaptoethanol (Oxidationsschutz) und 0,3 mg/mL Bromphenolblau als Marker.

*Trennung durch Elektrophorese:*

Die Acrylamid-Stammlösungen zum Gießen von Trenngel und Sammelgel sowie passende Elektrodenpuffer werden bereitgestellt. Protokollieren Sie deren Zusammensetzung, insbesondere die Acrylamidkonzentration des Trenngels (z.B. 10 %, ggf. geringer oder höher). Gießen und polymerisieren Sie das Gel nach Anleitung. (Es kann feucht gehalten und kühl evtl. bis zum folgenden Tag aufbewahrt werden.)

Füllen Sie die Probentaschen und protokollieren, in welcher Reihenfolge (von links nach rechts) die Bahnen mit Markergemisch (s. o.) und mit Ihren Proben besetzt sind. Starten Sie die Elektrophorese. Richtige Polarität beachten: Welche Elektrode (Kathode, Anode) muss unten sein? Zunächst wird die Probe bei niederer Spannung (30 V) etwa 30 min im Sammelgel fokussiert. Anschließend wird die Trennung bei höherer Spannung (je nach Puffer und Apparatetyp ≥ 100 V) durchgeführt; die Laufzeit beträgt i. a. 1–2 Stunden. Beobachten Sie während des Elektrophoreselaufs die blaue Farbstoff-Front!

*Detektion und Dokumentation:*

Nach dem Lauf wird das Gel vorsichtig aus der Kammer entnommen (Handschuhe tragen!). Die darauf verteilten Proteine müssen durch eine Anfärbung sichtbar gemacht werden. Am häufigsten verwendet man die Triarylmethanfarbstoffe Coomassie Brillantblau G250 oder R250, die aufgrund ihrer Struktur stark an hydrophobe Proteinbereiche binden (s. auch Versuch 3.5, Proteinbestimmung nach Bradford).

Coomassie Blue

Die Elektrophoresegele badet man zunächst ca. 2 Stunden in einem sauren Färbebad, das ≤ 0,1 % Farbstoff in Wasser-Ethanol-Eisessig-Gemischen enthält. (Es gibt unterschiedliche Rezepturen; Chemikalien technischer Qualität genügen. Die Lösung wird vielfach wiederverwendet.) Dann überführt man das Gel zum Auswaschen des Farbstoffs aus der Polyacrylamid-Matrix in einen Entfärber (Eisessig-Ethanol-Wasser, bei Bedarf erneuern) und schüttelt 1–2 Stunden bis der Hintergrund entfärbt ist und die blauen Proteinbanden gut sichtbar sind. Zur Dokumentation wird das Gel fotografiert oder am PC eingescannt. Aufbewahren kann man Elektrophoresegele in 5 %iger Essigsäure oder in Folie eingeschweißt im Kühlschrank.

Messen Sie auf dem frisch gefärbten Gel die Wanderungsstrecken der getrennten Proteinbanden aus. Vergleichen Sie sie mit denen der Markerproteine und deren Molmassen. Falls Sie eine Probe analysiert haben, für deren Präparation eine Reinigungstabelle angelegt wurde (S. 113), interpretieren Sie anhand des Gels den Fortgang und Erfolg Ihrer Reinigungsschritte.

### Fragen

1. Um auf einfache Weise zu erkennen, ob ein Protein aus mehreren Untereinheiten zusammengesetzt ist oder nicht, analysiert man das gereinigte Präparat mit zwei unterschiedlichen Methoden und vergleicht die gefundenen Molmassen. (Beispiel: Aldolase, M = 160 kDa, besteht aus vier identischen Untereinheiten.) Welche beiden Techniken kommen in Frage?

2. In einem Pflanzenextrakt liegen nebeneinander folgende Substanzen vor: ATP / Cytochrom c / Saccharose / Ribulosebisphosphatcarboxylase / Glucose-6-phosphat.

   Wie können Sie durch Kombination verschiedener Arten von Säulenchromatographie eine eindeutige Trennung aller erreichen? Die Löslichkeit und spezifische Detektierbarkeit der Komponenten sei gewährleistet. Am besten stellen Sie die Problemlösung als Fließschema dar. Wahrscheinlich gibt es mehrere Lösungen.

3. Ein klassischer Weg zur Analyse der Aminosäurezusammensetzung eines Proteins kombiniert die saure Totalhydrolyse einer Probe zu den freien Aminosäuren mit deren chromatographischer Trennung und Quantifizierung auf Kationenaustauschern. Die einzelnen Aminosäuren werden dabei in einem pH-Gradienten von pH 3 bis >5 von der Säule eluiert. Machen Sie aufgrund der Strukturen (Kapitel 3) und Ladungsverhältnisse eine Vorhersage, in welcher Reihenfolge die unterschiedlichen Gruppen proteinogener Aminosäuren (saure, polare, basische u.a.) von der Ionenaustauscher-Säule eluieren und schlagen Sie vor, wie man sie nach Trennung im Eluat detektieren kann.

3. Ein klassischer Weg zur Analyse der Aminosäurezusammensetzung eines Proteins kombiniert die saure Totalhydrolyse einer Probe zu den freien Aminosäuren mit deren chromatographischer Trennung und Quantifizierung auf Kationenaustauschern. Die einzelnen Aminosäuren werden dabei in einem pH-Gradienten von pH 3 bis >5 von der Säule eluiert. Machen Sie aufgrund der Strukturen (Kapitel 3) und Ladungsverhältnisse eine Vorhersage, in welcher Reihenfolge die unterschiedlichen Gruppen proteinogener Aminosäuren (saure, polare, basische u.a.) von der Ionenaustauscher-Säule eluieren und schlagen Sie vor, wie man sie nach Trennung im Eluat detektieren kann.

4. Eine moderne Methode zur Trennung von Proteinen ist native Gelelektrophorese (ohne SDS) *in einem pH-Gradienten* anstelle eines pH-konstanten Puffers (die praktische Realisierung ist machbar und sei vorausgesetzt). Nach welcher molekularen Eigenschaft können hier Proteine sortiert werden? Man nennt die Technik daher " .................. Fokussierung" (vgl. Versuch 3.3).

5. Manche Oxidoreduktasen binden ihre Coenzyme (insbesondere Flavinnucleotide oder Porphyrine) so fest, dass sie bei einer Chromatographie unter physiologischen Bedingungen nicht vom Enzym abdissoziieren.

   a) Woran erkennt man solche Enzyme unter allen Proteinfraktionen?

   b) Wie lässt sich nach der Chromatographie zum Zwecke der weiteren Analyse eine Trennung von Enzymprotein und Coenzym erreichen?

   c) Wenn selbst nach der von Ihnen unter (b) vorgeschlagenen Behandlung Coenzym und Apoenzym nicht dissoziieren: Was für Bindungsverhältnisse liegen dann vor? Ein bekanntes Beispiel ist das Flavoenzym Succinatdehydrogenase.

6. Ein komplexes Enzym (mit verschiedenen katalytischen und regulatorischen Zentren) eluiert bei Molekularsiebchromatographie entsprechend einer Molmasse von etwa 190 kDa. Auf SDS-PAGE erkennt man gleich starke Banden bei 65 kDa und 28 kDa. Beschreiben Sie die aus .................. Polypeptidketten zusammengesetzte Quartärstruktur.

# 10 Begriffe, Tabellen, Nomogramme, Literatur

## Chemische und physikalisch-chemische Begriffe

| | |
|---|---|
| **Acetal** | Verbindung zwischen Aldehyd und Alkohol |
| **Acetyl** | Rest $CH_3$-CO– der Essigsäure, nicht verwechseln mit dem Acetat-Ion $CH_3$-COO⁻ |
| **Acyl-, Acylierung** | Rest R-CO–, Anfügung einer Carbonsäure |
| **Addition** | Anlagerung von zwei Atomen/Gruppen an eine Doppel- oder Dreifachbindung (z. B. Wasser als H und OH) |
| **Aldehyde** | Funktionelle Gruppe –CH=O; polarisiert ($\delta$+ am C), daher sehr reaktiv (Additionsreaktionen, reduzierend) |
| **Aldolreaktion** | Verknüpfung zwischen Carbonylverbindungen (Aldehyd, Keton) und aktivierter C–H-Gruppe, reversibel |
| **Alkylierung** | Einführung von Alkylgruppen (Methyl-, Ethyl- usw.) |
| **amphiphil** | Moleküle mit hydrophilen und lipophilen Eigenschaften zugleich |
| **amphoter** | Stoffe, die sowohl saure wie basische Eigenschaften haben (z. B. Aminosäuren) |
| **Anhydrid** | Verbindung zweier Säuremoleküle unter Wasserabspaltung; energiereiche Bindung; wichtig in ATP |
| **aromatisch** | cyclisches delokalisiertes Bindungssystem mit 4n + 2 $\pi$-Elektronen; vor allem realisiert in Benzol $C_6H_6$ (n = 1) |
| **Base** | Protonenakzeptor; Teilchen mit Elektronenpaar |
| **Carboxylierung** | Einbau von $CO_2$ in organische Bindung |
| **Chinon, chinoid** | Sechsring mit einem konjugierten, aber *nicht*-aromatischen $\pi$-Elektronensystem vom Typ O=⟨⟩=O |
| **Chromophor** | Licht absorbierendes, "farbgebendes" konjugiertes $\pi$-Elektronensystem |
| **Decarboxylierung** | Abspaltung von Kohlendioxid |
| **Dehydratisierung** | Entfernung, Abspaltung von Wasser |
| **Dehydrierung** | Abspaltung von Wasserstoff, Oxidation |

| | |
|---|---|
| **Desaminierung** | Abspaltung von Ammoniak |
| **Dipolkräfte** | intermolekulare Wechselwirkungen zwischen Teilchen mit Dipolcharakter, insbesondere in $H_2O$, H-Brücken |
| **Elektrophil** | Teilchen mit Elektronenmangel |
| **Eliminierung** | Abspaltung eines (kleinen) Moleküls aus einer Struktur |
| **Enol** | ungesättigter Alkohol =C–OH (z. B. als tautomere Form eines Aldehyds oder Ketons –CH=O) |
| **Enthalpieänderung** | $\Delta H$, thermodynamisch Maß für Wärmemenge |
| **Entropieänderung** | $\Delta S$, thermodynam. Maß für Unordnung eines Systems |
| **Ester** | Verbindung aus Säure (organisch oder anorganisch) und Alkohol unter Wasserabspaltung; hydrolysierbar |
| **Ether** | Sauerstoffbrücke zwischen Alkylresten (C–O–C), i.a. nicht hydrolysierbar |
| **Fluoreszens** | Abstrahlung längerwelligen Lichtes nach Anregung (Lichtabsorption) bestimmter chromophorer Systeme |
| **freie Enthalpie (-änderung)** | $G = H - T \cdot S$ (Gibbs'sche freie Energie), $\Delta G$ = Maß für die Triebkraft einer Reaktion |
| **Glucosid** | Verbindung der Glucose |
| **Glycosid, glycosidisch** | Verbindung zwischen Zucker und Alkohol (Spezialfall eines Acetals) |
| **Heterocyclen** | Moleküle mit "Heteroatomen" (N, O, S) in Ringsystemen (meist Fünf- oder Sechsringe) |
| **Hydratisierung** | Aufnahme von Wasser; kovalent durch Addition an Doppelbindungen, nicht-kovalent z. B. in Hydrathüllen |
| **Hydrierung** | Aufnahme von Wasserstoff, Reduktion |
| **Hydrolyse** | Spaltung einer Bindung durch Wasser |
| **hydrophil** | Stoffe mit polaren Gruppen, daher wassermischbar |
| **hydrophobe Wechselwirkungen** | Nachbarschaft hydrophober, unpolarer Moleküle(teile) in wässrigem Milieu; Entropieeffekt, keine "Bindung" |
| **isoelektrischer Punkt** | pH-Wert, an die Summe der positiven und negativen Ladungen eines Moleküls gleich ist (Gesamtladung 0) |
| **Katalyse** | Beschleunigung einer (thermodynamisch ohnehin möglichen) Reaktion, kein Einfluss auf Gleichgewichtslage |

| | |
|---|---|
| **Ketone** | Moleküle mit Carbonylfunktion >C=O (δ+ / δ– polarisiert), reaktiv in Additionsreaktionen, aber nicht reduzierend (stabil gegen Oxidation, z.b. als Lösungsmittel) |
| **Komplex** | Verbindung zwischen einem (Übergangs)Metall mit Elektronenlücke als Zentralion und $n$ Teilchen mit Elektronenpaaren als Liganden (je nach Kombination $n = 2, 4, 5, 6$) |
| **lipophil** | unpolare Stoffe, fettlöslich, in Membranen integrierbar |
| **Lumineszens** | Lichtemission aus (bio)chemischen Reaktionen |
| **Mesomerie, mesomer** | energetisch besonders stabiler Bindungszustand mit Elektronendelokalisierung *zwischen* "Grenzstrukturen", z. B. |

| | |
|---|---|
| **N-Glycosid** | Verknüpfung eines Zuckers am glycosidischen (Aldehyd-) Kohlenstoff mit einer Stickstofffunktion (organischen Base) |
| **Normal-Reduktionspotential** | Potential $E^0$ eines Redoxpaares gegen die Wasserstoffelektrode ($E^0 = 0,00$ V) bei 25 °C und Konzentrationen 1 mol·L$^{-1}$ |
| **Nucleophil** | Teilchen mit Elektronenüberschuss |
| **Oxidation** | Entzug von Elektronen (Zufuhr von Sauerstoff) |
| **Oxidationsmittel** | Elektronenakzeptor; wird selbst reduziert |
| **Peptidbindung** | Verknüpfung zweier Aminosäuren durch die Bindung –CO–NH– |
| **pH-Wert** | negativer dekadischer Logarithmus der H$^+$-Konzentration |
| **Phenol** | OH-substituierte aromatische Verbindung, schwach sauer |
| **Phosphodiester** | Verbindung zwischen Phosphorsäure und zwei Molekülen Alkohol |
| **Phosphorolyse** | Spaltung einer Bindung durch Phosphat (statt durch Wasser) |
| **Phosphorylierung** | Anknüpfung eines Phosphatrestes |
| **Puffer** | Gemisch aus schwacher Säure bzw. Base und der konjugierten Base bzw. Säure |
| **Radikal** | Atom oder Molekül mit einem einzelnen, ungepaarten Elektron (z.B. Wasserstoffatom H, OH-Radikal •OH); i.a. kurzlebig, in organischen Molekülen und Proteinen ggf. stabilisiert |
| **Redoxpotential** | in der Biochemie i.a. bei pH = 7 angegeben ($E^{0'}$), konzentrationsabhängig ($\to$ Nernst'sche Gleichung) |

| | |
|---|---|
| **Reduktion** | Zufuhr von Elektronen (Entzug von Sauerstoff, Aufnahme von Wasserstoff) |
| **Reduktionsmittel** | Elektronendonator; wird selbst oxidiert |
| **Säure** | Protonendonator |
| **Säureamid** | Derivat einer Säure mit Ammoniak, Struktur $-CONH_2$ |
| **schwache Säuren, schwache Basen** | saure oder basische Stoffe, die in Wasser nicht vollständig, sondern nur bis zu einem Gleichgewicht zu Protonen dissoziert bzw. protoniert sind |
| **Substitution** | Ersatz eines Restes an einem Molekül durch einen anderen; kinetisch 1. oder 2. Ordnung, nucleophil oder elektrophil |
| **Tautomere, -merie** | Isomere, die sich nur durch eine Protonenverschiebung unterscheiden (z. B. im Keto-Enol-Gleichgewicht); *nicht* zu verwechseln mit Mesomerie |
| **Thioacetal** | Verbindung zwischen Aldehyd und Thioalkohol (Thiol) |
| **Thioester** | Verbindung zwischen Säure und Thioalkohol (Thiol), z. B. in Acetyl-Coenzym A |
| **Thioether** | Schwefelbrücke zwischen Alkylresten (C–S–C), z. B. in Methionin |
| **Thiol** | Thioalkohol, Funktion –SH, z. B. in Cystein |
| **Tri (acyl) glycerid** | Tri-Ester des Glycerins mit drei Fettsäureresten, Fett |
| **van der Waals'sche Kräfte** | schwache Dispersionskräfte zwischen Molekülen aufgrund gegenseitiger Polarisierung ihrer Elektronenhüllen |
| **Wasserstoffbrücken** | Dipolkräfte zwischen H-Donatoren ( –O–H, >N–H ) und Akzeptoren ( =O, =N– ) |
| **Zwitterion** | Teilchen mit + und – Ladung im gleichen Molekül, z. B. Aminosäuren, Phospholipide |

## Puffer für biochemische Zwecke

| Puffersystem | | Dissoziations Stufe | $pK_a$ | Besonderheiten |
|---|---|---|---|---|
| ***Anorganische*** | | | | |
| Phosphat | $H_2PO_4^-$ / $HPO_4^{2-}$ | 2. | 7,2 | nicht immer inert, schwerlösliche Salze |
| Pyrophosphat | $H_2P_2O_7^{2-}$ / $HP_2O_7^{3-}$ | 3. | 6 | biochemisch nicht inert |
| | | 4. | 9 | alkalisch |
| Bicarbonat | $CO_2/HCO_3^-$ | 1. | 6,3 | flüchtig |
| ***Organische Säuren*** | | | | |
| Essigsäure / Acetat | | | 4,8 | i.a. zu sauer |
| Citronensäure / Citrat | | 2. | 4,8 | pK niedrig, Citrat ist |
| | | 3. | 5,2 | Komplexbildner |
| Maleat | HOOC–CH=CH–COO$^-$ | 2. | 6,0 | i.a. zu reaktiv |
| 2,2-Diethylmalonsäure, 3,3-Dimethylglutarsäure | | 2. | 7,2 | gut brauchbar |
| Diethylbarbitursäure = Veronal | | 1. | 7,4 | reaktiv |
| ***Organische Basen*** | | | | |
| Imidazol | | | 7,0 | i.a. zu reaktiv |
| Tris = Tris(hydroxymethyl)aminomethan oder Triethanolamin | | | 8,3 | Standardpuffer > pH 7 |
| ***Zwitterionische Puffer ("Good's Puffer")*** | | | | |
| Glycin | $NH_3^+$-$CH_2COO^-$ | 2, | 9,6 | i.a. zu alkalisch |
| Glycylglycin | $NH_3^+$-$CH_2CONHCH_2COO^-$ | 2. | 8,4 | brauchbar |
| Tricin | $(HOCH_2)_3C$-$NH_2^+$-$CH_2COO^-$ | 2. | 8,1 | gut brauchbar |
| MES * | | 2. | 6,2 | gut brauchbar |
| MOPS * | O⟨ ⟩NH$^+$-$(CH_2)_{2-3}$-$SO_3^-$ | 2. | 7,2 | gut brauchbar |
| HEPES * | $HOCH_2CH_2$-N⟨ ⟩NH$^+$-$CH_2CH_2SO_3^-$ | 2. | 7,5 | gut brauchbar |

* MES, MOPS = Morpholinoethyl- bzw. propylsulfonat
  HEPES = Hydroxyethyl-piperazinyl-ethylsulfonat

## Säuredissoziationskonstanten

| Substanz | Dissoziationsgleichgewicht | | | $pK_a$-Wert |
|---|---|---|---|---|
| HCl, HClO$_4$, H$_2$SO$_4$, HNO$_3$ | in Wasser völlig dissoziiert | | | < 0 |
| Ameisensäure | HCOOH | $\rightleftarrows$ | H$^+$ + HCOO$^-$ | 3,7 |
| Ammoniak (Ammonium-Ion) | NH$_4^+$ | $\rightleftarrows$ | H$^+$ + NH$_3$ | 9,3 |
| Bernsteinsäure | HOOC–(CH$_2$)–COOH, 2 Stufen | | | 4,2/5,6 |
| Blausäure | HCN | $\rightleftarrows$ | H$^+$ + CN$^-$ | 9,4 |
| Borsäure | H$_3$BO$_3$ | $\rightleftarrows$ | H$^+$ + H$_2$BO$_3^-$ | 9,2 |
| Citronensäure | C$_3$H$_5$O(COOH)$_3$, 3 Dissoziationsstufen | | | 3,1/4,8/6,4 |
| Essigsäure | CH$_3$COOH | $\rightleftarrows$ | H$^+$ + CH$_3$COO$^-$ | 4,8 |
| Guanidin (Guanidinium-Ion) | (NH$_2$)$_2$C=NH$_2^+$ | $\rightleftarrows$ | H$^+$ + (NH$_2$)$_2$C=NH | 13,6 |
| Kohlensäure H$_2$O + CO$_2$ $\rightleftarrows$ | H$_2$CO$_3$ | $\rightleftarrows$ | H$^+$ + HCO$_3^-$ | 6,5 |
| | HCO$_3^-$ | $\rightleftarrows$ | H$^+$ + CO$_3^{2-}$ | 10,2 |
| Milchsäure | CH$_3$CHOH-COOH | $\rightleftarrows$ | H$^+$ + CH$_3$CHOHCOO$^-$ | 3,8 |
| Oxalsäure | (COOH)$_2$ | $\rightleftarrows$ | H$^+$ + HOOC-COO$^-$ | 1,2 |
| | HOOC-COO$^-$ | $\rightleftarrows$ | H$^+$ + $^-$OOC-COO$^-$ | 4,2 |
| Phenol | C$_6$H$_5$OH | $\rightleftarrows$ | H$^+$ + C$_6$H$_5$O$^-$ | 9,4 |
| Phosphorsäure | H$_3$PO$_4$ | $\rightleftarrows$ | H$^+$ + H$_2$PO$_4^-$ | 2,0 |
| | H$_2$PO$_4^-$ | $\rightleftarrows$ | H$^+$ + HPO$_4^{2-}$ | 7,2 |
| | HPO$_4^{2-}$ | $\rightleftarrows$ | H$^+$ + PO$_4^{3-}$ | 12,3 |
| Pyridin (Pyridinium-Ion) | C$_5$H$_5$NH$^+$ | $\rightleftarrows$ | H$^+$ + C$_5$H$_5$N | 5,2 |
| Salpetrige Säure | HNO$_2$ | $\rightleftarrows$ | H$^+$ + NO$_2^-$ | 3,4 |
| Schwefelwasserstoff | H$_2$S | $\rightleftarrows$ | H$^+$ + HS$^-$ | 6,9 |
| Schweflige Säure | H$_2$SO$_3$ | $\rightleftarrows$ | H$^+$ + HSO$_3^-$ | 1,8 |
| | HSO$_3^-$ | $\rightleftarrows$ | H$^+$ + SO$_3^{2-}$ | 7,2 |
| Trichloressigsäure TCA | CCl$_3$COOH | $\rightleftarrows$ | H$^+$ + CCl$_3$COO$^-$ | 0,7 |

## Standard-Reduktionspotentiale biochemischer Systeme

| Redoxsystem Red $\rightleftarrows$ Ox + n e$^-$ | $E^o$ (pH = 0) | $E^{o'}$ (pH = 7) |
|---|---|---|
| *Anorganische* | | |
| Wasserstoff $H_2$ / 2 $H^+$    Definition: | 0,000 Volt | − 0,41 Volt |
| $Cu^+$ / $Cu^{2+}$ | + 0,17 | + 0,17 |
| $Fe^{2+}$ / $Fe^{3+}$ | + 0,77 | + 0,77 |
| $Fe(CN)_6^{4-}$ / $Fe(CN)_6^{3-}$ | + 0,36 | + 0,36 |
| $Mn^{2+}$ / $MnO_2$ | + 1,28 | + 0,45 |
| 2 $I^-$ / $I_2$ | + 0,53 | + 0,12 |
| $H_2S$ bzw. $HS^-$ / S (elementar) | + 0,14 | − 0,27 |
| $HSO_3^-$ / $SO_4^{2-}$ (s. auch Coenzyme) | + 0,17 | − 0,45 |
| $NO_2^-$ / $NO_3^-$ | + 0,94 | + 0,43 |
| $H_2O_2$ / $O_2$ | + 0,69 | + 0,29 |
| Sauerstoff 2 $O_2^-$ / $O_2$ | **+ 1,23** | **+ 0,82** |
| 2 $H_2O$ / $H_2O_2$ | + 1,78 | + 1,37 |
| *Coenzyme, Redoxproteine, Reagentien* | | |
| Ferredoxin red / ox | | − 0,43 |
| Benzyl-, Methylviologen red / ox | | − 0,4 |
| Dithiothreit $(-SH)_2$ / −S−S− | | − 0,33 |
| NADH / $NAD^+$, NADPH / $NADP^+$ | − 0,11 | − 0,32 |
| Glutathion GSH / GSSG | | − 0,23 |
| Flavincoenzyme (FAD, FMN) red / ox (je nach Bindungsart) | | − 0,22 bis − 0,12 |
| $HSO_3^-$ + AMP / APS (Adenosylphosphosulfat) | | − 0,06 |
| Ubichinon red / ox | + 0.54 | + 0,10 |
| Leukomethylenblau / Methylenblau | + 0,53 | + 0,01 |
| Dichlorphenolindophenol red / ox | | + 0,22 |
| Cytochrom c ($Fe^{2+}$) / Cytochrom c ($Fe^{3+}$) | | + 0,26 |
| *Metabolite (P = -phosphat)* | | |
| Formiat $HCO_2^-$ / $CO_2$ | | − 0,43 |
| Acetaldehyd / AcetylCoA | | − 0,41 |
| Glucose / Gluconolacton | | − 0,36 |
| Acetat / $CO_2$ | | − 0,29 |
| Glycerinaldehyd-P / Diphosphoglycerat (Glykolyse) | | − 0,29 |
| $CH_4$ / $CO_2$ (Methanogenese) | | − 0,24 |
| Ethanol / Acetaldehyd (alkoholische Gärung) | | − 0,20 |
| Lactat / Pyruvat (Milchsäuregärung) | | − 0,19 |
| Glycerin-P / Dihydroxyaceton-P | | − 0,19 |
| Methanol / Formaldehyd | | − 0,18 |
| Malat / Oxalacetat (Citratcyclus) | | − 0,17 |
| Succinat / Fumarat | | + 0,03 |
| Ascorbat / Dehydroascorbat | | + 0,06 |

## % Ammoniumsulfatsättigung

Endkonzentration Ammoniumsulfat (% Sättigung)

| | 10 | 20 | 25 | 30 | 33 | 35 | 40 | 45 | 50 | 55 | 60 | 65 | 70 | 75 | 80 | 90 | 100 |
|---|---|---|---|---|---|---|---|---|---|---|---|---|---|---|---|---|---|
| | Zuzugebende Menge (g / L) | | | | | | | | | | | | | | | | |
| 0 | 56 | 114 | 144 | 176 | 196 | 209 | 243 | 277 | 313 | 351 | 390 | 430 | 472 | 516 | 561 | 662 | 767 |
| 10 | | 57 | 86 | 118 | 137 | 150 | 183 | 216 | 251 | 288 | 326 | 365 | 406 | 449 | 494 | 592 | 694 |
| 20 | | | 29 | 59 | 78 | 91 | 123 | 155 | 189 | 225 | 262 | 300 | 340 | 382 | 424 | 520 | 619 |
| 25 | | | | 30 | 49 | 61 | 93 | 125 | 158 | 193 | 230 | 267 | 307 | 348 | 390 | 485 | 583 |
| 30 | | | | | 19 | 30 | 62 | 94 | 127 | 162 | 198 | 235 | 273 | 314 | 356 | 449 | 546 |
| 33 | | | | | | 12 | 43 | 74 | 107 | 142 | 177 | 214 | 252 | 292 | 333 | 426 | 522 |
| 35 | | | | | | | 31 | 63 | 94 | 129 | 164 | 200 | 238 | 278 | 319 | 411 | 506 |
| 40 | | | | | | | | 31 | 63 | 97 | 132 | 168 | 205 | 245 | 285 | 375 | 469 |
| 45 | | | | | | | | | 32 | 65 | 99 | 134 | 171 | 210 | 250 | 339 | 431 |
| 50 | | | | | | | | | | 33 | 66 | 101 | 137 | 176 | 214 | 302 | 392 |
| 55 | | | | | | | | | | | 33 | 67 | 103 | 141 | 179 | 264 | 353 |
| 60 | | | | | | | | | | | | 34 | 69 | 105 | 143 | 227 | 314 |
| 65 | | | | | | | | | | | | | 34 | 70 | 107 | 190 | 275 |
| 70 | | | | | | | | | | | | | | 35 | 72 | 153 | 237 |
| 75 | | | | | | | | | | | | | | | 36 | 115 | 198 |
| 80 | | | | | | | | | | | | | | | | 77 | 157 |
| 90 | | | | | | | | | | | | | | | | | 79 |

Anfangskonzentration Ammoniumsulfat (% Sättigung)

Nomogramm zur Einstellung von Ammoniumsulfatkonzentrationen in " % Sättigung". Eine gesättigte Lösung enthält 4 mol Salz = 520 g/L. (Beachten Sie, dass sich bei Zusatz großer Mengen Salz zu einer Lösung das Volumen erheblich vergrößert!)

## Geschwindigkeit von Zentrifugenrotoren

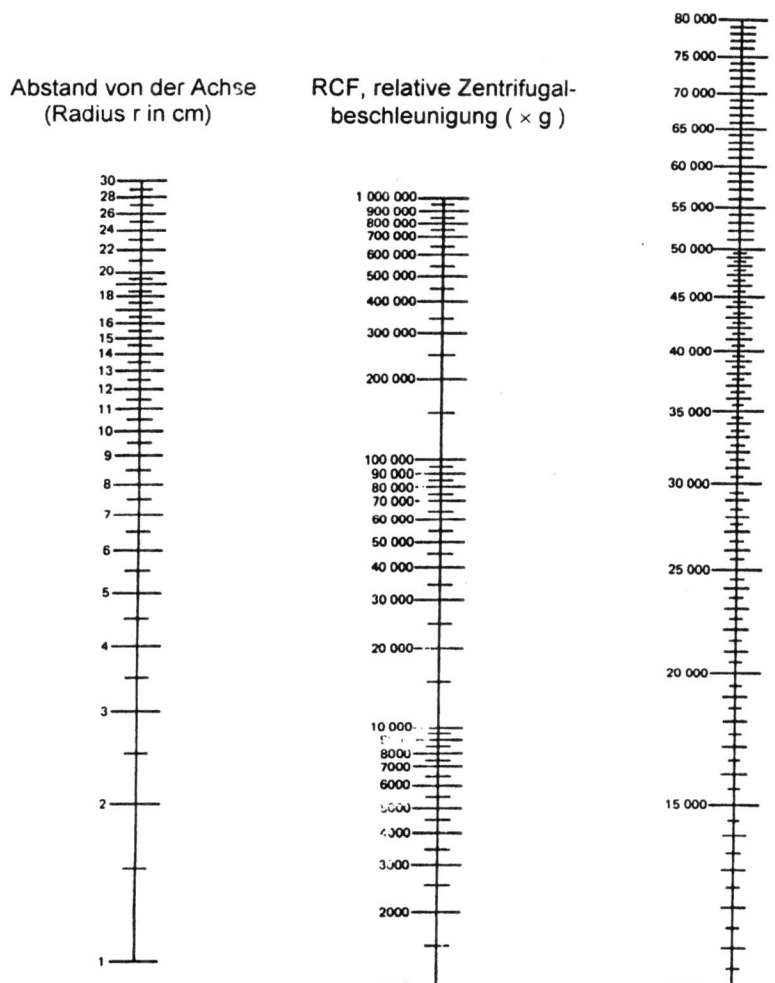

Nomogramm zur Ermittlung der relativen Zentrifugalbeschleunigung (Vielfaches der Erdbeschleunigung, x g) aus Umdrehungsgeschwindigkeit (rpm) und Radius von Zentrifugenrotoren (oder umgekehrt). Legen Sie eine Gerade durch zwei bekannte Größen und lesen den gesuchten Wert am Schnittpunkt mit der dritten Senkrechten ab.

## Gebräuchliche Abkürzungen der Biochemie (Auswahl)

Die Abkürzungen für proteinogene Aminosäuren sind in der Tabelle auf S. 70 (Kapitel 3) genannt. Abkürzungen für Enzyme (z. B. ADH = Alkoholdehydrogenase) werden gelegentlich auch anders abgekürzt als hier genannt.

| | |
|---|---|
| AAO | Ascorbatoxidase |
| Ac | Acetyl- |
| ADH | Alkoholdehydrogenase |
| Ado | Adenosin |
| AMP, ADP, ATP | Adenosin-5'-mono-, di-, triphosphat |
| AP | alkalische Phosphatase |
| APS | Adenosyl-5'-phosphosulfat |
| bp | Basenpaar |
| BSA | Rinderserumalbumin |
| CCCP | Carbonylcyanidchlorphenylhydrazon |
| CHAPS | (Cholamidopropyl)dimethylammoniopropansulfonat |
| Chl | Chlorophyll |
| CM | Carboxymethyl- |
| CoA | Coenzym A |
| COX | Cytochromoxidase |
| CTAB | Cetyl-trimethylammoniumbromid |
| d, dd | 2'-Desoxy-, 2', 3'-Didesoxy- |
| DC | Dünnschichtchromatographie |
| DEAE | Diethylaminoethyl- |
| DNA | Desoxyribonucleinsäure |
| DNase | Desoxyribonuclease |
| DNP | Dinitrophenol |
| DTE, DTT | Dithioerythrit, Dithiothreit |
| DTNB | Dithiobisnitrobenzosäure |
| EDTA | Ethylendiaminotetraessigsäure |
| EGTA | Ethylenglycolbis(aminoethylether)tetraessigsäure |
| Et | Ethyl- |
| FAD | Flavinadenindinucleotid |
| FbPase | Fructosebisphosphatase |
| Fd | Ferrodoxin |
| FITC | Fluoresceinisothiocyanat |
| FMN | Flavinmononucleotid |
| FPLC | fast protein liquid chromatography |
| Fru | Fructose |
| Gal | Galaktose |
| GAP | Glycerinaldehydphosphat |
| Glc | Glucose |
| GOT, GPT | Glutamatoxalacetat-(pyruvat-)Transaminase |
| GR | Glutathionreduktase |
| GSH, GSSG | Glutathion, reduziert bzw. oxidiert |
| Hb, $HbO_2$ | Hämoglobin, frei bzw. $O_2$-beladen |

| | |
|---|---|
| HEPES | Hydroxyethylpiperazinylethylsulfonat (Puffer) |
| HPLC | Hochdruckflüssigchromatographie |
| IEF | isoelektrische Fokussierung |
| Ig | Immunoglobin |
| IP | isoelektrischer Punkt |
| IU | international unit (Enzymaktivität) |
| kb | $10^3$ Basen, "Kilobasen" |
| $K_i$ | Inhibitorkonstante (Enzymkinetik) |
| $K_m$ | Michaelis-Konstante (Enzymkinetik) |
| LC | Flüssig- (liquid) chromatographie |
| LDH | Lactatdehydrogenase |
| $M_r$ | relative Molekülmasse, in [Dalton] |
| Man | Mannose |
| MDH | Malatdehydrogenase |
| Me | Methyl- |
| MES | Morpholinoethylsulfonat (Puffer) |
| MOPS | Morpholinopropylsulfonat (Puffer) |
| mRNA | Messenger-RNA |
| mt | mitochondrial |
| NAD(P), NAD(P)H | Nicotinamidadenindinucleotid (-phosphat), oxidiert / reduziert |
| NMP, NDP, NTP | Nucleosid-5'-mono-, di-, triphosphat (N = jede Base) |
| OD | optical density (DNA-Menge) |
| $P_i$, $PP_i$ | anorganisches Phosphat, Diphosphat (Pyrophosphat) |
| PAGE | Polyacrylamidgelelektrophorese |
| PAPS | Adenosyl-5'-phosphosulfat-2'-phosphat |
| PDI | Proteindisulfidisomerase |
| PEG | Polyethylenglycol |
| PEP | Phosphoenolpyruvat |
| PGK | Phosphoglyceratkinase |
| PK | Pyruvatkinase |
| PMSF | Phenylmethylsulfonylfluorid |
| POD | Peroxidase |
| PVP | Polyvinylpyrrolidon |
| QAE | *quartär*-Alkylaminoethyl- |
| Rib | Ribose |
| RNA | Ribonucleinsäure |
| RNase | Ribonuclease |
| ROS | reaktive Sauerstoffspecies |
| RP | reversed phase (Chromatographie) |
| RR | Ribonucleotidreduktase |
| rRNA | ribosomale RNA |
| Rubisco | Ribulosebisphosphatcarboxylase |
| RuI | Ribulose |
| S | Svedberg-Einheit (Ultrazentrifuge) |
| SAM | S-Adenosylmethionin |
| SDS | Natriumdodecylsulfat |
| SSC | NaCl/Na-citratlösung (siehe bei DNA) |
| $T_m$ | Schmelztemperatur |

| | |
|---|---|
| TCA | Trichloressigsäure |
| TFA | Trifluoressigsäure |
| THF | Tetrahydrofolsäure; Tetrahydrofuran (Lösungsmittel) |
| TIM | Triosephosphatisomerase |
| TLC | thin layer chromatography, DC |
| TLCK | Tosyl-lysinchlorketon |
| TPCK | Tosyl-phenylalaninchlorketon |
| TPP | Thiaminpyrophosphat |
| TR | Thioredoxinreduktase |
| tRNA | Tranfer-RNA |
| Trx | Thioredoxin |
| U | unit (Enzymeinheit) |
| UQ | Ubichinon (Chinon engl. = quinone) |
| UV / VIS | UV- und sichtbarer Spektralbereich |
| Xul | Xylulose |
| Xyl | Xylose |
| $V_{max}$ | Maximalgeschwindigkeit (Enzymkinetik) |

# Literaturhinweise

### Lehrbücher und Theorie

Alle modernen Lehrbücher der Biochemie (nicht aufgeführt)

H. Bisswanger, Enzymkinetik.
3. Aufl. Wiley Verlag Chemie Weinheim 1999

K. Buchholz, V. Kasche, Biokatalysatoren und Enzymtechnologie.
Verlag Chemie Weinheim 1997

H. Follmann, W. Grahn, Chemie für Biologen.
2. Aufl. B.G. Teubner Verlag Stuttgart 1999

W. Kaim, B. Schwederski, Bioanorganische Chemie.
2. Aufl. B.G. Teubner Verlag Stuttgart 1995

J. Koolman, K.H. Röhm, Taschenatlas der Biochemie.
2. Aufl. Thieme-Verlag Stuttgart 1998

F. Lottspeich, Z. Zorbas (Herausg.), Bioanalytik.
Spektrum Akademischer Verlag Heidelberg 1998

G. Michal, Biochemical Pathways / Biochemie-Atlas.
Spektrum Akademischer Verlag Heidelberg 1999

R. Winter, F. Noll, Methoden der Biophysikalischen Chemie.
B.G. Teubner Verlag Stuttgart 1998

## Handbücher, Methoden, Praktika

H.U. Bergmeyer, M. Graßl, Methods of Enzymatic Analysis.
3. Aufl. in Englisch, 12 Bände. Verlag Chemie Weinheim 1983 ff.

H.U. Bergmeyer, Methoden der enzymatischen Analyse.
3. Aufl. in Deutsch, 2 Bände. Verlag Chemie Weinheim 1974

T.G. Cooper, Biochemische Arbeitsmethoden.
W. de Gruyter Verlag Berlin 1981

H.J. Galla, Spektroskopische Methoden in der Biochemie.
Thieme-Verlag Stuttgart 1988

Handbook of Biochemistry and Molecular Biology (G.Fasman, ed.).
Zahlreiche Bände. CRC Press, Cleveland

H.P. Kleber, D. Schlee, W. Schöpp, Biochemisches Praktikum.
5. Aufl. Gustav Fischer Verlag Jena 1997

U. Kutschera, Grundpraktikum zur Pflanzenphysiologie.
Quelle und Meyer Verlag Wiesbaden 1998

Methods in Enzymology. (S. Colowick, N. Kaplan, eds.). Über 300 Bände.
Academic Press, San Diego. (Standardwerk über *alle* Bereiche der Biochemie)

Römpp Lexikon Biotechnologie.
Thieme Verlag Stuttgart 1993

G. Schwedt, Chromatographische Trennmethoden.
3. Aufl. Thieme-Verlag Stuttgart 1994

K. Wilson, K.H. Goulding, Methoden der Biochemie.
3. Aufl. Thieme-Verlag Stuttgart 1991

K. Wilson, J. Walker, Principles and Techniques of Practical Biochemistry.
5. ed. Cambridge University Press 2000

H. Zollner, Handbook of Enzyme Inhibitors.
2 Bände. Verlag Chemie Weinheim 1993

# Periodensystem der Elemente

## Hauptgruppenelemente / Nebengruppen "Übergangselemente"

| IA | IIA | IIIB | IVB | VB | VIB | VIIB | VIII | | | IB | IIB | IIIA | IVA | VA | VIA | VIIA | VIIIA |
|---|---|---|---|---|---|---|---|---|---|---|---|---|---|---|---|---|---|
| 1 H | | | | | | | | | | | | | | | | | 2 He |
| 3 Li | 4 Be | | | | | | | | | | | 5 B | 6 C | 7 N | 8 O | 9 F | 10 Ne |
| 11 Na | 12 Mg | | | | | | | | | | | 13 Al | 14 Si | 15 P | 16 S | 17 Cl | 18 Ar |
| 19 K | 20 Ca | 21 Sc | 22 Ti | 23 V | 24 Cr | 25 Mn | 26 Fe | 27 Co | 28 Ni | 29 Cu | 30 Zn | 31 Ga | 32 Ge | 33 As | 34 Se | 35 Br | 36 Kr |
| 37 Rb | 38 Sr | 39 Y | 40 Zr | 41 Nb | 42 Mo | 43 Tc | 44 Ru | 45 Rh | 46 Pd | 47 Ag | 48 Cd | 49 In | 50 Sn | 51 Sb | 52 Te | 53 I | 54 Xe |
| 55 Cs | 56 Ba | 57 La | 72 Hf | 73 Ta | 74 W | 75 Re | 76 Os | 77 Ir | 78 Pt | 79 Au | 80 Hg | 81 Tl | 82 Pb | 83 Bi | 84 Po | 85 At | 86 Rn |
| 87 Fr | 88 Ra | 89 Ac | 104 | 105 | 106 | 107 | 108 | | | | | | | | | | |

| 58 Ce | 59 Pr | 60 Nd | 61 Pm | 62 Sm | 63 Eu | 64 Gd | 65 Tb | 66 Dy | 67 Ho | 68 Er | 69 Tm | 70 Yb | 71 Lu |
|---|---|---|---|---|---|---|---|---|---|---|---|---|---|
| 90 Th | 91 Pa | 92 U | 93 Np | 94 Pu | 95 Am | 96 Cm | 97 Bk | 98 Cf | 99 Es | 100 Fm | 101 Md | 102 No | 103 Lr |

Elemente 58 - 71:
Lanthaniden
("seltene Erden")

Elemente 90 - 103:
Actiniden

ab Element 93 nur künstlich hergestellte radioaktive Elemente

# Sachverzeichnis

Absorptionsspektrum 54, 61
Acetessigsäure 41
Aceton 41
Acetylglucosamin 118
Acetylmuraminsäure 118
Acidität 35, 190
Acridinorange 176
Acrylamid 29, 209, 222
Adeninnucleotide 148, 151
Adenosin 151
ADP 107, 148, 188
Adsorption 62, 63
Affinitätschromatographie 217
Aktivierungsenergie 91
Aktivität von Enzymen 92
Alanin 105
Albumine 77, 79
Aldolase 119
alkalische Phosphatase 40
Alkoholdehydrogenase 102, 115, 122
Aluminiumkomplex 59
Aminosäuren 69, 87
Aminosäureanalyse 71, 224
Aminosäuretitration 73
Aminotransferasen 104
Ammoniumperoxodisulfat 221
Ammoniumsulfat 78
Ammoniumsulfatsättigung 78, 234
AMP 148
Amylalkohol 163
Amylase 136, 137
Amyloglucosidase 136
Amylopektin
Amylose 136
Anionenaustauscher 150, 214
Anthocyane 57
AOX 29
Arbeitssicherheit 26
Ascorbatoxidase 140
Ascorbinsäure 139, 187
Asparaginsäure 105
Atmung 182, 208
Atmungskontrolle 188
ATP 148, 149, 152
Ausfällung 76, 77

Azid 26, 194
Azocoll 87

Bakterien 18, 117, 165, 167
Basenkatalyse 99
Basenpaare 161, 175
Basenstapelung 161
Basenzusammensetzung 167
Benzoylarginin-p-nitranilid 110
Betalaine 68
Biolumineszens 56, 153
Biostoffverordnung 27
Biuret-Bestimmung 79
Blattfarbstoffe 64
Blue Sepharose 218
Blütenfarbstoffe 57
Borsäure, Borat 154
Bradford-Bestimmung 82
Bromphenolblau 222
Bromthymolblau 101
BSA 79

Carotinoide 65
Casein 76, 78, 87, 89
chaotrope Salze 165, 166
CHAPS 186
Chemikalien 25
Chinone 45
chirale Verbindungen 70, 125
Chlorin 65
Chloroform 29, 33, 163
Chlorophylle 65
Chloroplasten 177, 204
Cholat 186
Chromophore 53
Chymotrypsin 110
Cibacronblau 218
Circulardichroismus 57
Citrat, Citronensäure (Puffer) 38
Clark-Elektrode 186
CM-Cellulose 213, 215
Coenzyme 60, 105, 124
Collagen 86
Coomassie Blue 82, 223
Cyanid 190, 194

Cyanidin 58
Cystein, Cystin 70, 83, 101, 103
Cytochrom c 187, 191, 215
Cytochrome 182, 190
Cytochromoxidase 190-192

DEAE-Cellulose 150, 206, 213
Decarboxylierung 40
Dehydroascorbinsäure 139
Dehydrogenasen 60, 101, 217
Denaturierung 19, 77, 94
Deproteinierung 160
Desoxyribonucleotide 154, 176
Detergentien 186
Dextrane 209
Dextranblau 212
Dialyse 34
Diamid 207
Dianisidin 133
Dichlorphenolindophenol 140
Dichtegradienten 178, 185
Diffusion 34
Dihydroxyacetonphosphat 121
Dinitrophenol 190
Dinitrosalicylsäure 134
Disaccharide 130
Dispersionskräfte 32
Disulfidbrücken 83, 203
Dithiobisnitrobenzoesäure 85
Dithioerythrit, Dithiothreit 84, 204
DNA 161, 164, 165
DTNB 85
Dünnschichtchromatographie 63, 71, 155, 169, 196

EDTA 47
Eisen 42, 68
Eisenkomplexe 48, 50
Elektronentransportkette 182
Elektrophorese
Elemente 47, 49, 240
Energieladung 149, 157
energiereiche Bindung 148
Enthalpie 32
Entkoppler 188
Entropie 32
Entsalzung 35, 202, 212
Entsorgung 28
Enzyme 18, 91

Enzymhemmung 98, 110, 122
Enzymkatalyse 91
Enzymkinetik 95, 97
Enzymnomenklatur 93
Escherichia coli 165, 167, 175
Essigsäure, Eisessig 51, 223
Ester 100
Ethanol 77, 102, 163
Ethidiumbromid 12, 167
Extinktion, -koeffizient 55

Fällung 77
Farbstoffe 53, 57, 65, 68
Fehling'sche Lösung 131
fireflies 152
Fluorid 117
Fluoreszens 56, 65
Folin-Reagenz 80
Formaldehyd, Formalin 74
French press 17
Fructose 126
Fructose-bisphosphat 121, 203
Fructose-bisphosphatase 203
Fumarase 123, 180

G (Gibbs'sche Freie Enthalpie) 32
g (Erdbeschleunigung) 20
G+C-Gehalt 167, 175
Gefahrstoffverordnung 27
Gelelektrophorese 219
Gelfiltration 211
Gene, Zahl der 6, 175
Glaselektrode 23
Globuline 77
Gluconolaceton 133
Glucose 126, 132, 143
Glucoseoxidase 132
Glucosephosphatdehydrogenase 133
Glutamat, Glutaminsäure 89, 105, 157
Glutamatoxalacettransaminase 107
Glutamatpyruvattransaminase 106
Glutarylphenylalanin-p-nitranilid 110
Glutathion 84
Glutathionreduktase 85
Glycerinaldehydphosphat 121
Glycerinaldehyd-P-dehydrogenase 201
Glycerinphosphatdehydrogenase 121
Glycin 73

# Sachverzeichnis

Glykogen 137
Glykolyse 119
glykosidische Bindung 129
Good-Puffer 37, 231
Guanin 55

**H** (Enthalpie) 32
Hämin 50
Hämoglobin 37, 50, 68, 86
Harnstoff 79, 101
Hefe 115, 171
Herzmitochondrien 183, 191, 215
high fructose corn syrup 136
Hill-Reaktion 199
Histidin 67, 87
Hitzedenaturierung 77, 115, 124
Honig 143
Hydrathüllen 78, 161
Hydrochinon 95
hydrophobe Eigenschaften 33, 71, 75
Hydroxydinitrobenzoesäure 134
Hydroxylapatit 209
Hyper-, Hypochromie 170

**IMP** 156
Inhibitoren 98, 110
Inosin, -säure 156
Interkalation 162
intermolekulare Kräfte 31
Invertase 126, 134
Invertzucker 143
Iod 34, 45, 136, 196
Ionenaustauschchromatographie 150, 213
isoelektrische Fokussierung 225
isoelektrischer Punkt 73, 75, 88, 214

**Kaliumhexacyanoferrate** 192, 199, 216
Kartoffelmitochondrien 184
katal 92
Katalase 100, 180
Katalyse, Katalysatoren 91
Kationenaustauscher 215
Ketocarbonsäuren 40
Ketoglutarat 105
Kinasen 124, 217
$K_m$-Wert 96
Kohlendioxid 68, 164, 200
Kohlensäure 38, 232

Kohlenmonoxidvergiftung 194
kompetitive Hemmung 98
Konfiguration 126
Konformation von Zuckern 126
Konzentration, Definitionen 30
Kupferenzym 191
Kupferkomplexe 79, 131

Lactatdehydrogenase 62, 106, 108
Lactose 130
Lambert-Beer'sches Gesetz 55
Laurylmaltosid 186
Leitenzyme 179
Lichtabsorption 52, 54, 59
Lichtbeugung, -streuung 56
Lichtbrechung 56
Licht-Dunkel-Regulation 203
Lineweaver-Burk-Diagramm 97
Lipide 194
Löslichkeit von Nucleinsäuren 162
Löslichkeit von Proteinen 77
Löslichkeit von Stoffen 31, 33
Lösungen 33
Lowry-Bestimmung 80
Luciferase 152
Luciferin 152
Lumineszens 56, 153
Luminometer 152
Lysozym 117, 215

**Magnesiumionen** 49, 148, 202
MAK-Werte 27
Malat 180, 188
Malatdehydrogenase 107
Maltose 130, 136
Malz 137
Mangankatalyse 101
Markerenzyme 179
Michaelis-Menten-Kinetik 91, 96
Membranen 182, 194
Membranlipide 194
Membranpotential 182, 190
Mercaptoethanol 84
Metalle in biolog. Prozessen 47, 49, 123
Metallkomplexe 47
Methämoglobin 50
Methylcytosin 167, 176
Methylenblau 46

Michaelis-Konstante 96
Micrococcus luteus 118
Milchsäure 67
Mitochondrien 181, 195
Mitochondrienmembran 182
Molekularsiebchromatographie 211
Molmasse 211, 220
Molmarker 211, 220
Molybdän, Molybdat 80, 132, 145
Molybdänblau 145
Monosaccharide 126
Muramidase 117
Murein 117
Myokinase 149

NAD, NADH 60, 102, 121, 202, 217
NADP, NADPH 60, 218
Natriumazid 26
Natriumborhydrid 42, 85
Natriumdithionit 43, 186, 192, 216
Natriumdodecylsulfat 164, 165
Natriumperchlorat 165
Nelson-Zuckerbestimmung 132
Nernst'sche Gleichung 43
Niacin 60
nicht-kompetitive Hemmung 98
nicht-reduzierende Zucker 130
Nickelenzym 101
Nicotinamidadeninnucleotide 60
Nicotinsäure 60
Ninhydrin 71
Nitrophenol 39
Nitrophenylphosphat 40, 115, 181
Normalredoxpotentiale 43
Nucleinsäuren 159
Nucleohiston 163
Nucleotide 147, 172
Nucleotidbindungsdomäne 217

OD unit (DNA-Menge) 170
optische Aktivität 57, 126
optische Antipoden 70
Osmolalität 177
Oxalessigsäure 41, 105
Oxidationsmittel 41
oxidative Phosphorylierung 181, 188
Oxocarbonsäuren 40

PEI-Cellulose 155
Peptidbindung 72
Percoll 185
Periodensystem 240
Peroxidase 133
pH 23, 26,
pH-Abhängigkeit 40, 43
Phäophytine 65
Phenylmethylsulfonylfluorid 110
Phosphatasen 40, 115
Phosphate 145, 157
Phosphatbestimmung 146, 197
Phosphatpuffer 37
Phosphoenolpyruvat 108
Phosphoglyceratkinase 201
Phospholipide 194
Phosphoreszens 56
Phosphorsäureanhydride 145, 148
Phosphorsäureester 145, 172
Phosphorspeicher 89, 115
Photometer 24
Photosynthese 125, 208
Pipetten 22
$pK_a$-Werte 39, 67, 174, 232
Plasmid-DNA 166
PMSF 110
P/O-Quotient 188
Polarimeter 57, 126, 134
Polyacrylamid 29, 221
Polyacrylamid-Gelelektrophorese 219
Polyenfarbstoffe 54
Polyethylenglykol 205
Polymethinfarbstoffe 53
Polysaccharide 136, 137, 143
Porphyrine 48
Potter 17
Prolamine 77
Protamine 77
Proteaseinhibitoren 110, 111
Proteasen 85, 109, 124
Proteinbestimmung 79-83
Proteine 75
proteinogene Aminosäuren 70
Proteolyse 85
Protonen 23
Protonengradient 182
Protonenkonzentration = pH 23
Puffer 35, 37, 67, 231

Puffergleichung 36
Puffersubstanzen 37, 231
Pyridoxalphosphat 105
Pyruvat 41, 62, 107
Pyruvatkinase 108

Quecksilbervergiftung 101

RCF (Zentrifuge) 20
Redoxpotential 43, 233
Redoxreaktionen 41
Redoxsysteme, biochemische 44, 233
Reduktionsmittel 41
reduzierende Zucker 130
Reinigungstabelle 113
$R_f$-Wert 64
Ribonucleotide 147, 154, 176
Ribose 176
Ribulosebisphosphat 200
Ribulosebisphosphatcarboxylase 200
RNA 171, 175
Rotoren 20, 235
Rubisco 200

S (Entropie) 32
S (Svedberg-Einheit) 178
Saccharose 134
Salzgradient 150, 214
Sauerstoffelektrode 186
Sauerstoffverbrauch 187, 189
Säulenchromatographie 210
saure Phosphatase 115, 181
Säuredissoziationskonstanten 231
Säurekatalyse 99
säurelösliche Nucleotide 147
Säurestärke 35, 67
Schiff'sche Base 105, 120
Schlüssel-Schloss-Prinzip 92
SDS 164, 171
SDS-PAGE 219
Sedimentationsgeschwindigkeit 178
Selenproteine 89
seltene Nucleotide 172
Semichinon 45
Sephadex 212
Serinproteasen 109
Serumalbumin 79
Sicherheitsvorschriften 26

Sorbit 131, 177
Spektralphotometer 24
Spektroskopie 61, 169
spezifische Aktivität 92
Spinatblätter 198
SSC-Lösung 163
Standard-Reduktionspotential 43, 233
Stärke 136
Stärkeverzuckerung 136
Stoffmenge 30
Substratsättigung 96, 97
Succinatdehydrogenase 182, 188, 225
sucrose 134

Teichmann'sche Kristalle 52
Temperaturabhängigkeit 123
Tetrachlorkohlenstoff 164
Thermodynamik 32
Thiolgruppen 83, 203
Thioredoxin 204, 206
Thylakoide 197
Thymusdrüse 163
Tillmann's Reagenz 140
$T_m$-Wert 169, 170, 175, 176
Tosyl-lysinchlorketon 111
Tosyl-phenylalaninchlorketon 111
Transaminasen 104
Transaminierung 105
Trehalose 130
Trichloressigsäure 77, 80, 147, 222
Tricin (Puffer) 221, 231
Triosephosphatisomerase 121
Tris (Puffer) 37
Triton (Detergens) 186
Trockeneis 164
Trübungsmessung 118
Trypsin 110
Tyrosin 87

Übergangszustand 91
Ubichinon 45, 182
Ultraschallaufschluss 17
Untereinheitenstruktur von Proteinen 120,
Urease 101      / 193, 200, 224, 225
UV-Absorption von Proteinen 83
UV-Absorption von Nucleinsäuren 169,
    / 170, 174

Valinomycin 190
van der Waals'schhe Kräfte 32, 62
Veresterung 100
Vergiftung 101, 194
Verteilungsgleichgewichte 62, 63
Viologene 46
Vitamine 124
Vitamin B, $B_6$, $B_{12}$ 34, 60, 105, 212
Vitamin C 139, 141
$V_{max}$ 96
Volumenmessung 22

Wasser 32
Wasserstoffbrücken 32, 161
Wasserstoffelektrode 43
Wasserstoffionen 23
Wasserstoffperoxid 100, 133
Wechselzahl 92, 100
Weizenkeime 116, 152, 164

Xanthophyll 65
Xylose 176

Zellaufschluss 17, 18
Zellextrakt 16, 112
Zellorganellen 177
Zellwände 18
Zentrifugalbeschleunigung 20, 235
Zentrifugen 19, 235
Zentrifugenflaschen 22
Zentrifugenrotoren 21, 235
Zinkenzyme 103, 109, 120
Zucker 125, 127
Zuckeralkohole 127
Zuckerbestimmung 132, 135
zweidimensionale DC 169, 196
Zwitterion 73
zwitterionische Puffer 37, 231

# Weitere Titel bei Teubner

Bechmann/Schmidt
**Struktur- und Stoffanalytik mit spektroskopischen Methoden**

2000. 179 S. Br. DM 39,80
ISBN 3-519-03552-9
Inhalt: Grundlagen spektroskopischer Verfahren zur Struktur- und Stoffdynamik - Elektronenanregungsspektroskopie - Schwingungsspektroskopie - NMR-Spektroskopie - Massenspektroskopie - Kombinierter Einsatz physikalisch-chemischer Methoden der Strukturaufklärung

Joachim Maier
**Festkörper - Fehler und Funktion**
Prinzipien der Physikalischen Festkörperchemie

2000. 528 S. Br. DM 76,00
ISBN 3-519-03540-5
Inhalt: Bindungsaspekte - Phononen - Gleichgewichtsthermodynamik des perfekten Festkörpers - Gleichgewichtsthermodynamik des realen Festkörpers (Punktdefekte, elektronische Fehler, höherdimensionale Fehler) - Kinetik und irreversible Thermodynamik - (ionischer und elektronischer Transport, Reaktion, Grenzflächen, nichtlineare Phänomene) - Festkörperelektrochemie (Meßtechnik und Anwendungen)

Heiko Lueken
**Magnetochemie**
Eine Einführung in Theorie und Methoden

1999. 507 S. Br. DM 68,00
ISBN 3-519-03530-8

Stand 1.4.2001
Änderungen vorbehalten.
Erhältlich im Buchhandel
oder beim Verlag.

B. G. Teubner
Abraham-Lincoln-Straße 46
65189 Wiesbaden
Fax 0611.7878-400
www.teubner.de

MIX
Papier aus verantwortungsvollen Quellen
Paper from responsible sources
FSC® C105338

If you have any concerns about our products,
you can contact us on
**ProductSafety@springernature.com**

In case Publisher is established outside the EU,
the EU authorized representative is:
**Springer Nature Customer Service Center GmbH
Europaplatz 3, 69115 Heidelberg, Germany**

Printed by Libri Plureos GmbH
in Hamburg, Germany